oficina de textos

Ercio Thomaz

2ª edição | revista e ampliada

TRINCAS em EDIFÍCIOS
causas, prevenção e recuperação

© Copyright 2020 Oficina de Textos
1ª reimpressão 2021 | 2ª reimpressão 2022 | 3ª reimpressão 2024

Grafia atualizada conforme o Acordo Ortográfico da Língua Portuguesa de 1990, em vigor no Brasil desde 2009.

Conselho editorial Arthur Pinto Chaves; Cylon Gonçalves da Silva; Doris C. C. K. Kowaltowski; José Galizia Tundisi; Luis Enrique Sánchez; Paulo Helene; Rozely Ferreira dos Santos; Teresa Gallotti Florenzano

Capa e projeto gráfico Malu Vallim
Diagramação Luciana Di Iorio
Preparação de figuras Victor Azevedo
Preparação de textos Hélio Hideki Iraha
Revisão de textos Natália Pinheiro Soares
Impressão e acabamento Mundial gráfica

Dados Internacionais de Catalogação na Publicação (CIP)
(Câmara Brasileira do Livro, SP, Brasil)

Thomaz, Ercio
  Trincas em edifícios : causas, prevenção e recuperação / Ercio Thomaz. -- 2. ed. rev. e ampl. -- São Paulo : Oficina de Textos, 2020.

Bibliografia.
ISBN 978-65-86235-07-4

1. Construção civil 2. Edifícios 3. Engenharia I. Título.

20-47278 CDD-624

Índices para catálogo sistemático:
1. Construção civil : Engenharia 624
Cibele Maria Dias - Bibliotecária - CRB-8/9427

Todos os direitos reservados à **Oficina de Textos**
Rua Cubatão, 798
CEP 04013-003 – São Paulo – Brasil
Fone (11) 3085 7933
www.ofitexto.com.br e-mail: atendimento@ofitexto.com.br

Apresentação

Recordo-me de que a ideia inicial visando a realização deste trabalho nasceu durante uma reunião no IPT, no antigo Agrupamento de Componentes da Divisão de Edificações. Naquela oportunidade, o Engenheiro Ercio Thomaz tomou a si a responsabilidade pela sua elaboração. Passando algum tempo, apresentou-nos esta excelente monografia, hoje considerada de utilidade inestimável para a compreensão dos fenômenos relacionados a trincas em edifícios. A sua publicação certamente enriqueceu o meio técnico voltado à construção civil. Desejamos nesta oportunidade parabenizar o Engenheiro Ercio Thomaz pela sua dedicação e competência.

Luiz Carlos Martins Bonilha
Diretor-Superintendente do IPT

Fui convidado a preparar uma apresentação para este livro. Isto se deve principalmente ao fato de ter sido o orientador de mestrado do engenheiro Ercio Thomaz, na Escola Politécnica, e dessa maneira ter podido conviver com a elaboração do texto durante alguns anos. Este texto se iniciou modestamente, em uma apresentação para uma das disciplinas de pós-graduação, evoluiu para tema de seminário de área, passou a ser parte integrante de uma disciplina sobre patologia das edificações para, finalmente, se converter em Dissertação de Mestrado. Paralelamente, passou pelo crivo de vários casos práticos, reais, nos quais o engenheiro Ercio Thomaz esteve envolvido, como consultoria que o IPT fornece sistematicamente a instituições e empresas.

Como resultado, ao se apresentar a Dissertação à Banca Examinadora, ficou clara a necessidade de publicá-la na forma de livro.

Desta maneira ela sai das bibliotecas especializadas de pós-graduação de engenharia para se transformar em uma publicação de elevado interesse profissional.

Sobre o autor, desejo destacar a seriedade com que se dedica ao trabalho. Durante esses anos todos que tive oportunidade de conviver com ele sempre admirei o seu esforço compenetrado para conduzir qualquer missão. Nessas missões o engenheiro Ercio Thomaz costuma se empenhar com dedicação, profundidade, daí a sua competência. É fácil avaliar o resultado de um trabalho, como o presente, quando se junta a seriedade à competência e os longos anos de maturação de uma obra dessa profundidade.

O livro foi escrito num estilo agradável, organizado, didático e lógico. Essa lógica, entretanto, pode ser enganosa. O leitor não deve encarar o trabalho como um manual de consulta, onde encontrará uma resposta direta para a dificuldade que venha a encontrar na sua profissão. Este livro é, antes disso, um livro de formação. É necessária uma visão sistêmica de todo o problema para se caminhar em direção a uma solução. O leitor poderá constatar, como acontece em engenharia, que uma causa pode ter diferentes efeitos e um efeito poderá ter diferentes causas. A metodologia de análise, nesses casos, exige uma visão sistêmica que, no caso de trincas, o profissional só obtém com uma formação básica sólida, partindo-se de várias direções ao mesmo tempo, tentando uma convergência do raciocínio. Pelo caminho desse raciocínio o profissional passa com frequência pela angústia da dúvida, pelo sofrimento da insegurança, pelo peso da responsabilidade, pela dor do erro. Este livro ajudará o profissional a trilhar seu caminho com menos solidão.

Francisco Romeu Landi
Vice-Diretor da Escola Politécnica da Universidade de São Paulo

Sumário

INTRODUÇÃO 9

1 FISSURAS CAUSADAS POR MOVIMENTAÇÕES TÉRMICAS............ 15
   1.1 Mecanismos de formação das fissuras................................. 15
   1.2 Propriedades térmicas dos materiais de construção 17
   1.3 Configurações típicas de trincas provocadas por movimentações térmicas 20

2 FISSURAS CAUSADAS POR MOVIMENTAÇÕES HIGROSCÓPICAS.. 35
   2.1 Mecanismos de formação das fissuras................................. 35
   2.2 Propriedades higroscópicas dos materiais de construção 36
   2.3 Configurações típicas de trincas provocadas por movimentações higroscópicas 41

3 FISSURAS CAUSADAS PELA ATUAÇÃO DE SOBRECARGAS EM ESTRUTURAS DE CONCRETO ARMADO.. 47
   3.1 Considerações sobre a fissuração de componentes de concreto armado submetidos à flexão 47
   3.2 Configurações típicas de fissuras em componentes de concreto armado devidas a sobrecargas.............................. 54

4 FISSURAS CAUSADAS PELA ATUAÇÃO DE SOBRECARGAS EM ALVENARIAS 67
   4.1 Considerações sobre a fissuração das alvenarias submetidas à compressão axial 67
   4.2 Configurações típicas de fissuras em alvenarias devidas a sobrecargas.. 73

5 FISSURAS CAUSADAS POR DEFORMABILIDADE EXCESSIVA DE ESTRUTURAS DE CONCRETO ARMADO 78
5.1 Considerações sobre a deformabilidade de componentes submetidos à flexão 78
5.2 Previsão de flechas em componentes fletidos 82
5.3 Configurações típicas de trincas provocadas pela flexão de vigas e lajes 90

6 FISSURAS CAUSADAS POR RECALQUES DE FUNDAÇÃO 103
6.1 Considerações sobre a deformabilidade dos solos e a rigidez dos edifícios 103
6.2 Modelos para a estimativa de recalques 108
6.3 Configurações típicas de trincas causadas por recalques de fundação 117

7 FISSURAS CAUSADAS PELA RETRAÇÃO DE PRODUTOS À BASE DE CIMENTO 127
7.1 Mecanismos da retração 127
7.2 Mecanismos de formação e configurações de fissuras provocadas por retração 136

8 FISSURAS CAUSADAS POR ALTERAÇÕES QUÍMICAS DOS MATERIAIS DE CONSTRUÇÃO 151
8.1 Hidratação retardada de cales 151
8.2 Ataque por sulfatos 152
8.3 Reação álcali-agregado (RAA) 154
8.4 Corrosão de armaduras 155

9 PREVENÇÃO DE FISSURAS NOS EDIFÍCIOS 158
9.1 Fundações 159
9.2 Estruturas de concreto armado 166
9.3 Ligações entre estrutura e paredes de vedação 173
9.4 Alvenarias 181
9.5 Lajes de cobertura 189
9.6 Revestimentos rígidos de paredes 193
9.7 Pisos pétreos 195
9.8 Forros de gesso 197
9.9 Caixilhos e envidraçamentos 199

10 INSPEÇÃO DE OBRAS E DIAGNÓSTICO DAS TRINCAS 201

11 RECUPERAÇÃO DE COMPONENTES FISSURADOS 209
    11.1 Recuperação ou reforço de componentes de concreto armado........ 210
    11.2 Recuperação ou reforço de paredes em alvenaria 218
    11.3 Recuperação de revestimentos rígidos 228

12 CONSIDERAÇÕES FINAIS 230

    REFERÊNCIAS BIBLIOGRÁFICAS 233

[As figuras com o símbolo ◩ estão disponíveis em versão colorida no site da editora no endereço www.ofitexto.com.br/livro/trincas-em-edificios]

Introdução

Por diversas vezes tenho sido questionado sobre a diferença entre fissuras, trincas e rachaduras. Não existem valores que definam precisamente as ocorrências, admitindo-se em geral que fissuras são aquelas com aberturas desde capilares até da ordem de 0,5 mm, trincas com aberturas da ordem de 2 mm ou 3 mm, e rachaduras daí para cima. Ou, como dizia em tom de brincadeira o velho professor Luiz Alfredo Falcão Bauer, "fissuras são problemas que acontecem nas minhas obras, trincas nas obras dos engenheiros amigos meus, e rachaduras nas obras dos engenheiros que não são meus amigos". Na presente publicação, trataremos o fenômeno indistintamente como fissuras ou trincas.

Entre os inúmeros problemas patológicos que afetam os edifícios, sejam eles residenciais, comerciais ou institucionais, particularmente importante é o problema das trincas, devido a três aspectos fundamentais: o aviso de um eventual estado perigoso para a estrutura, o comprometimento do desempenho da obra em serviço (estanqueidade à água, durabilidade, isolação acústica etc.) e o constrangimento psicológico que a fissuração do edifício exerce sobre seus usuários.

A evolução da tecnologia dos materiais de construção e das técnicas de projeto e execução de edifícios ocorreu no sentido de torná-las cada vez mais leves, com componentes estruturais mais esbeltos, menos contraventados.

As conjunturas socioeconômicas de países em desenvolvimento, como o Brasil, fizeram com que as obras fossem sendo conduzidas com velocidades cada vez maiores, com pouco rigor nos controles dos materiais e dos serviços; tais conjunturas criaram ainda condições para que os trabalhadores mais qualificados fossem paulatinamente se incorporando a setores industriais "mais nobres", com melhor remuneração da mão de obra, em detrimento da indústria da construção civil.

Tais fatos, aliados a quadros mais complexos de formação deficiente de engenheiros e arquitetos, de políticas habitacionais e sistemas de financiamento inconsistentes e da muitas vezes inadequada formação da mão de obra, vêm provocando a queda gradativa da qualidade das nossas construções, até o ponto de encontrarem-se edifícios que, nem tendo sido ocupados, já estão virtualmente condenados. Para a solução de tais problemas, a experiência revela que as obras de restauração ou reforço são em geral muito dispendiosas; e o que é o mais grave... nem sempre solucionam o problema de forma definitiva. Os encargos decorrentes dessas reformas desnecessárias representam também um grande ônus para a economia dos países pobres, onde, via de regra, há enorme carência de habitações, de materiais de construção, de mão de obra especializada e de recursos de forma geral.

Para o engenheiro Oscar Pfeffermann, consultor do Centre Scientifique et Technique de la Construction e autor de diversos trabalhos sobre o assunto (Pfeffermann, 1968, 1969; Pfeffermann et al., 1967; Pfeffermann; Patigny, 1975), "as trincas podem não constituir um defeito na medida em que são a expressão, às vezes pode ser doloroso dizer-se, de uma nova era da construção; mas serão, se cruzarmos os braços sem nos esforçarmos para encontrar uma solução". No caso brasileiro, parece recomendável a busca dessa solução, pela classe dos engenheiros, arquitetos e tecnólogos, pelos poderes constituídos e pela sociedade como um todo, no sentido do aproveitamento otimizado dos nossos poucos recursos e da não transferência aos usuários dos edifícios de problemas crônicos que repercutirão em elevados custos de manutenção; caso contrário, continuará a sociedade brasileira malbaratando esses poucos recursos, construindo obras cada vez com pior padrão de qualidade e, em contrapartida, contribuindo para a formação dos maiores especialistas do mundo em patologia.

Entre os técnicos e empresários que atuam na construção civil, as fissuras são em geral motivo de grandes polêmicas teóricas e de infindáveis demandas judiciais, onde em ciclo fechado os diversos intervenientes atribuem-se uns aos outros a responsabilidade pelo problema, enquanto o ônus financeiro dele decorrente acaba sendo assumido quase sempre pelo consumidor final. "Aos olhos do leigo em construção a fissura constitui um defeito cujo responsável é o arquiteto, o engenheiro, o empreiteiro ou o fabricante do material. Entretanto... desde as origens da construção, as fissuras sempre existiram, pois elas são consequências de fenômenos naturais." Essa afirmação do arquiteto francês Charles Rambert, citada por Pfeffermann (1968), parece querer explicar, de maneira relativamente singela, a origem do defeito; ao considerar-se, entretanto, que os ditos fenômenos naturais são dados irrefutáveis da equação, a antítese parece ser mais verdadeira.

As trincas podem começar a surgir, de forma congênita, logo no projeto arquitetônico da construção; os profissionais ligados ao assunto devem se conscientizar de que muito pode ser feito para minimizar-se o problema, pelo simples fato de reconhecer-se que as movimentações dos materiais e componentes das edificações civis são inevitáveis. Deve-se, sem dúvida, dar importância à estética, à segurança, à higiene, à funcionalidade e ao custo inicial da obra; não se deve esquecer, contudo, que projetar é também levar em conta alguns outros aspectos, tais como custos de manutenção e durabilidade da obra, diretamente relacionados com o maior ou menor conhecimento que o projetista tem das propriedades tecnológicas dos materiais de construção a serem empregados.

Do ponto de vista físico, um edifício nada mais é do que a interligação racional entre diversos materiais e componentes; é muito comum especificarem-se nos projetos componentes "bons e resistentes", não se dando maior cuidado aos elementos de ligação e esquecendo-se, frequentemente, de que um sistema de juntas às vezes é indispensável para que os componentes apresentem o desempenho presumido. Segundo Baker (1976), é uma falácia muito comum referir-se a materiais de construção como bons ou ruins, duráveis ou não duráveis e resistentes ou não resistentes, como se essas fossem propriedades inerentes dos materiais. Na realidade, esses termos são muito relativos: a durabilidade do material está diretamente relacionada às condições de aplicação, de exposição, de uso e de manutenção. Por outro lado, não existe nenhum material infinitamente resistente; todos eles irão trincar-se ou romper-se sob ação de um determinado nível de carregamento, nível este que não deverá ser atingido no caso de não se desejarem na edificação componentes fissurados ou rompidos.

Incompatibilidades entre projetos de arquitetura, estrutura e fundações normalmente conduzem a tensões que sobrepujam a resistência dos materiais em seções particularmente desfavoráveis, originando problemas de fissuras. No Brasil ainda se repete com relativa frequência a falta de diálogo entre os autores dos projetos mencionados e os fabricantes dos materiais e componentes da construção, vindo a norma de desempenho NBR 15575 (ABNT, 2013) colaborar para que o citado problema venha sendo paulatinamente reduzido em nosso meio.

Assim, ainda hoje projetam-se fundações sem levar-se em conta a ação do vento ou se a estrutura é rígida ou flexível, calculam-se estruturas sem se considerarem os sistemas de vinculação e as propriedades elásticas dos componentes de vedação, projetam-se vedações e sistemas de piso sem a consideração da ocorrência de recalques diferenciados e das acomodações da estrutura.

Partindo-se muitas vezes de projetos incompatíveis ou mal detalhados, considerando-se ainda a interferência de todos os projetos das instalações, as falhas de planejamento, a carência ou a falta de aplicação efetiva de especificações técnicas, a ausência de mão de obra bem treinada, a deficiência de fiscalização e, muitas vezes, as imposições políticas de prazos e preços, chega-se finalmente à execução da obra, onde uma série de improvisações e malabarismos deverão ser adotados para tentar--se produzir um edifício de boa qualidade. Nesse quadro, pintado, é certo, com um pouco de exagero, as ocorrências de fissuras, destacamentos, infiltrações de água e outros males parecem ser fenômenos perfeitamente naturais, talvez mais naturais do que aqueles a que se referiu Rambert.

No Brasil, os primeiros trabalhos de compilação de dados sobre as origens dos problemas patológicos nos edifícios e sobre suas formas mais típicas de manifestação foram efetuados pelo Instituto de Pesquisas Tecnológicas do Estado de São Paulo (IPT, 1981) em conjuntos habitacionais construídos no interior, ainda no início da década de 1980. Na Bélgica, em pesquisa desenvolvida pelo Centre Scientifique et Technique de la Construction (CSTC, 1979b), com base na análise de 1.800 problemas patológicos, chegou-se à conclusão de que a maioria deles originava-se de falhas de projeto (46%), seguindo-se falhas de execução (22%) e qualidade inadequada dos materiais de construção empregados (15%). No tocante às fissuras, que em ordem de importância perdiam apenas para os problemas de umidade, concluiu-se que as causas mais importantes eram a deformabilidade das estruturas e as movimentações térmicas, seguindo-se os recalques diferenciados de fundações e as movimentações higroscópicas.

A falta, entre nós, do registro e divulgação de dados sobre problemas patológicos retarda o desenvolvimento das técnicas de projetar e de construir, cerceando principalmente aos profissionais mais jovens a possibilidade de evitarem erros que já foram repetidos inúmeras vezes no passado.

Com o atual trabalho, muito respaldado na experiência prática, pretende-se indicar as configurações mais típicas das trincas, os principais fatores que as acarretam e os mecanismos pelas quais se desenvolvem. São analisadas também algumas medidas preventivas e alguns sistemas para recuperação de componentes fissurados. É óbvio que não há espaço nem muito menos capacidade para produzir-se o "grande manual da construção", com todas as leis do conhecimento; espera-se, entretanto, chamar para o problema a atenção dos profissionais envolvidos com a construção civil e, na medida do possível, desmistificar um pouco os conceitos relativamente fatalistas estabelecidos sobre o tema.

Toda a ênfase do trabalho é dada aos mecanismos de formação das fissuras, elemento cuja compreensão é substantiva para orientar decisões concernentes à recuperação de componentes fissurados ou à adoção de medidas preventivas, incluindo-se aí a elaboração de projetos e a especificação e controle de materiais e de serviços. Com esse enfoque, e levando-se em conta que as fissuras são provocadas por tensões oriundas de atuação de sobrecargas ou de movimentações de materiais, dos componentes ou da obra como um todo, são analisados os seguintes fenômenos:

- movimentações provocadas por variações térmicas e de umidade;
- atuação de sobrecargas ou concentração de tensões;

- deformabilidade excessiva das estruturas;
- recalques diferenciados das fundações;
- retração de produtos à base de ligantes hidráulicos;
- alterações químicas de materiais de construção.

Por não se coadunarem com o escopo pretendido, o trabalho não abrange fissuras provenientes da má utilização do edifício, de falhas na sua manutenção ou de acidentes originados pelos mais diversos fatores, como incêndios, explosões ou impactos de veículos. Não são abordados ainda temas muito específicos, como vibrações, transmitidas pelo ar ou pelo solo, solicitações cíclicas e degradações sofridas pelos materiais e componentes em razão do seu envelhecimento natural.

Fissuras causadas por movimentações térmicas: mecanismos de formação e configurações típicas

1.1 Mecanismos de formação das fissuras

Os elementos e componentes de uma construção estão sujeitos a variações de temperatura, sazonais e diárias. Essas variações repercutem numa variação dimensional dos materiais de construção (dilatação ou contração); os movimentos de dilatação e contração são restringidos pelos diversos vínculos que envolvem os elementos e componentes, desenvolvendo-se nos materiais, por esse motivo, tensões que poderão provocar o aparecimento de fissuras.

As movimentações térmicas de um material estão relacionadas com as propriedades físicas dele e com a intensidade da variação da temperatura; a magnitude das tensões desenvolvidas é função da intensidade da movimentação, do grau de restrição imposto pelos vínculos a essa movimentação e das propriedades elásticas do material. Na Fig. 1.1 ilustra-se uma barra submetida a uma diminuição de temperatura ΔT; tudo se passa como se a barra encolhesse ΔL, mas os vínculos externos a reconduzissem para o comprimento L inicial, desenvolvendo-se, portanto, a tensão $\Delta \sigma$ de tração.

As trincas de origem térmica podem também surgir por movimentações diferenciadas entre componentes de um elemento, entre elementos de um sistema e entre regiões distintas de um mesmo material. As principais movimentações diferenciadas (BRE, 1979a) ocorrem em razão de:

- junção de materiais com diferentes coeficientes de dilatação térmica, sujeitos às mesmas variações de temperatura (por exemplo, movimentações diferenciadas entre argamassa de assentamento e componentes de alvenaria);
- exposição de elementos a diferentes solicitações térmicas naturais (por exemplo, cobertura em relação às paredes de uma edificação);
- gradiente de temperaturas ao longo de um mesmo componente (por exemplo, gradiente entre a face exposta e a face protegida de uma laje de cobertura).

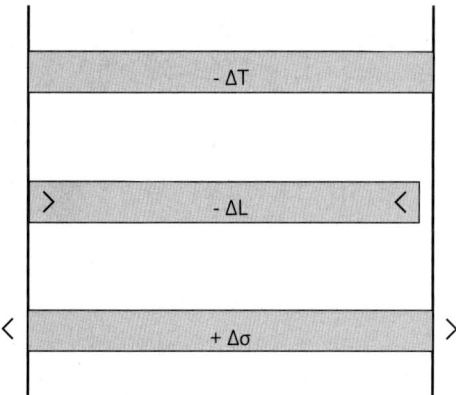

Fig. 1.1 *Tensão introduzida numa barra com apoios laterais indeslocáveis, sob diminuição da temperatura*

A terminologia utilizada nesta publicação é aquela da NBR 15575 (ABNT, 2013), ou seja:

- *material*: insumo sem forma ou função definida (areia, brita etc.);
- *componente*: unidade com forma e função definida (tijolo, janela etc.);
- *elemento*: conjunto de componentes com funções definidas (paredes de vedação, coberturas etc.);
- *sistema*: conjunto de elementos e componentes destinado a atender uma macrofunção que o define (fundações, estrutura, vedações verticais etc.).

A Fig. 1.2 ilustra uma edificação sujeita à radiação solar, mas, mesmo na mesma hora e no mesmo local, com componentes submetidos a diferentes solicitações, em razão da orientação geográfica, do trajeto do Sol ao longo do dia, de elementos verticais ou horizontais etc.

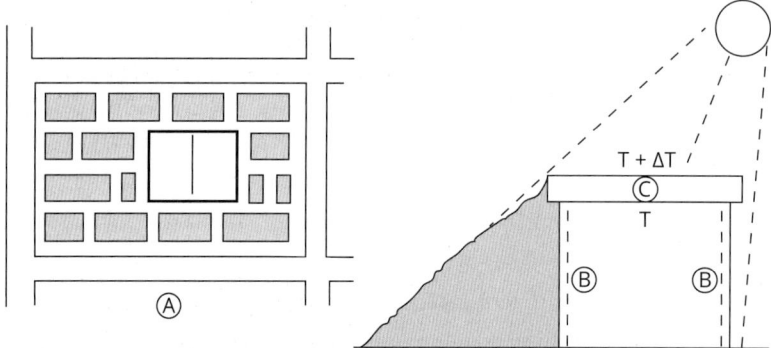

Fig. 1.2 *Solicitações térmicas diferenciadas resultantes da radiação solar, com (A) junção de materiais com diferentes coeficientes de dilatação térmica, (B) exposição do mesmo material a diferentes solicitações térmicas e (C) gradiente de temperaturas ao longo do mesmo elemento*

No caso das movimentações térmicas diferenciadas, é importante considerar-se não só a amplitude da movimentação, como também a rapidez com que ocorre. Se ela for gradual e lenta, muitas vezes um material que apresenta menor resposta ou que é menos solicitado às variações da temperatura pode absorver movimentações mais intensas do que um material ou componente a ele justaposto; o mesmo pode não ocorrer se a movimentação for brusca, sem que haja tempo de reorganização interna dos átomos e moléculas do material.

Por outro lado, alguns materiais também podem sofrer fadiga pela ação de ciclos alternados de carregamento-descarregamento ou por solicitações alternadas de tração-compressão. Pode-se equacionar o fenômeno da fadiga por meio de métodos muito sofisticados de cálculo dinâmico, devendo-se considerar, nesse caso, a frequência e a amplitude das tensões solicitantes; pela singularidade e complexidade do problema, no entanto, não consideraremos o fenômeno da fadiga no presente estudo, podendo-se observar apenas que materiais submetidos a tensões bem abaixo do seu limite de ruptura, como 20% a 30% desse limite, dificilmente são afetados por esse problema.

As tensões altas advindas de mudanças bruscas de temperatura podem ser também relevantes para os materiais que se degradam sob efeito de choques térmicos; de acordo com McCaviley (1962), a expressão *choque térmico* descreve uma situação em que um componente é submetido a uma variação de temperatura de 100 °F em poucas horas. Segundo Marin (1962), os materiais que mais resistem aos choques térmicos são aqueles que apresentam boa condutibilidade térmica, baixo coeficiente de dilatação térmica linear, baixo módulo de deformação e elevada resistência a esforços de tração; considerando-se esses parâmetros, a resistência ao choque térmico é equacionada por:

$$R = (f)\frac{\lambda \cdot f_{ct}}{E \cdot \alpha} \qquad (1.1)$$

em que:
λ = coeficiente de condutibilidade térmica;
f_{ct} = resistência característica à tração;
E = módulo de deformação longitudinal;
α = coeficiente de dilatação térmica linear.

1.2 Propriedades térmicas dos materiais de construção

Todos os materiais empregados nas construções estão sujeitos a dilatações com o aumento de temperatura e a contrações com a sua diminuição (BRE, 1979a). A intensidade dessa variação dimensional, para uma dada variação de temperatura, varia de material para material, podendo-se considerar, exceção feita às madeiras e outros materiais fibrosos, que as movimentações térmicas dos materiais de construção são praticamente as mesmas em todas as direções. Na Tab. 2.3, apresentada no capítulo seguinte, estão indicados os coeficientes de dilatação térmica linear dos materiais de construção de maior uso.

Excetuando-se os casos de alguns edifícios industriais e usinas térmicas, entre outros, a principal fonte de calor que atua sobre os componentes da edificação é o Sol. A amplitude e a taxa de variação da temperatura de um componente exposto à radiação solar irão depender da atuação combinada dos seguintes fatores:

- *Intensidade da radiação solar (direta e difusa)*: esse fator varia em função da localização da obra, estação climática do ano e hora do dia.
- *Umidade relativa do ar, direção e velocidade do vento.*
- *Absorbância da superfície do componente à radiação solar*: quando um componente é exposto à radiação solar, a energia absorvida faz com que sua temperatura superficial seja superior à temperatura do ar ambiente. A absorbância depende basicamente da cor da superfície; as superfícies de cores escuras apresentam maiores coeficientes de absorção da radiação solar e, portanto, nas mesmas condições de insolação, atingem temperaturas mais elevadas que as superfícies de cores claras.
- *Emitância da superfície do componente*: esse fator é particularmente importante no caso das coberturas; estas reirradiam grande parte da radiação solar absorvida para o céu e para as superfícies que se encontram nas proximidades. Essa reirradiação, que ocorre à temperatura ambiente, é composta predominantemente por raios infravermelhos de ondas longas, fora da faixa espectral visível; ela pode ser detectada, contudo, por aparelhos e por seu efeito "resfriativo", observado principalmente nas coberturas. Assim é que, durante as noites, sobretudo nas de céu claro, as temperaturas superficiais das coberturas tornam-se inferiores às temperaturas do ar ambiente, ocorrendo a condensação de vapor d'água na sua superfície.
- *Condutância térmica superficial*: as trocas de calor entre a superfície exposta de um componente da construção e o ar ambiente dependem não só da diferença verificada entre as suas temperaturas, como também de outras condições (rugosidade da superfície, velocidade do ar, posição geográfica do edifício, orientação da superfície etc.). A influência conjunta desses fatores pode ser traduzida pelo coeficiente de condutância térmica superficial.
- *Diversas outras propriedades térmicas dos materiais de construção*: calor específico, massa específica aparente e coeficiente de condutibilidade térmica.

Para quantificar as movimentações sofridas por um componente, além de suas propriedades físicas, deve-se conhecer o ciclo de temperatura a que esteve sujeito. Muitas vezes, é suficiente determinar os níveis extremos de temperatura desse ciclo; em alguns casos, é necessário conhecer também a velocidade de ocorrência das mudanças térmicas, como no caso de alguns selantes que possuem pouca capacidade de acomodação a movimentos bruscos.

Segundo indicações do Building Research Establishment (BRE, 1979b), as amplitudes de variação das temperaturas dos componentes das edificações podem ser bastante acentuadas, variando em função de sua posição no edifício, de sua cor e da natureza do material que os constitui; tais amplitudes, válidas segundo essa instituição para os países do Reino Unido e indicadas a título ilustrativo na Tab. 1.1, foram comprovadas no Brasil por alguns autores, destacando-se o trabalho de Vecchia (2005).

Tab. 1.1 Temperaturas de serviço, em função da posição, da cor e da natureza do componente, válidas para países do Reino Unido

Posição e/ou natureza do componente		Cores do componente	Temperaturas superficiais de serviço (°C)		
			Mínima	Máxima	Amplitude
Telhados, pisos e paredes externas		Claras	−25	60	85
		Escuras	−25	80	105
Envidraçamentos em fachadas		Claras	−25	40	65
		Escuras	−25	90	115
Estruturas de concreto expostas		Claras	−20	45	65
		Escuras	−20	60	80
Estruturas metálicas expostas		Claras	−25	50	75
		Escuras	−25	65	90
Componentes internos em ambientes	Habitados		10	30	20
	Não habitados		−5	35	40

Fonte: BRE (1979b).

De acordo com Latta (1976), sob efeito da radiação direta do Sol a temperatura de paredes com pouca massa entra em equilíbrio em períodos inferiores a 1 h, enquanto para paredes muito pesadas esse período pode ultrapassar 24 h. Ainda segundo Latta, a temperatura superficial da face externa de lajes e de paredes, expressa em graus Fahrenheit, pode ser estimada em função da temperatura do ar (t_A) e do coeficiente de absorção solar (a), de acordo com a formulação indicada no Quadro 1.1.

No tocante ao coeficiente de absorção solar, Latta (1976) sugere a adoção dos valores indicados a seguir:

- materiais não metálicos:
  ◊ superfície de cor preta: $a = 0,95$
  ◊ superfície cinza-escuro: $a = 0,80$

Quadro 1.1 Estimativa da temperatura superficial de lajes e paredes expostas à radiação, em °F

Presença ou não de isolação térmica	Cor da superfície exposta à radiação direta do Sol	
	Cores claras	Cores escuras
(com isolação)	$t_{máx} = t_A + 100a$ $t_{mín} = t_A - 20\ °F$	$t_{máx} = 1,3 t_A + 130a$
(sem isolação)	$t_{máx} = t_A + 75a$ $t_{mín} = t_A - 10\ °F$	$t_{máx} = t_A + 100a$

Fonte: Latta (1976).

- ◊ superfície cinza-claro: $a = 0,65$
- ◊ superfície de cor branca: $a = 0,45$
- materiais metálicos:
  - ◊ cobre oxidado: $a = 0,80$
  - ◊ cobre polido: $a = 0,65$
  - ◊ alumínio: $a = 0,60$
  - ◊ ferro galvanizado: $a = 0,90$

1.3 Configurações típicas de trincas provocadas por movimentações térmicas

1.3.1 Lajes de cobertura sobre paredes autoportantes

Em geral, as coberturas planas estão mais expostas às mudanças térmicas naturais do que os paramentos verticais das edificações; ocorrem, portanto, movimentos diferenciados entre os elementos horizontais e verticais, que podem ainda ser intensificados pelas diferenças nos coeficientes de dilatação térmica dos materiais construtivos desses componentes. Segundo Chand (1979), o coeficiente de dilatação térmica linear dos concretos é aproximadamente duas vezes maior que o das alvenarias de uso corrente, considerando-se aí a influência das juntas de argamassa.

Deve-se considerar também que ocorrem diferenças significativas de movimentação entre as superfícies superiores e inferiores das lajes de cobertura, sendo que normalmente as superfícies superiores são solicitadas por movimentações mais bruscas e de maior intensidade.

Outro aspecto importante a ser levado em conta é que mesmo lajes sombreadas sofrem os efeitos desses fenômenos (Costa, 1978); parte da energia calorífica absorvida pelas telhas é reirradiada para a laje, além de ocorrer através do ático transmissão de calor por condução e convecção. Nesse caso, as movimentações térmicas a que serão submetidas as lajes ocorrem em função de diversos outros fatores, tais como natureza do material que compõe as telhas, altura do colchão de ar presente entre o telhado e a laje de cobertura, intensidade de ventilação e rugosidade das superfícies internas do ático, permeabilidade ao ar do telhado e presença ou não de subcobertura.

Por essas razões, e devido ao fato de que as lajes de cobertura normalmente se encontram vinculadas às paredes de sustentação, surgem tensões tanto no corpo das paredes quanto nas lajes; teoricamente as tensões de origem térmica são nulas nos pontos centrais das lajes, crescendo proporcionalmente em direção aos bordos, onde atingem seu ponto máximo (Timoshenko; Woinowsky, 1959), conforme indicado na Fig. 1.3.

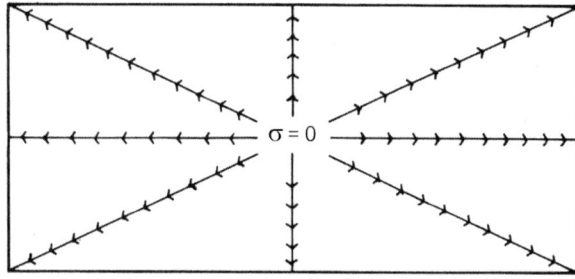

Fig. 1.3 *Propagação das tensões numa laje de cobertura com bordos vinculados devida a efeitos térmicos*

A dilatação plana das lajes e o abaulamento provocado pelo gradiente de temperaturas ao longo de suas alturas (Fig. 1.4) introduzem tensões de tração e de cisalhamento nas paredes das edificações; conforme se constata na prática, e segundo observações de diversos autores (Pfeffermann, 1968; Pfeffermann et al., 1967; Latta,

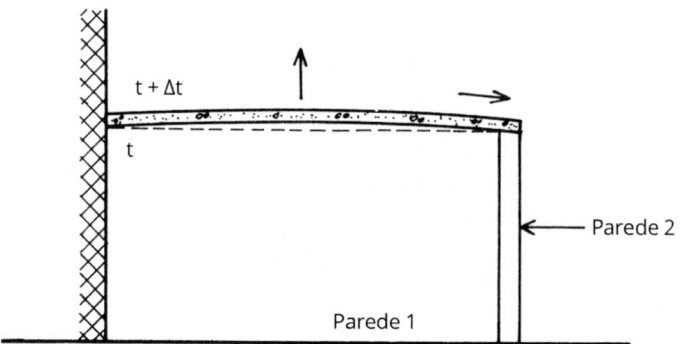

Fig. 1.4 *Movimentações que ocorrem numa laje de cobertura insolada, sob ação da elevação da temperatura*

1976; Chand, 1979; Sahlin, 1971), as trincas se desenvolvem quase que exclusivamente nas paredes, apresentando tipicamente as configurações indicadas nas Figs. 1.5 e 1.6.

Na maioria dos casos, as fissuras manifestam-se exatamente de acordo com a teoria, conforme ilustrado nas Figs. 1.7 a 1.9; contudo, deve-se salientar que, em função das dimensões da laje e da natureza dos materiais constituintes das paredes, nem sempre são observadas configurações tão típicas como as apresentadas anteriormente, ilustrando-se na Fig. 1.10 alguns desses casos.

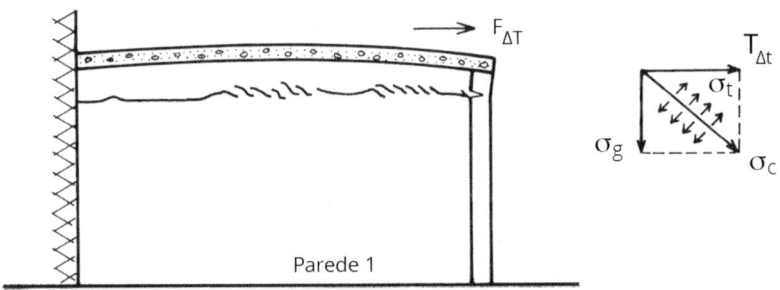

Fig. 1.5 *Trinca típica presente no topo da parede paralela ao comprimento da laje; a direção das fissuras, perpendiculares às resultantes de tração (σ_t), indica o sentido da movimentação térmica (no caso, da esquerda para a direita)*

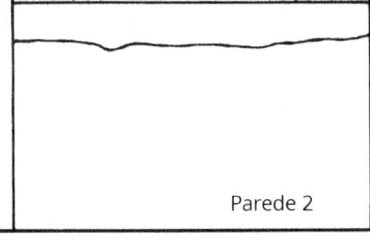

Fig. 1.6 *Trinca típica presente no topo da parede paralela à largura da laje; a trinca normalmente se apresenta com traçado bem definido, realçando o efeito dos esforços de tração na face interna da parede*

Fig. 1.7 *Parede com fissuras inclinadas, em forma de "escama", evidenciando a dilatação térmica da laje de cobertura*

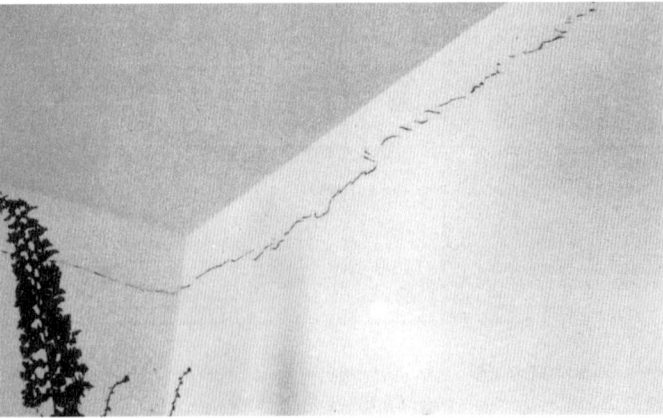

A presença de aberturas nas paredes, por outro lado, propiciará o aparecimento de regiões naturalmente enfraquecidas (ao nível do peitoril e ao nível do topo de caixilhos, por exemplo), desenvolvendo-se as fissuras preferencialmente nessas regiões (Chand, 1979).

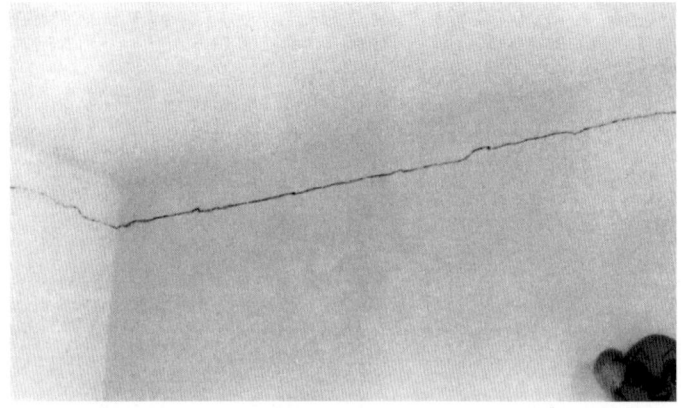

Fig. 1.8 *Fissura com abertura regular no topo da parede, resultante do abaulamento e da dilatação plana da laje de cobertura*

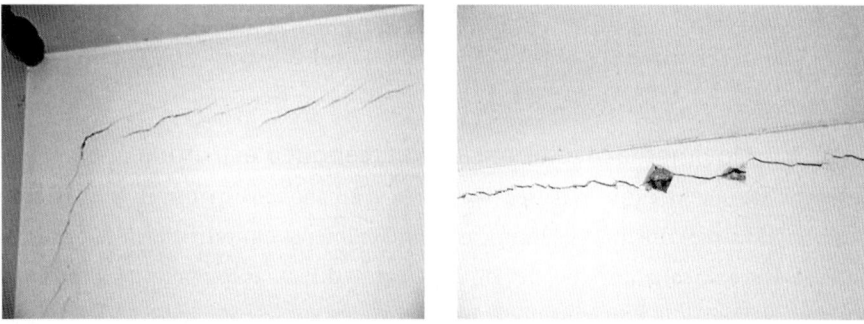

Fig. 1.9 *Trincas de cisalhamento provocadas por expansão térmica das lajes de cobertura*

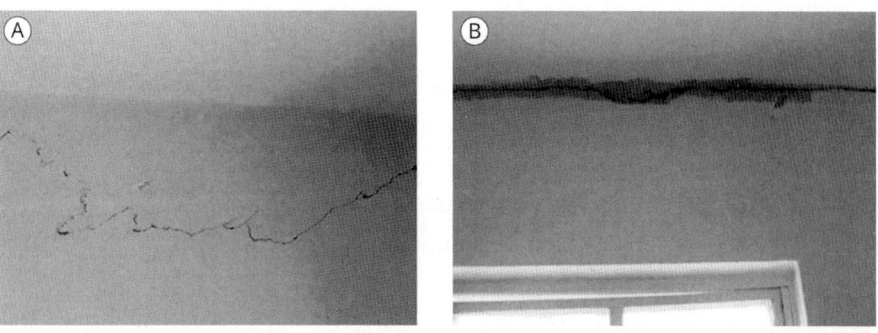

Fig. 1.10 *(A) Fissura na alvenaria com desenvolvimento bastante irregular e (B) destacamento entre parede e laje, decorrentes de dilatação térmica das lajes de cobertura*

Assim, em função das dimensões da laje, da natureza dos materiais que constituem as paredes, do grau de aderência entre paredes e laje e da eventual presença de aberturas, podem formar-se trincas inclinadas próximas ao topo das paredes (Pilny, 1977), conforme mostrado na Fig. 1.11.

Fig. 1.11 *Trincas de cisalhamento provocadas por expansão térmica da laje de cobertura, com destacamentos entre os componentes de alvenaria*

1.3.2 Movimentações térmicas do arcabouço estrutural

A exemplo do que foi exposto na seção anterior, o arcabouço estrutural da edificação estará sujeito a movimentações térmicas, principalmente em estruturas de concreto aparente. Deve-se salientar que, devido à insolação direta, as temperaturas nas faces expostas das peças de concreto poderão atingir, segundo Serdaly (1971), valores da ordem de até 80 °C.

Essas movimentações raramente causam danos à estrutura em si; normalmente as regiões mais solicitadas são os encontros entre vigas, onde podem surgir fissuras internas às peças de concreto e, por isso mesmo, não detectáveis. A movimentação térmica das vigas pode provocar, contudo, fissuração aparente em pilares; esse fato pode ocorrer principalmente quando a estrutura não possui juntas de dilatação ou quando elas foram mal projetadas (aberturas e espaçamentos). Segundo Fabiani (1975), a dilatação térmica de vigas pode provocar nas extremidades dos pilares fissuras ligeiramente inclinadas, conforme representado na Fig. 1.12.

Já com maior probabilidade de ocorrência, a movimentação térmica da estrutura pode causar destacamentos entre as alvenarias e o reticulado estrutural (Chand, 1979; Fabiani, 1975), e mesmo a incidência de trincas de cisalhamento nas extremidades das alvenarias (Pfeffermann, 1968; Pfeffermann et al., 1967; Sahlin, 1971). As Figs. 1.13 e 1.14 ilustram, respectivamente, esses casos.

1 # Fissuras causadas por movimentações térmicas...

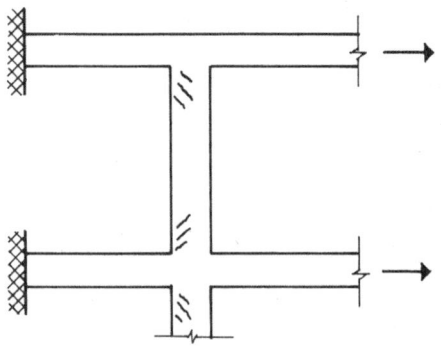

Fig. 1.12 *Pilar fissurado devido à movimentação térmica das vigas de concreto armado*

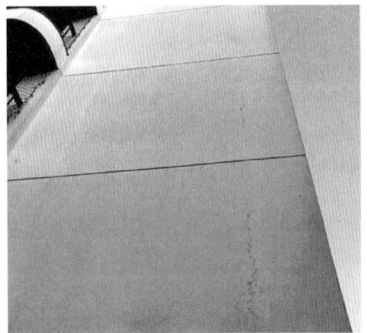 

Fig. 1.13 *Destacamentos entre alvenaria e estrutura, provocados por movimentações térmicas diferenciadas*

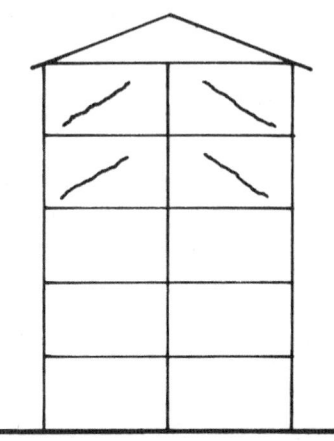

Fig. 1.14 *Trincas de cisalhamento nas alvenarias, provocadas por movimentação térmica da estrutura*

Em construções em alvenaria estrutural com ligações com juntas a prumo entre fachadas principais e empenas, sem amarração entre os blocos, mas com ligações efetuadas com ganchos de aço embutidos em pilaretes grauteados, é bastante recorrente o caso de destacamentos entre as paredes pela ação de movimentações térmicas, conforme apresentado na Fig. 1.15.

Fig. 1.15 *Destacamentos entre alvenarias de fachada – alvenaria estrutural sem juntas de amarração entre as paredes*

A própria dilatação das paredes de fachada, combinada com a dilatação das lajes de cobertura, também pode levar à formação de fissuras de cisalhamento e de tração diagonal nas extremidades dos prédios.

Relativamente às configurações geométricas das fissuras, Corrêa e Ramalho (2012) explicam que, por serem os blocos mais resistentes, a tendência é de que as fissuras se propaguem preferencialmente pelas juntas de assentamento, podendo ocorrer fissuras horizontais, uma ou duas fiadas abaixo do contato com a laje que sofreu dilatação, ou fissuras em forma de "escada" em paredes alinhadas na direção do eixo longitudinal da laje (com maior dilatação). A Fig. 1.16 ilustra essas situações.

Fissuras em forma de "escada", como a mostrada na Fig. 1.16, embora ocorram quase sempre nas paredes do último pavimento, podem ainda aparecer em andares intermediários, em virtude da dilatação térmica da laje imediatamente superior (Fig. 1.17).

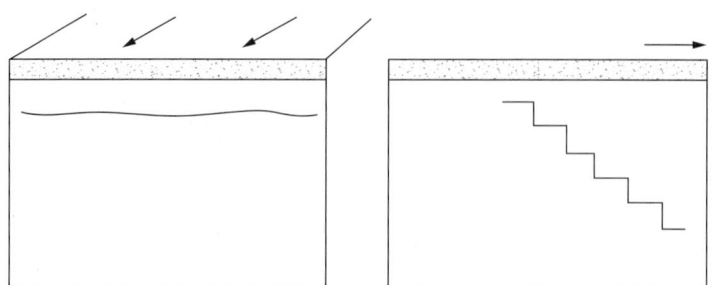

Fig. 1.16 *Configurações típicas de fissuras em alvenaria estrutural em razão das movimentações térmicas da laje de cobertura*

Conforme diversos autores (Manzione, 2004; Corrêa; Ramalho, 2003; Roman; Muti; Araújo, 1999), as fissuras e os destacamentos variam em função do clima no local da obra, das dimensões das lajes, da efetividade da proteção térmica eventualmente existente, das propriedades da argamassa de assentamento, da qualidade de execução da alvenaria e de diversos outros fatores, sendo bastante difícil modelar o fenômeno. No caso da adoção de juntas verticais sem argamassa ("juntas secas"), prática adotada em algumas obras e algumas localidades do Brasil, é substancialmente maior a probabilidade de ocorrência de fissuras e destacamentos entre blocos, problema mais recorrente nas paredes de fachada, conforme ilustrado na Fig. 1.18.

Fig. 1.17 *Fissuras de tração diagonal no penúltimo pavimento, causadas por dilatação térmica da laje superior (pode ainda ter ocorrido dilatação térmica da própria fôrma, antes da concretagem)*

1.3.3 Movimentações térmicas em muros

Os muros muito extensos geralmente apresentam fissuras devidas a movimentações térmicas, sendo essas fissuras, segundo Pfeffermann (1968), tipicamente verticais, com aberturas da ordem de 2 mm a 3 mm. Em função da natureza dos componentes de alvenaria, as fissuras manifestam-se a cada 4 m ou 5 m, podendo ocorrer nos encontros da alvenaria com os pilares ou mesmo no corpo da alvenaria, conforme mostrado na Fig. 1.19.

Fig. 1.18 *(A) Fissuras e destacamentos entre blocos de concreto (assentamento com juntas verticais secas e revestimento em argamassa decorativa polimérica) e (B) vista interna de outra obra em execução*

Fig. 1.19 *Trincas verticais causadas por movimentações térmicas: (A) destacamento entre alvenaria e pilar e (B) trinca no corpo da alvenaria*

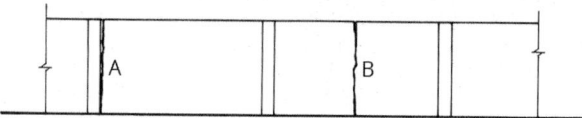

As fissuras provocadas pelas movimentações térmicas normalmente se iniciam na base do muro, em razão das restrições que a fundação oferece à sua livre movimentação. Em função da resistência à tração da argamassa de assentamento e dos componentes de alvenaria, além da aderência desenvolvida entre eles, as fissuras poderão acompanhar as juntas verticais de assentamento ou mesmo se estenderem através dos componentes de alvenaria (Figs. 1.20 e 1.21).

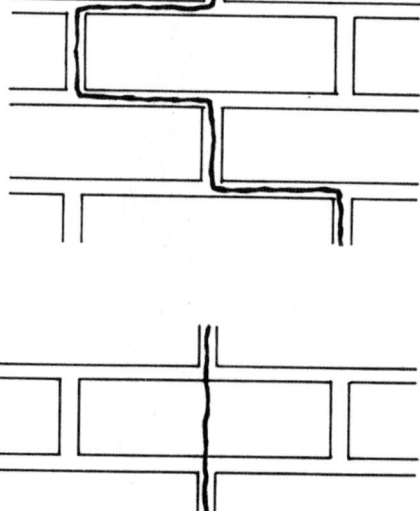

Fig. 1.20 *Trinca vertical: a resistência à tração dos componentes de alvenaria é superior à resistência à tração da argamassa ou à tensão de aderência argamassa/blocos*

Fig. 1.21 *Trinca vertical: a resistência à tração dos componentes de alvenaria é igual ou inferior à resistência à tração da argamassa*

1.3.4 Movimentações térmicas em platibandas

As platibandas, em função da forma geralmente alongada, tendem a comportar-se como os próprios muros de divisa; normalmente surgirão fissuras verticais regularmente espaçadas, caso não tenham sido convenientemente projetadas juntas ao longo delas. As movimentações térmicas diferenciadas entre a platibanda e o corpo do edifício poderão resultar ainda no destacamento da platibanda e na formação de fissuras inclinadas nas extremidades desse corpo, conforme ilustrado na Fig. 1.22.

1 # Fissuras causadas por movimentações térmicas...

Fig. 1.22 *Trincas inclinadas no topo da parede (em ambas as extremidades) e destacamento da platibanda causados por movimentações térmicas*

1.3.5 Movimentações térmicas em argamassas de revestimento

As fissuras em argamassas de revestimento provocadas por movimentações térmicas das paredes irão depender sobretudo do módulo de deformação da argamassa, sendo sempre desejável que a capacidade de deformação do revestimento supere com boa folga a capacidade de deformação da parede propriamente dita (Cincotto, 1975).

Em nosso país, tomando-se janeiro e julho como épocas típicas do ano, dados do Instituto Nacional de Meteorologia (Inmet) revelam que, para um período de 24 h, a temperatura do ar pode apresentar variações com amplitudes de 14 °C e 20 °C, respectivamente, para diferentes localidades. Essas variações, além da elevada temperatura superficial que os revestimentos podem apresentar por efeito da insolação direta, conforme exposto na seção 1.2, podem provocar o aparecimento de fissuras nos revestimentos devidas às movimentações diferenciadas que ocorrem entre eles e as bases de aplicação.

As fissuras induzidas por movimentações térmicas no corpo do revestimento em geral são regularmente distribuídas e com aberturas bastante reduzidas (espécie de gretagem), assemelhando-se, conforme Joisel (1975), às fissuras provocadas por retração de secagem, o que será analisado no Cap. 7. Fissuras com aberturas maiores poderão aparecer, entretanto, nos encontros entre paredes ou em outras junções.

No caso de muros muito alongados, sem a presença de proteções superiores como rufos ou cobre-muros, é comum o destacamento do revestimento no topo do muro pelo empoçamento de água/expansão higroscópica da argamassa de revestimento, como será analisado no Cap. 2. É comum ainda o destacamento da argamassa em razão da dilatação térmica, muito superior à dilatação do corpo do muro em si, conforme ilustrado na Fig. 1.23.

Fig. 1.23 *Destacamento da argamassa no topo do muro por efeito da sua dilatação térmica*

1.3.6 Movimentações térmicas em pisos externos

As movimentações térmicas em pisos externos representam um fator preponderante no desenvolvimento de fissuras ou destacamentos do revestimento, particularmente no caso de pisos com grandes áreas, com formas muito alongadas ou com cores muito escuras (CSTC, 1979b; CSIRO, 1958).

Na fase de aquecimento, o revestimento do piso (lajotas, ladrilhos etc.) dilata-se, sendo o material solicitado à compressão, por efeito de sua vinculação com a base. Na fase de resfriamento, o material é solicitado à tração, criando-se, à medida que é ultrapassada a resistência à tração do revestimento ou da própria base, fissuras regularmente espaçadas.

No caso de pisos com bordas vinculadas (presença de paredes, muros etc.), com impossibilidade de movimentarem-se livremente, é bastante frequente o destacamento do revestimento, equivalendo-se nesse caso a expansão térmica do piso ou a contração térmica da estrutura a uma ação de compressão no plano do revestimento (Figs. 1.24 e 1.25). Os destacamentos poderão ainda ser causados pela própria contração térmica das placas isoladas, superando-se nesse caso a tensão de aderência entre a placa de revestimento e a argamassa de assentamento.

No caso de lajes de cobertura impermeabilizadas (manta ou membrana asfáltica etc.), a dilatação térmica do conjunto camada de proteção + camada de piso tende a forçar a platibanda para fora da obra. Em geral ocorrem fissuras horizontais na interface da platibanda com a laje de cobertura, podendo, todavia, ocorrer desaprumos e até importantes deslocamentos das platibandas, conforme ilustrado na Fig. 1.26.

Fig. 1.24 *Destacamento do revestimento do piso, sob ação de sua dilatação térmica ou da contração térmica da estrutura*

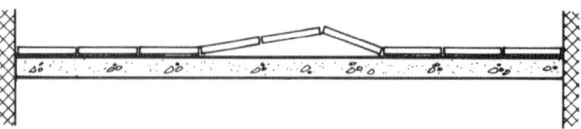

1 # Fissuras causadas por movimentações térmicas...

Fig. 1.25 *Fissuras e destacamentos em piso cerâmico de cor escura, sem juntas de dilatação e restringido pelas paredes laterais, em razão das movimentações térmicas*

Fig. 1.26 *(A) Desaprumo em platibanda e (B) forte deslocamento da platibanda, causados pela dilatação térmica do revestimento de piso + proteção da impermeabilização da laje de cobertura*

1.3.7 Movimentações térmicas em lajes de forro

Sob ação das temperaturas que se desenvolvem nos áticos, considerado o efeito da reirradiação da cobertura para suas superfícies internas, as lajes de forro apresentam dilatações e contrações que podem produzir fissuras nas arestas constituídas entre os forros e os paramentos das paredes. Tais fissuras geralmente são perceptíveis quando não é adotado nenhum detalhe de acabamento (tabiques ou moldura de gesso, por exemplo) na união parede-forro.

Em lajes mistas, constituídas por vigotas pré-moldadas de concreto e componentes cerâmicos vazados, observam-se com alguma frequência fissuras longitudinais nas regiões de encontro vigota-componentes cerâmicos; essas fissuras, representadas na Fig. 1.27, devem-se a movimentações diferenciadas entre vigotas subsequentes e mesmo a movimentações diferenciadas entre o concreto armado e a cerâmica.

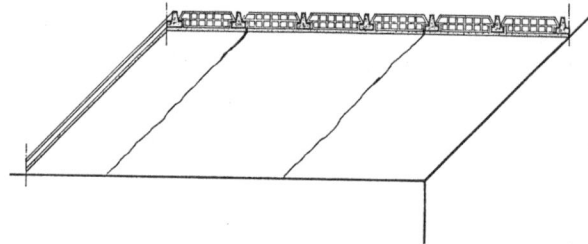

Fig. 1.27 *Fissuras provocadas por movimentações térmicas em forro constituído por laje mista*

1.3.8 Movimentações térmicas em placas de vidro

Embora todos os vidros expandam com o aumento da temperatura, os especiais, como os coloridos e os absorvedores de calor, apresentam expansões consideravelmente maiores com a incidência da radiação solar. As folgas entre as placas de vidro desses tipos e a caixilharia devem ser, por essa razão, bem maiores em relação às obedecidas para os vidros comuns.

Além do problema da expansão por efeito da temperatura, as placas de vidro podem trincar-se devido ao sombreamento excessivo de suas bordas, criado por detalhes arquitetônicos das fachadas ou mesmo pelos caixilhos, conforme representado na Fig. 1.28. A trinca ocorre porque o sombreamento origina uma diferença de temperatura entre a região central e as bordas do vidro, sendo essa diferença significativa por ser o vidro, de forma geral, um mau condutor de calor.

O gradiente de temperaturas introduz tensões de tração nas bordas da placa de vidro, sendo que essas bordas são particularmente suscetíveis a esse tipo de tensão, já que apresentam irregularidades provenientes da operação de corte. Dessa forma, as tensões-limites são determinadas pela maior ou menor incidência de irregularidades no contorno da placa.

Além das irregularidades presentes nas bordas das placas de vidro, com entalhes onde haverá concentração natural de tensões, estas poderão ser também introduzidas pela presença de corpos sólidos na folga existente entre a placa e o caixilho, tais como cabeças de parafusos, restos de argamassa etc. Às tensões introduzidas nas placas pela dilatação térmica poderão somar-se ainda tensões oriundas das próprias deformações da estrutura.

1 # Fissuras causadas por movimentações térmicas...

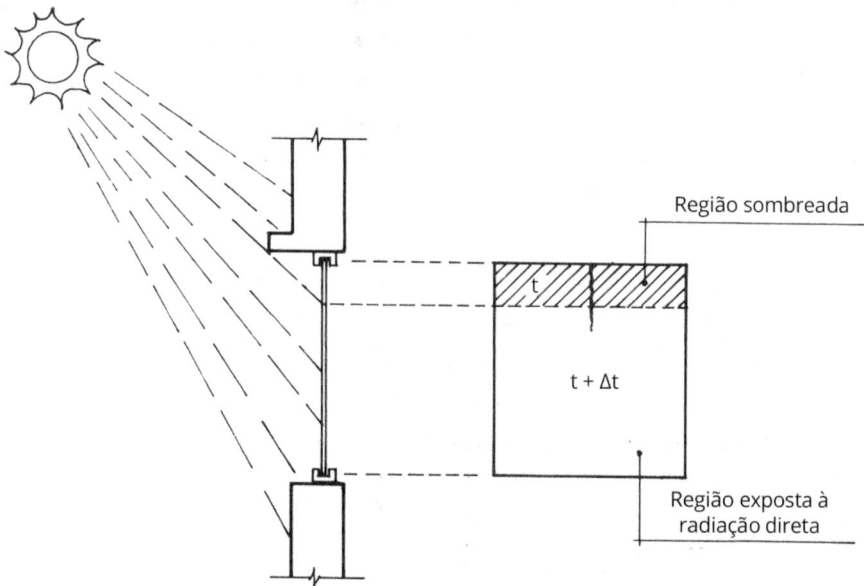

Fig. 1.28 *Trinca presente na placa de vidro, proveniente do gradiente de temperatura causado pelo sombreamento*

A Fig. 1.29 ilustra o trincamento de uma placa de vidro, já retirada do caixilho, num caso em que as folgas existentes entre os caixilhos e as placas de vidro eram praticamente inexistentes. Pode-se observar nitidamente que a trinca se iniciou na borda da placa, mais precisamente a partir de um entalhe bastante pronunciado.

1.3.9 Fissuras provocadas por cura térmica do concreto

Um último caso associado às movimentações térmicas que se pode analisar são as fissuras decorrentes do resfriamento relativamente brusco do concreto após processo de cura térmica.

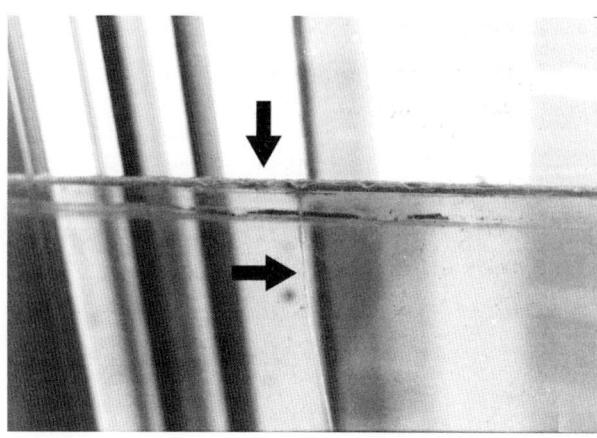

Fig. 1.29 *Trinca presente na placa de vidro, a partir de entalhe resultante da operação de corte*

Passando de temperaturas da ordem de 50 °C ou 60 °C até a temperatura ambiente, o concreto sofre uma contração térmica que poderá induzir a formação de fissuras, facilitadas pela resistência relativamente pequena do material nas primeiras idades. O problema é mais grave em peças esbeltas, não armadas, como no caso de paredes monolíticas constituídas por concreto autoadensável (sistemas Outinord, Precise etc.), conforme ilustrado na Fig. 1.30.

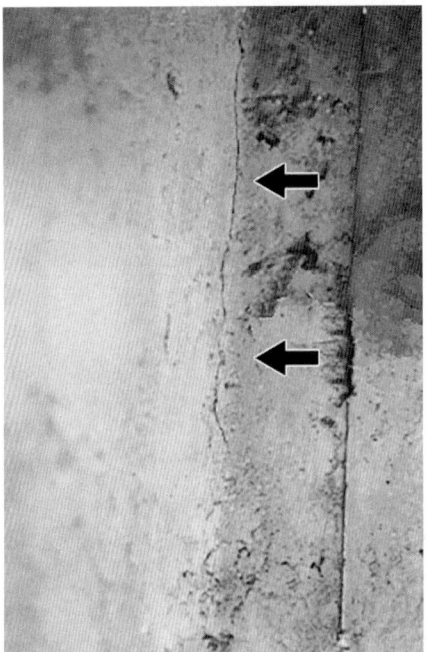

Fig. 1.30 *Microfissura na região central de parede monolítica de concreto com 7 cm de espessura, observada na desforma, logo após a cura térmica*

Fissuras causadas por movimentações higroscópicas: mecanismos de formação e configurações típicas

2.1 Mecanismos de formação das fissuras

As mudanças higroscópicas provocam variações dimensionais nos materiais porosos que integram os elementos e componentes da construção; o aumento do teor de umidade produz uma expansão do material, enquanto a diminuição desse teor provoca uma contração. No caso da existência de vínculos que impeçam ou restrinjam essas movimentações, poderão ocorrer fissuras nos elementos e componentes do sistema construtivo.

A umidade pode ter acesso aos materiais de construção através de diversas vias:

- *Umidade resultante da produção dos componentes*: na fabricação de componentes construtivos à base de ligantes hidráulicos, emprega-se geralmente uma quantidade de água superior à necessária para que ocorram as reações químicas de hidratação. A água em excesso permanece em estado livre no interior do componente e, ao se evaporar, provoca a contração do material.

- *Umidade proveniente da execução da obra*: é usual umedecerem-se componentes de alvenaria no processo de assentamento, ou mesmo painéis de alvenaria que receberão argamassas de revestimento; essa prática é correta, pois visa impedir a retirada brusca de água das argamassas, o que viria a prejudicar a aderência com os componentes de alvenaria ou mesmo as reações de hidratação do cimento. Ocorre que, nessa operação de umedecimento, o teor de umidade dos componentes de alvenaria poderá se elevar a valores muito acima da umidade higroscópica de equilíbrio, originando uma expansão do material; a água em excesso, a exemplo do que foi dito na alínea anterior, tenderá a evaporar-se, provocando uma contração do material.

- *Umidade do ar ou proveniente de fenômenos meteorológicos*: o material poderá absorver água de chuva antes mesmo de ser utilizado na obra, durante o transporte ou por armazenagem desprotegida no canteiro. Durante a vida da construção, as faces de seus componentes voltadas para o exterior poderão absorver quantidades consideráveis de água de chuva ou, em algumas regiões, até mesmo de neve. Também a umidade presente no ar pode ser absorvida pelos materiais de construção, quer sob a forma de vapor, quer sob a de água líquida (condensação do vapor sobre as superfícies mais frias da construção).

- *Umidade do solo*: a água presente no solo poderá ascender por capilaridade à base da construção, desde que os diâmetros dos poros capilares e o nível do lençol d'água assim o permitam. Não havendo impermeabilização eficiente entre o solo e a base da construção, a umidade terá acesso aos seus componentes, podendo trazer sérios inconvenientes a pisos e paredes do andar térreo.

2.2 Propriedades higroscópicas dos materiais de construção

A quantidade de água absorvida por um material de construção depende de dois fatores: porosidade e capilaridade. O fator mais importante que rege a variação do teor de umidade dos materiais é a capilaridade. Na secagem de materiais porosos, a capilaridade provoca o aparecimento de forças de sucção, responsáveis pela condução da água até a superfície do componente, onde ela será posteriormente evaporada.

Uma vez que as forças de sucção são inversamente proporcionais às aberturas dos poros, quando dois materiais diferentes são colocados em contato, o material de poros mais fechados, teoricamente, absorverá água do material com poros mais abertos. Na prática, porém, os materiais normalmente contêm poros de variadas aberturas, sendo o sentido de percolação da água determinado pela diferença do teor de umidade dos materiais em contato; considerando que a sucção por capilaridade varia com o teor de umidade do material, torna-se extremamente difícil estabelecer o sentido da percolação da água.

Se um material poroso for exposto por tempo suficiente a condições constantes de umidade e temperatura, graças ao fenômeno da difusão, seu teor de umidade acabará estabilizando-se; atinge-se então a umidade higroscópica de equilíbrio do material. Essa umidade depende da natureza e quantidade de capilares presentes no material, assim como da temperatura e umidade do meio ambiente. Na Tab. 2.1 estão indicados alguns valores de umidade higroscópica de equilíbrio, determinados a partir de experimentos efetuados na Holanda.

As variações no teor de umidade provocam movimentações de dois tipos: irreversíveis e reversíveis. As movimentações irreversíveis são aquelas que ocorrem geralmente logo após a fabricação do produto e originam-se pela perda ou ganho de água até que se atinja a umidade higroscópica de equilíbrio do material. As movimentações reversíveis ocorrem por variações do teor de umidade do material, ficando delimitadas a um certo intervalo, inclusive se ele vier a ser completamente desidratado ou saturado.

Tab. 2.1 Umidade higroscópica de equilíbrio para alguns materiais de construção

Material	Umidade higroscópica de equilíbrio (%) em função da umidade relativa do ar		
	U.R. = 40%	U.R. = 65%	U.R. = 95%
Madeira	8	12	22
Cerâmica	0	0	1
Concreto normal	3	4	8
Concreto celular	2	3	12
Cortiça	4	12	20

Fonte: Pfeffermann (1968).

Por exemplo, para o concreto ocorre uma contração inicial por perda da água em excesso utilizada na sua fabricação (essa contração não deve ser confundida com a retração proveniente das reações químicas que acontecem entre o cimento e a água); completada essa contração inicial, o material, sujeito a diferentes teores de umidade, apresenta movimentações que ficam delimitadas dentro de um certo intervalo, ou seja, mesmo que se consiga saturar esse concreto completamente, ele jamais retornará ao seu volume inicial. A Fig. 2.1 ilustra esse fenômeno.

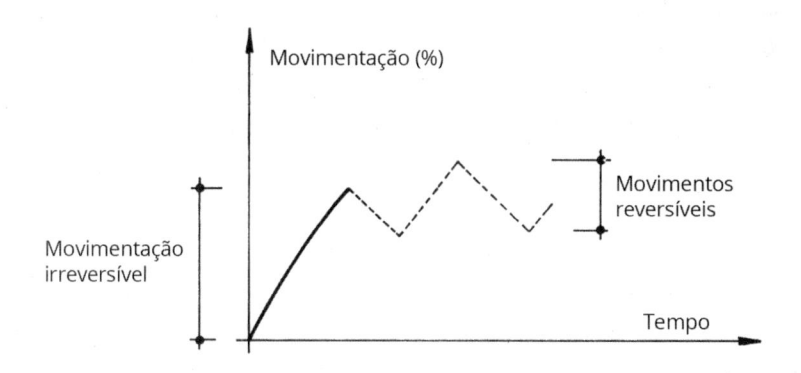

Fig. 2.1 *Movimentações reversíveis e irreversíveis para um concreto, devidas à variação do seu teor de umidade*
Fonte: *Pfeffermann et al. (1967).*

Para os materiais de construção que apresentam contração inicial por secagem, de forma geral os movimentos irreversíveis são bem superiores aos reversíveis. O mesmo já não ocorre para as madeiras, que são suscetíveis a grandes variações dimensionais em função dos teores de umidade.

As movimentações higroscópicas dos produtos à base de cimento ocorrem basicamente em função da formulação do cimento e das características dos agregados, da dosagem da mistura e das condições de cura do produto; pelos valores apresentados na Tab. 2.2 pode-se constatar que, para os concretos celulares, o processo de cura exerce grande influência nas movimentações originadas por variação de umidade.

Tab. 2.2 Contração de argamassas e concretos em função do teor de umidade: dados do Building Research Station

Material	Contração irreversível (%)	Contração reversível (%)
Argamassa	0,07	0,03
Concreto	0,05	0,03
Concreto celular (cura ao ar)	0,30	0,10
Concreto celular (cura em autoclave)	0,08	0,05

Fonte: Pfeffermann (1968).

Materiais cerâmicos normalmente apresentam pequenas movimentações reversíveis com as variações de umidade e de temperatura. Já em 1950, entretanto, pesquisas efetuadas na Austrália e nos Estados Unidos (CSIRO, 1958) mostraram que expansões irreversíveis de grande intensidade podem ocorrer em tijolos cerâmicos, por efeito da umidade. Essas expansões começam a se desenvolver imediatamente após a queima do produto e podem processar-se durante longos períodos; dependerão fundamentalmente da natureza dos argilominerais presentes na matéria-prima e das condições de queima do tijolo.

No Brasil, algumas instituições vêm desenvolvendo estudos relativos à expansão por umidade (EPU), com destaque para o Instituto de Materiais Cerâmicos da Universidade de Caxias do Sul. Estudo recente dessa instituição (Cruz et al., 2013), com argilas da região do Vale do Rio Caí (RS) e diferentes temperaturas de queima, revela valores relativamente altos de EPU (0,03% a 0,06%), conforme apresentado na Fig. 2.2. A nosso juízo, valores acima de 0,03% ou 0,04% para produtos bem queimados e, portanto, com elevado módulo de deformação já podem induzir rompimentos localizados (exemplo na Fig. 2.3), o que explicaria os esmagamentos que se tem verificado em paredes com vãos muito pequenos, cujos julgamentos errôneos acabaram apontando como causa a deformabilidade da estrutura.

Parece ser de consenso que a maior parte da movimentação irreversível, no caso a expansão, ocorre nos primeiros meses de idade; a duração desse ciclo estará condicionada não só às propriedades do corpo cerâmico mas também às condições de

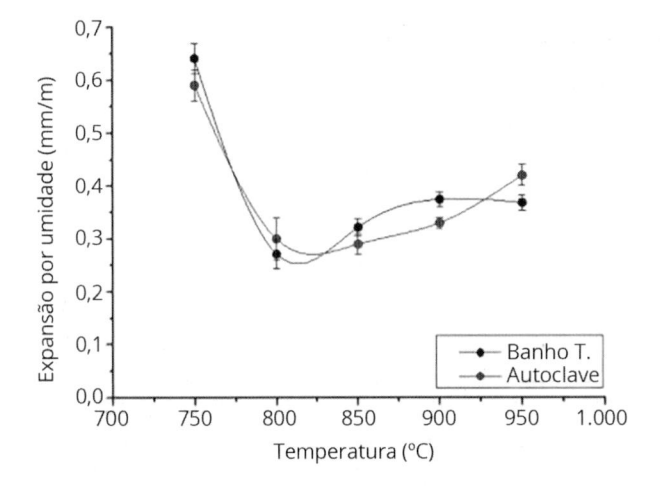

Fig. 2.2 Resultados de EPU para uma determinada argila em banho termostático e autoclave
Fonte: Cruz et al. (2013).

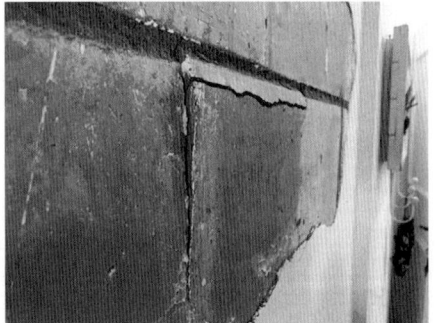

Fig. 2.3 Fissuras e lascamentos em blocos cerâmicos, provavelmente causados pela expansão por umidade do material

umidade a que estará submetido. Pesquisas desenvolvidas na África do Sul (Stubbs; Putterill, 1972) revelam que a expansão de tijolos cerâmicos pode variar de 0,04% a 0,12%, sendo que metade da expansão é verificada nos primeiros seis meses de idade. Nessas pesquisas concluiu-se ainda que os tijolos mal queimados apresentam dilatação bastante superior aos bem queimados; todavia, o módulo de deformação dos tijolos mal queimados é geralmente pequeno, o que lhes confere maior poder de acomodação.

De forma geral, os materiais de construção pétreos e os fibrosos movimentam-se com a variação do teor de umidade; na Tab. 2.3 são apresentados alguns valores dessas movimentações, determinados pelo BRE (1979b). Na tabela são indicados também valores de coeficiente de dilatação térmica e módulo de deformação para diversos materiais de uso corrente na construção civil.

Tab. 2.3 Propriedades higrotérmicas de alguns materiais de construção

Material	Coeficiente de dilatação térmica linear (°C × 10⁻⁶)	Movimentação devida à umidade (%) Reversível	Movimentação devida à umidade (%) Irreversível (+) expansão (−) contração	Módulo de deformação (kN/mm²)
Rochas naturais				
Granito	8-10			20-60
Calcário	3-4	0,01		10-80
Arenito	7-12	0,07		3-80
Compostos à base de gesso				
Gesso-estuque	16-18			1,5-4
Placas de gesso	18-21			16
Compostos à base de cimento				
Argamassa	10-13	0,02-0,06	0,04-0,10(−)	20-35
Concreto (seixo rolado)	12-14	0,02-0,06	0,03-0,08(−)	15-36
Concreto (brita)	10-13	0,03-0,10	0,03-0,08(−)	15-36
Concreto celular	8	0,02-0,03	0,07-0,09(−)	1,4-3,2
Cimento com fibra de vidro	7-12	0,15-0,25	0,07(−)	20-34
Cimento-amianto	8-12	0,10-0,25	0,08(−)	14-26
Tijolos ou blocos vazados				
Concreto	6-12	0,02-0,04	0,02-0,06(−)	10-25
Concreto celular	8	0,02-0,03	0,05-0,09(−)	3-8
Sílico-calcário	8-14	0,01-0,05	0,01-0,04(−)	14-18
Barro cozido	5-8	0,02	0,02-0,07(+)	4-26
Madeiras				
Leves − Direção das fibras	4-6	0,45-2,0[1]		5,5-12,5[2]
Leves − Transversalmente	30-70	0,6-2,6[1]		5,5-12,5[2]
Densas − Direção das fibras	4-6	0,5-2,5[1]		7-21[2]
Densas − Transversalmente	30-70	0,8-4,0[1]		7-21[2]
Vidros				
Plano	9-11			70
Alveolado	8,5			5-8
Metais				
Aço	14			210
Aço inoxidável	19			210
Alumínio	25			70
Cobre	18			110
Plásticos ($E_{tração}$)				
PVC	50 a 150			2,5 a 3,5
Polipropileno	150			1,1

[1] Para teores de umidade de 60% e 90%.
[2] Para teor de umidade de 12%.
Fonte: BRE (1979b).

2.3 Configurações típicas de trincas provocadas por movimentações higroscópicas

As trincas provocadas por variação de umidade dos materiais de construção são muito semelhantes àquelas provocadas por variações de temperatura, conforme visto na seção 1.3. Nos dois casos, as aberturas poderão variar em função das propriedades higrotérmicas dos materiais e das amplitudes de variação da temperatura ou da umidade.

Stubbs e Putterill (1972) registram a ocorrência de alguns casos de trincas provocadas pela expansão de tijolos cerâmicos com elevada resistência à compressão (Figs. 2.4 a 2.6).

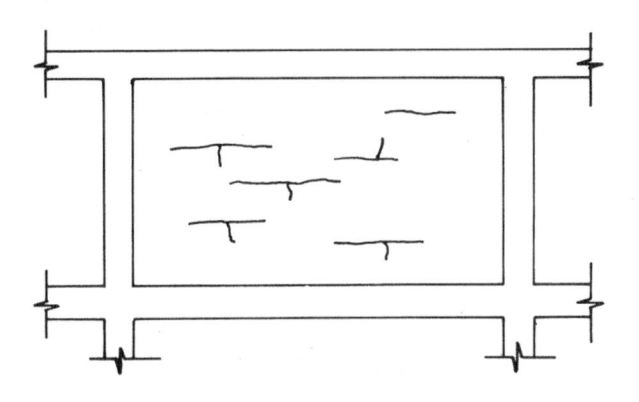

Fig. 2.4 *Trincas horizontais na alvenaria provenientes da expansão dos tijolos: o painel é solicitado à compressão na direção horizontal*
Fonte: *Stubbs e Putterill (1972).*

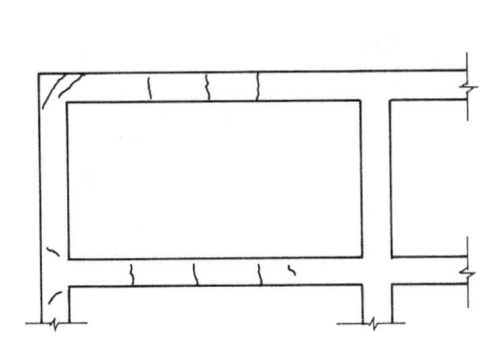

Fig. 2.5 *Trincas nas peças estruturais: a expansão da alvenaria solicita o concreto à tração*
Fonte: *Stubbs e Putterill (1972).*

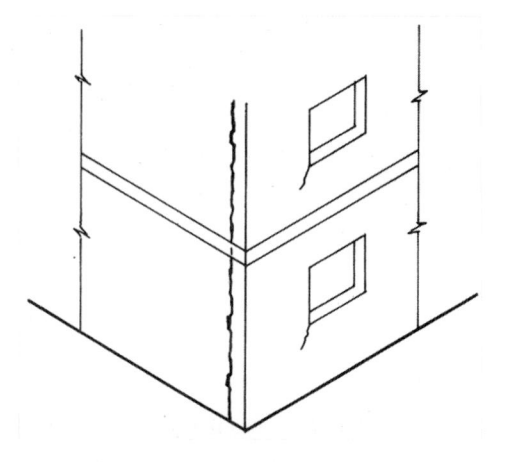

Fig. 2.6 *Fissuramento vertical da alvenaria, no canto do edifício, pela expansão dos tijolos por absorção de umidade*
Fonte: *Stubbs e Putterill (1972).*

No caso do encontro entre paredes onde, para facilitar a coordenação dimensional, os componentes de alvenaria foram assentados com juntas aprumadas (Fig. 2.7), independentemente da natureza do material constituinte dos blocos ou tijolos, ocorrerão movimentações higroscópicas que tenderão a provocar o destacamento entre as paredes. Tais destacamentos, que normalmente ocorrem a despeito do emprego de ferros inseridos nas juntas de assentamento a cada duas ou três fiadas, provocarão a infiltração de umidade para o interior do edifício, conforme ilustrado na Fig. 2.8.

Fig. 2.7 *Canto externo de edifício com blocos estruturais assentados com juntas a prumo: destacamento entre paredes*

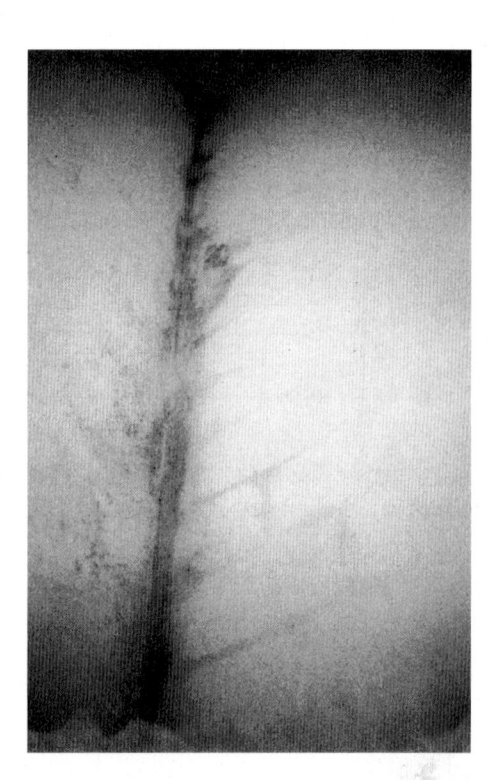

Fig. 2.8 *Vista interna do encontro entre as paredes: penetração de umidade em razão do destacamento ocorrido*

Para tijolos maciços de solo-cimento, constata-se na prática um tipo de fissura bastante característico, ou seja, fissura vertical que ocorre no terço médio da parede (Fig. 2.9). Essa trinca, geralmente pronunciada, aparece em paredes relativamente longas (com cerca de 6 m a 7 m) e pode ser causada tanto pela contração de secagem do produto quanto por suas movimentações reversíveis; ressalte-se que o solo-cimento é um material altamente suscetível às variações de umidade, particularmente quando a argila contiver argilominerais da família das montmorilonitas.

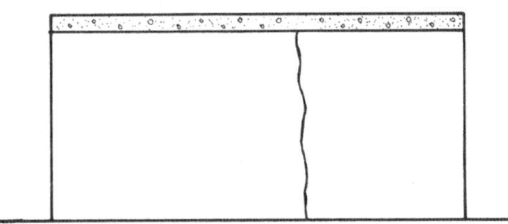

Fig. 2.9 *Trinca vertical no terço médio da parede, causada por movimentações higroscópicas de tijolos de solo-cimento*

Em estudo efetuado pelo IPT (1980) com blocos vazados de solo-cimento, pôde-se constatar o aparecimento de microfissuras verticais nas paredes de blocos, após a ocorrência de chuvas que provocavam o umedecimento das paredes. Como os blocos haviam sido empregados na obra com idade superior a três meses (a contração inicial, portanto, deveria estar concluída), deduziu-se que as fissuras eram ocasionadas por movimentações reversíveis originadas pela brusca variação da sua umidade.

Paredes monolíticas construídas com solo estabilizado (solo-cimento ou solo-cal) são altamente suscetíveis à formação de fissuras, tanto pela retração inicial quanto pelas movimentações higroscópicas reversíveis do material. Até mesmo a adição de saibro à argamassa para a construção de paredes monolíticas tem conduzido a experiências malsucedidas (Figs. 2.10 e 2.11), exatamente em razão das grandes variações volumétricas que a argila apresenta com a alteração do seu teor de umidade.

Fig. 2.10 *Parede monolítica constituída por argamassa de cimento, areia e saibro: as intensas movimentações higroscópicas do material provocam inicialmente o destacamento e a fissuração do revestimento em argamassa normal*

Fig. 2.11 *Gradativa destruição da parede pelos sucessivos ciclos de umedecimento e secagem do material constituído por solo, favorecidos cada vez mais pelos danos no revestimento*

Movimentações reversíveis ou irreversíveis podem originar também destacamentos entre componentes de alvenaria e argamassa de assentamento (Fig. 2.12). Esses destacamentos ocorrem em razão de inúmeros fatores, sendo os mais importantes: aderência entre argamassa e componentes de alvenaria, tipo de junta adotada, módulo de deformação dos materiais em contato, propriedades higroscópicas desses materiais e intensidade de variação da umidade.

Trincas horizontais podem aparecer também na base de paredes (Fig. 2.13), onde a impermeabilização dos alicerces foi mal executada. Nesse caso, os componentes de alvenaria que estão em contato direto com o solo absorvem sua umidade, apresentando movimentações diferenciadas em relação às fiadas superiores, que estão sujeitas à insolação direta e à perda de água por evaporação; essas trincas quase sempre são acompanhadas por eflorescências, o que auxilia o seu diagnóstico.

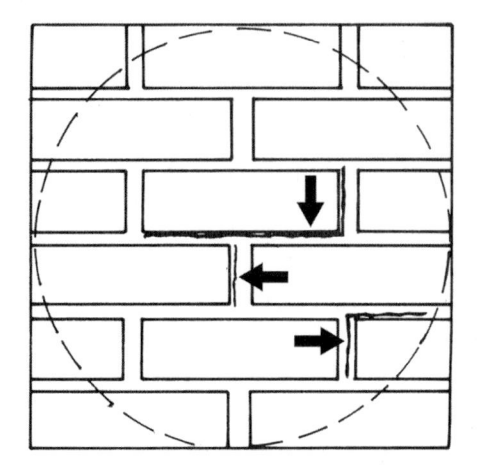

Fig. 2.12 *Destacamentos entre argamassa e componentes de alvenaria*

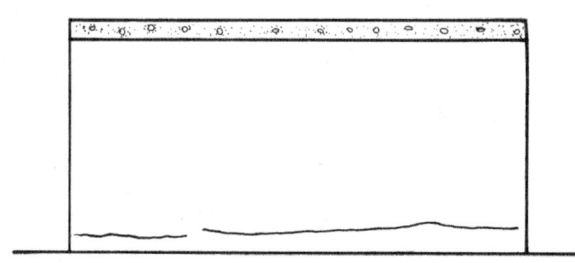

Fig. 2.13 *Trinca horizontal na base da alvenaria por efeito da umidade do solo*

Outro tipo bastante característico de fissura causada por umidade é aquele presente no topo de muros, peitoris, platibandas e testeiras de terraços que não estejam convenientemente protegidos por rufos, cobre-muros ou capas; a argamassa do topo da parede absorve água (de chuva ou mesmo do orvalho), movimenta-se diferencialmente em relação ao corpo do muro e acaba destacando-se dele, sendo essa patologia ilustrada na Fig. 2.14.

Os ciclos de umedecimento e secagem de argamassas de revestimento com deficiente impermeabilização da superfície, associados às próprias movimentações térmicas do revestimento, provocam inicialmente a ocorrência de microfissuras na argamassa. Através delas ocorrerão infiltrações de água cada vez maiores, acentuando-se progressivamente as movimentações e a consequente incidência de fissuras no revestimento (Fig. 2.15).

Fig. 2.14 *Destacamento da argamassa no topo da laje/beiral, causado por absorção de umidade e expansão higroscópica da massa*

Fig. 2.15 *Revestimento em argamassa em adiantado processo de degeneração, devido à contínua presença de umidade*

A fissuração dos revestimentos em argamassa será mais acentuada em regiões onde, por qualquer motivo, ocorra a maior incidência de água. Os peitoris, as saliências e outros detalhes arquitetônicos inseridos nas fachadas têm, por exemplo, a função básica de interromper os fluxos de água que escorrem pela parede, defletindo-os para fora da construção; contudo, caso esses detalhes não tenham sido bem projetados ou bem executados, poderão causar problemas em regiões localizadas da fachada, conforme ilustrado na Fig. 2.16.

Outro material que também apresenta movimentações higroscópicas acentuadas é o gesso, não sendo, por isso mesmo, recomendável o seu emprego em ambientes molháveis do edifício e sobretudo em suas partes externas. Um problema típico que se tem observado nos edifícios é o fissuramento de placas de gesso constituintes de forros, conforme indicado na Fig. 2.17, pela inobservância de juntas de movimentação entre as paredes e o forro.

No tocante às variações higroscópicas, as madeiras são indiscutivelmente os materiais de construção mais sensíveis, apresentando índices de movimentação acentuadamente diferenciados em relação à orientação de suas fibras. A utilização de madeira verde na construção, com teor de umidade superior a 12% ou 13%, invariavelmente provoca problemas das mais diversas ordens, sendo os mais comuns o descolamento de tacos, o empenamento de tábuas de assoalho e o mau funcionamento de caixilhos.

As movimentações reversíveis do madeiramento empregado nas coberturas determinam muitas vezes o aparecimento de fissuras horizontais no respaldo de paredes sobre as quais se apoia, particularmente quando essas paredes foram mal cintadas; tais movimentações são também responsáveis pelo desenvolvimento de fissuras em forros constituídos por estuque (trama de sarrafos de madeira, distanciados aproximadamente a 40 cm ou 50 cm, sob os quais é fixada tela de metal *deployé*, aplicando-se argamassa a partir do topo dos sarrafos), tanto no corpo do forro quanto no encontro do estuque com o revestimento das paredes.

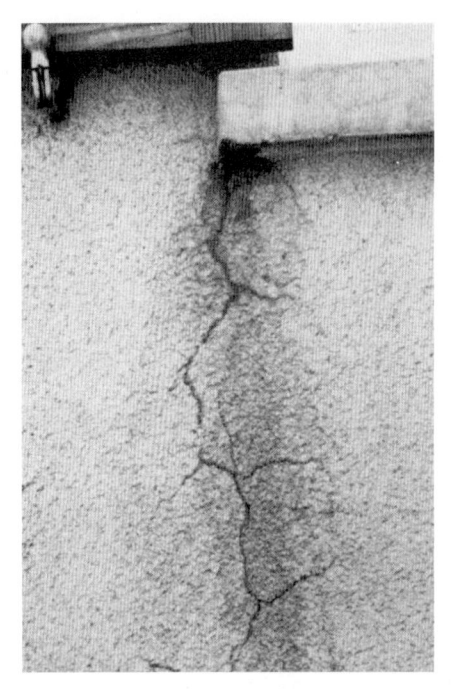

Fig. 2.16 *Fissuração da argamassa de revestimento provocada pelo fluxo de água interceptado no peitoril da janela e que escorreu lateralmente a ele*

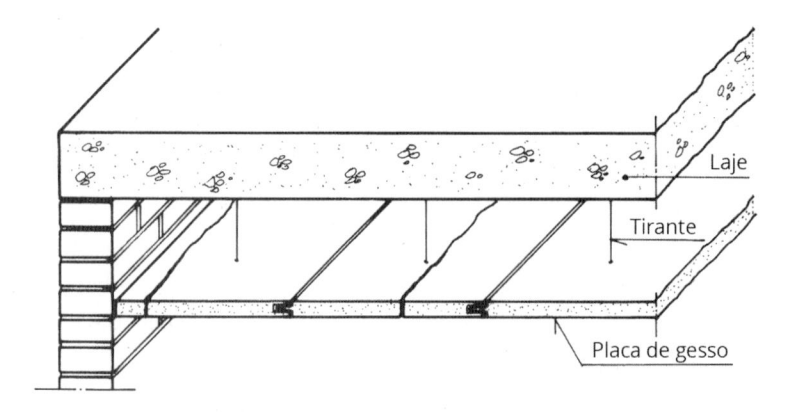

Fig. 2.17 *Fissuração de placas de gesso em forro rigidamente encunhado nas paredes*

Fissuras causadas pela atuação de sobrecargas em estruturas de concreto armado 3

A atuação de sobrecargas pode produzir a fissuração de componentes estruturais, tais como pilares, vigas, lajes e paredes. Essas sobrecargas atuantes podem ter sido consideradas no projeto estrutural, caso em que a falha decorre da execução da peça ou do próprio cálculo estrutural, como pode também estar ocorrendo a solicitação da peça por uma sobrecarga superior à prevista. Vale frisar ainda que não raras vezes pode-se presenciar a atuação de sobrecargas em componentes sem função estrutural, geralmente pela deformação da estrutura resistente do edifício ou pela sua má utilização.

Assim sendo, para efeito desta publicação, considera-se como sobrecarga uma solicitação externa, prevista ou não em projeto, capaz de provocar a fissuração de um componente com ou sem função estrutural; com esse enfoque, serão consideradas apenas as sobrecargas verticais.

3.1 Considerações sobre a fissuração de componentes de concreto armado submetidos à flexão

A atuação de sobrecargas, previstas ou não em projeto, pode produzir o fissuramento de componentes de concreto armado sem que isso implique, necessariamente, ruptura do componente ou instabilidade da estrutura; a ocorrência de fissuras num determinado componente estrutural produz uma redistribuição de tensões ao longo do componente fissurado e mesmo nos componentes vizinhos, de maneira que a solicitação externa geralmente acaba sendo absorvida de forma globalizada pela estrutura ou parte dela. Obviamente esse raciocínio não pode ser estendido de forma indiscriminada, já que existem casos em que é limitada a possibilidade de redistribuição das tensões, seja pelo critério de dimensionamento do componente, seja pela magnitude das tensões desenvolvidas ou, ainda, pelo próprio comportamento conjunto do sistema estrutural adotado.

Para os casos comuns de estruturas de concreto armado, os componentes fletidos são em geral dimensionados prevendo-se a fissuração do concreto na região tracionada da peça, buscando-se tão somente limitar essa fissuração em função de requisitos estéticos e/ou em razão da deformabilidade e da durabilidade da estrutura. Para os concretos convencionais, excetuados os de alto desempenho, pode-se considerar que a solicitação resistente com a qual haverá uma grande probabilidade de iniciar-se a formação de fissuras normais à armadura longitudinal pode ser calculada com as seguintes hipóteses:

- a deformação de ruptura à tração do concreto é igual a 2,7 f_{tk}/E_c (f_{tk} = resistência característica do concreto à tração; E_c = módulo de deformação longitudinal do concreto à compressão);
- na flexão, o diagrama de tensões de compressão no concreto é triangular (regime elástico); a tensão na zona tracionada é uniforme e igual a f_{tk}, multiplicando-se a deformação de ruptura especificada na alínea anterior por 1,5;
- as seções transversais planas permanecem planas;
- deverá ser sempre levado em conta o efeito da retração. Como simplificação, nas condições correntes, esse efeito pode ser considerado supondo-se a tensão de tração igual a 0,75 f_{tk} e desprezando-se a armadura.

Tem-se observado na prática que tal critério é ligeiramente a favor da segurança, isto é, as fissuras começam a surgir com tensões superiores àquelas assim previstas. Branson (1977) relata que diversas entidades (LNEC, ACI, CEB etc.) adotam, para previsão do início do fissuramento em peças fletidas, um método baseado na teoria clássica da resistência dos materiais e que consiste no cálculo do momento de fissuração da peça de acordo com a seguinte formulação:

$$M_r = f_{r,f\ell} \cdot \frac{l_t}{Y_t} \qquad (3.1)$$

em que:
M_r = momento fletor de fissuração;
l_t = momento de inércia da seção homogeneizada;
Y_t = distância da linha neutra à fibra mais tracionada da peça;
$f_{r,f\ell}$ = módulo de ruptura do concreto (tensão de ruptura à tração na flexão).

Através de ensaios efetuados pelo IPT (1979), pode-se constatar que esse equacionamento produz valores bastante aproximados das solicitações que, de forma real, provocam o aparecimento das primeiras fissuras nas seções tracionadas das peças de concreto armado. Na falta de dados sobre o módulo de ruptura do concreto à flexão, o American Concrete Institute (ACI, 1971) recomenda a sua previsão por meio da seguinte fórmula:

$$f_{r,f\ell} = 0{,}0463\sqrt{\gamma_c \cdot f_{ck}} \tag{3.2}$$

em que:
$f_{r,f\ell}$ = módulo de ruptura do concreto à flexão (kgf/cm²);
γ_c = massa específica aparente do concreto (kg/m³);
f_{ck} = resistência característica do concreto à compressão (kgf/cm²).

Para peças com armaduras passivas, a NBR 6118 (ABNT, 2014a, item 17.3.1; em nova revisão desde 2019) considera para o momento de fissuração fórmula um pouco distinta, em unidades compatíveis, ou seja:

$$M_r = \frac{\alpha \cdot f_{ct} \cdot I_c}{Y_t} \tag{3.3}$$

em que:
f_{ct} = resistência à tração direta do concreto;
I_c = momento de inércia da seção bruta do concreto;
Y_t = distância da linha neutra à fibra mais tracionada da peça;
α = fator que correlaciona, de forma aproximada, a resistência à tração na flexão com a resistência à tração direta do concreto, devendo-se adotar:
    α = 1,5 para seções retangulares;
    α = 1,3 para seções I ou T invertido;
    α = 1,2 para seções T ou duplo T.

Para peças com armaduras ativas, na estimativa do momento de fissuração deve ser levado em conta o efeito da protensão.

A NBR 6118, em seu item 13.4, considera que a fissuração é nociva ao concreto armado (possibilidade de corrosão da armadura) quando a abertura das fissuras na superfície do concreto ultrapassar os valores indicados na Tab. 3.1.

Para controle da fissuração, a NBR 6118 considera as áreas de envolvimento de cada armadura ("área interessada na fissuração"), inclusive armaduras de pele, constituídas por retângulos cujos lados não distem mais do que 7,5ϕ do eixo da barra da armadura, conforme ilustrado na Fig. 3.1. Recomenda ainda que a distância entre armaduras de pele não deve superar 15ϕ.

Tab. 3.1 Aberturas máximas de fissuras em função do tipo de armação das peças e da classe de agressividade ambiental do local da obra (reprodução da Tab. 13.4 da NBR 6118)

Tipo de concreto estrutural	Classe de agressividade ambiental (CAA) e tipo de protensão	Exigências relativas à fissuração	Combinação de ações em serviço a utilizar
Concreto simples	CAA I a CAA IV	Não há	-
Concreto armado	CAA I	ELS-W $w_k \leq 0{,}4$ mm	Combinação frequente
	CAA II e CAA III	ELS-W $w_k \leq 0{,}3$ mm	
	CAA IV	ELS-W $w_k \leq 0{,}2$ mm	
Concreto protendido nível 1 (protensão parcial)	Pré-tração com CAA I ou Pós-tração com CAA I e II	ELS-W $w_k \leq 0{,}2$ mm	Combinação frequente
Concreto protendido nível 2 (protensão limitada)	Pré-tração com CAA II ou Pós-tração com CAA III e IV	Verificar as duas condições abaixo	
		ELS-F	Combinação frequente
		ELS-D[a]	Combinação quase permanente
Concreto protendido nível 3 (protensão completa)	Pré-tração com CAA III e IV	Verificar as duas condições abaixo	
		ELS-F	Combinação rara
		ELS-D[a]	Combinação frequente

[a] A critério do projetista, o ELS-D pode ser substituído pelo ELS-DP com a_p = 50 mm (Fig. 3.1).

Notas
[1] As definições de ELS-W, ELS-F e ELS-D encontram-se em 3.2.
[2] Para as classes de agressividade ambiental CAA III e IV, exige-se que as cordoalhas não aderentes tenham proteção especial na região de suas ancoragens.
[3] No projeto de lajes lisas e cogumelo protendidas, basta ser atendido o ELS-F para a combinação frequente das ações, em todas as classes de agressividade ambiental.

Fonte: ABNT (2014a).

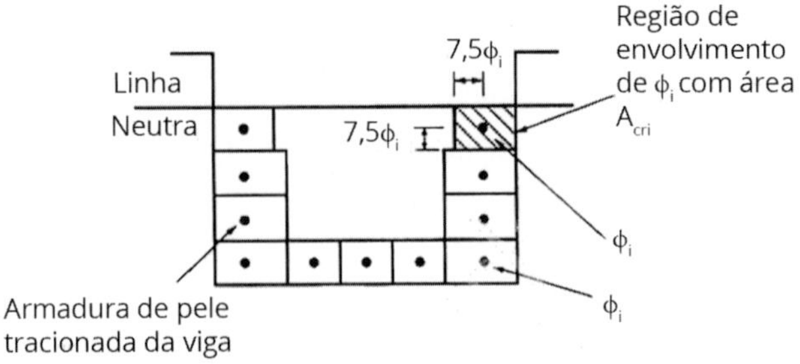

Fig. 3.1 Áreas interessadas na fissuração, conforme item 17.3.3.2 da NBR 6118
Fonte: ABNT (2014a).

Ainda segundo a NBR 6118, o valor característico w_k da abertura da fissura, determinado para cada região de envolvimento, é o menor dentre os dois valores calculados pelas fórmulas a seguir:

$$w_k = \frac{\varnothing_i}{12,5\eta_1} \cdot \frac{\sigma_{si}}{E_{si}} \cdot \frac{3\sigma_{si}}{f_{ctm}} \tag{3.4}$$

$$w_k = \frac{\varnothing_i}{12,5\eta_1} \cdot \frac{\sigma_{si}}{E_{si}} \cdot \left(\frac{4}{\rho_{ri}} + 45\right) \tag{3.5}$$

em que:
σ_{si}, ϕ_i, E_{si}, ρ_{ri} são definidos para cada área de envolvimento em exame;
A_{cri} = área da região de envolvimento protegida pela barra ϕ_i;
E_{si} = módulo de elasticidade do aço da barra considerada, de diâmetro ϕ_i;
$\varnothing_i$ = diâmetro da barra (mm) que protege a região de envolvimento considerada;
ρ_{ri} = taxa geométrica da armadura passiva ou ativa aderente em relação à área de envolvimento A_{cri} ($\rho_{ri} = A_s/A_{cri}$);
σ_{si} = tensão de tração no centro de gravidade da armadura considerada, calculada no Estádio/Domínio II;
η_1 = coeficiente de conformação superficial da barra considerada, suposto igual a 1 para barras lisas (coeficiente de aderência);
f_{ctm} = resistência média do concreto à tração.

Levando-se em conta as tensões de serviço, os módulos de deformação longitudinal do aço e do concreto, o coeficiente de conformação superficial das barras de aço e diversas outras características geométricas (diâmetro das barras tracionadas, cobrimento da armadura, taxa geométrica da armadura etc.), foram desenvolvidas diversas teorias com a finalidade de prever o espaçamento médio entre fissuras e suas aberturas mais prováveis em componentes de concreto armado submetidos à flexão ou à tração pura; essas formulações teóricas, associadas a coeficientes empiricamente determinados e a fatores probabilísticos, conduzem a estimativas bastante precisas do nível de fissuramento das peças.

Ferry Borges (1965), levando em conta a grande relação existente entre os módulos de deformação longitudinal do aço e do concreto ($E_s/E_c \approx 10$) e que, a partir da primeira fissura, as tensões de tração são transmitidas somente às armaduras, desenvolveu a seguinte fórmula para estimação das aberturas das fissuras em peças solicitadas à tração pura ou à flexão:

$$\omega_m = s_{rm} \cdot \varepsilon_{sm,r} \tag{3.6}$$

em que:

ω_m = abertura média das fissuras (mm);
s_{rm} = distanciamento médio entre as fissuras (mm);
$\varepsilon_{sm,r}$ = alongamento médio da armadura tracionada (%).

De acordo com distintas teorias existentes sobre fissuração do concreto armado e com experimentações em laboratório, Ferry Borges chegou ainda à seguinte expressão para estimativa do distanciamento entre as fissuras:

$$s_{rm} = 1,5c + \eta_b \frac{\phi}{\rho_r} \qquad (3.7)$$

em que:

s_{rm} = distanciamento médio entre as fissuras (mm);
c = cobrimento da armadura tracionada (mm);
η_b = coeficiente de conformação superficial da armadura;
ϕ = diâmetro das barras (mm);
ρ_r = taxa geométrica da armadura na seção de concreto $A_{c,ef}$ interessada na fissuração ($\rho_r = A_s/A_{c,ef}$).

Montoya (1971), baseado nos trabalhos do prof. Ferry Borges e na teoria estatística das probabilidades, desenvolveu uma formulação que permite a previsão das máximas aberturas de fissuras em peças submetidas à tração ou à flexão (simples ou composta). A fórmula indicada a seguir já foi utilizada em experimentos efetuados no IPT (1979), com vigas retangulares, com forma de T ou com forma de U, sendo que as previsões teóricas produzidas a partir dela mostraram-se bastante compatíveis com os valores realmente observados.

$$\omega_{máx} = 0,8 \times \gamma \left[1,5c + K\frac{f}{\rho_r} \right] \left[\sigma_s - \frac{K'}{\rho_r} \right] \times 10^{-6} \qquad (3.8)$$

em que:

$\omega_{máx}$ = abertura máxima das fissuras (mm), com 95% de nível de significância, supondo-se que as aberturas das fissuras distribuem-se de maneira normal;
c = cobrimento da armadura de tração (mm);
ϕ = maior diâmetro das barras tracionadas (mm);
σ_s = tensão de trabalho do aço (kgf/cm²);
γ = coeficiente de dispersão, variando entre 1,1 e 1,3;
ρ_r = taxa geométrica da armadura na seção de concreto $A_{c,ef}$ interessada na fissuração ($\rho_r = A_s/A_{c,ef}$);

K e K' = constantes determinadas para barras de grande aderência (valores indicados na Tab. 3.2).

Tab. 3.2 Valores de K e K' correspondentes à Eq. 3.8, válidos para barras de grande aderência

Tipos de peças e esforços	ρ_r	K	K'
Vigas T e retangulares (flexão simples)	$\dfrac{A_s}{b_w \cdot d}$	0,04	7,5
Vigas T e retangulares (flexão composta)	$\dfrac{A_s}{b_w(d-x)}$	0,07	12,0
Tirantes ou vigas atirantadas	$\dfrac{A_s}{B_f}$	0,16	30,0

sendo: A_s = área da armadura; b_w = largura das vigas de seção retangular ou da nervura das vigas de seção T; d = distância entre o centro de gravidade da armadura e a fibra mais comprimida; x = distância entre a linha neutra e a fibra mais comprimida; B_f = área da seção de concreto cobaricêntrica à área da armadura tracionada.

O Comité Euro-International du Béton (CEB; FIP, 1978; CEB, 1981) durante bastante tempo adotou a mesma Eq. 3.6 desenvolvida por Ferry Borges para cálculo da abertura média das fissuras, introduzindo, contudo, o efeito da retração do concreto (ε_{cs}); admitia ainda que a abertura máxima das fissuras seria equivalente a 1,7 vez a abertura média, ou seja:

$$\omega_m = s_{rm}(\varepsilon_{sm,r} - \varepsilon_{cs}) \tag{3.9}$$

$$\omega_{máx} = 1,7\omega_m \tag{3.10}$$

No seu manual de cálculo de fissuração e de deformações, o CEB (1981) adota para concretos normais (excetuados, portanto, os concretos leves) a fórmula indicada a seguir para determinação da distância média entre fissuras, em peças calculadas no Estádio III e com estado de fissuração estabilizado.

$$s_{rm} = 2\left[c + \frac{s}{10}\right] + K_1 \cdot K_2 \cdot \frac{\phi}{\rho_r} \tag{3.11}$$

em que:
s_{rm} = distância média entre as fissuras (mm);
c = cobrimento da armadura tracionada (mm);
s = espaçamento entre as barras tracionadas (mm);

K_1 = influência das condições de aderência das barras, sendo:

    K_1 = 0,4 para barras de grande aderência

    K_1 = 0,8 para barras lisas

K_2 = influência do tipo de solicitação, sendo:

    K_2 = 0,125 para flexão pura

    K_2 = 0,25 para tração pura

ϕ = diâmetro da barra (mm) ($\phi \cdot \sqrt{n}$ para feixes);

ρ_r = taxa geométrica da armadura na seção de concreto $A_{c,ef}$ interessada na fissuração ($\rho_r = A_s/A_{c,ef}$).

A formulação indicada presta-se tanto para vigas quanto para lajes de concreto armado, sendo que neste último caso a altura efetiva da área interessada na fissuração ($A_{c,ef}$) é limitada à metade da altura da zona tracionada. O manual citado analisa ainda os efeitos da deformação lenta e de carregamentos cíclicos na evolução das fissuras, além de estabelecer diversas considerações sobre máximos diâmetros e máximos afastamentos das barras, necessidade de armaduras de pele e taxas mínimas de armadura para combater a fissuração excessiva das peças de concreto armado, sob ação de esforços de diferentes naturezas (tração, corte, torção, compressão).

Atendidas as condições de cobrimento e taxas mínimas de armaduras, a NBR 6118, que estima a abertura das fissuras por meio das Eqs. 3.4 e 3.5, admite que os limites estipulados na Tab. 3.1 não serão superados caso a tensão e o distanciamento entre as armaduras fiquem limitados aos valores indicados na Tab. 3.3. Satisfeitas essas condições, a norma dispensa a avaliação da abertura das fissuras.

3.2 Configurações típicas de fissuras em componentes de concreto armado devidas a sobrecargas

As fissuras que ocorrem em peças de concreto armado geralmente apresentam aberturas bastante reduzidas; o cálculo no Estádio III de peças fletidas leva em conta o aparecimento dessas fissuras. Segundo diversas fontes (ABNT, 2014a, 2017a; Borges, 1965; CEB, 1981; Franz, 1970; Noronha, 1980), várias são as formas dessas manifestações; a seguir serão analisados alguns casos típicos.

3.2.1 Flexão de vigas

Os esforços numa viga isostática submetida à flexão desenvolvem-se conforme o esquema da Fig. 3.2.

3 # Fissuras causadas pela atuação de sobrecargas...

Tab. 3.3 Máxima bitola e máximo espaçamento das armaduras, função da tensão atuante na barra, para que seja dispensada a avaliação da abertura das fissuras (reprodução da Tab. 17.2 da NBR 6118)

Tensão na barra	Valores máximos			
	Concreto sem armaduras ativas		Concreto com armaduras ativas	
σ_{si} ou $\Delta\sigma_{pi}$ (MPa)	$\phi_{máx}$ (mm)	$s_{máx}$ (cm)	$\phi_{máx}$ (mm)	$s_{máx}$ (cm)
160	32	30	25	20
200	25	25	16	15
240	20	20	12,5	10
280	16	15	8	5
320	12,5	10	6	-
360	10	5	-	-
400	8	-	-	-

$\Delta\sigma_{pi}$ é o acréscimo de tensão na armadura protendida aderente entre a total obtida no Estádio II e a de protensão após as perdas. A tensão σ_{si} deve ser determinada no Estádio II.
Fonte: ABNT (2014a).

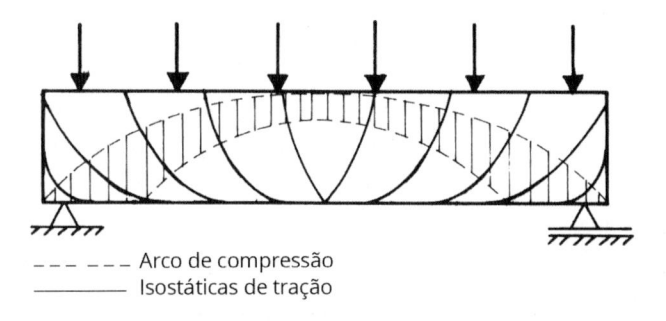

Fig. 3.2 *Viga isostática submetida à flexão*

As fissuras ocorrem perpendicularmente às trajetórias dos esforços principais de tração. São praticamente verticais no terço médio do vão e apresentam aberturas maiores em direção à face inferior da viga onde estão as fibras mais tracionadas. Junto aos apoios, as fissuras inclinam-se aproximadamente a 45° com a horizontal, devido à influência dos esforços cortantes (*vide* Fig. 3.3). Nas vigas altas, essa inclinação tende a ser da ordem de 60°.

A localização, o número, a extensão e a abertura das fissuras dependem das características geométricas da peça e das armaduras, das propriedades físicas e mecânicas dos materiais que a constituem e do estágio de solicitação da carga. Para

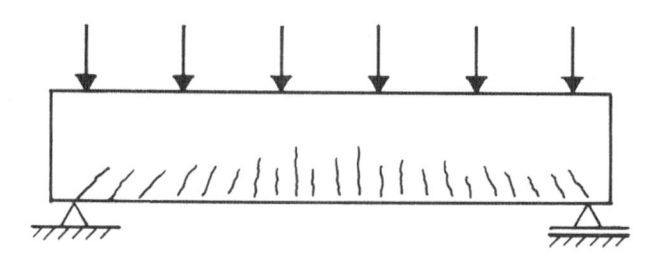

Fig. 3.3 *Fissuração típica em viga subarmada solicitada à flexão*

vigas deficientemente armadas ao cisalhamento, ou mesmo no caso de ancoragem deficiente das armaduras, podem surgir inicialmente apenas as fissuras inclinadas nas proximidades do apoio (Fig. 3.4).

Em vigas atirantadas ou mesmo em vigas altas, as fissuras geralmente se ramificam em direção às fibras mais tracionadas, já que nessa região ocorre uma redistribuição de tensões devida à presença da armadura (Fig. 3.5). Nesse caso, as fissuras ramificadas se desenvolvem em grande número, com aberturas reduzidas.

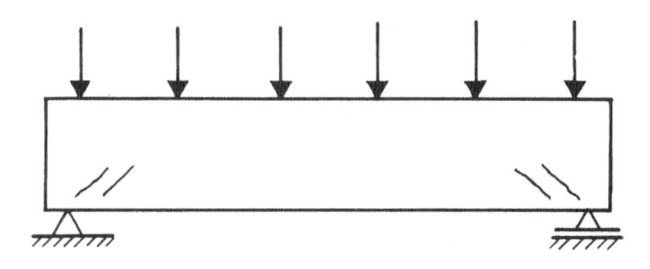

Fig. 3.4 *Fissuras de cisalhamento em viga solicitada à flexão*

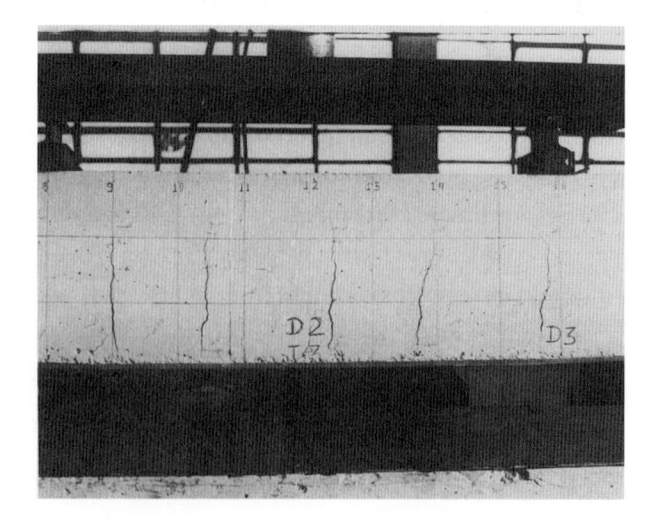

Fig. 3.5 *Ramificação das fissuras na base da viga, devida à presença das armaduras de tração*

Nas vigas superarmadas, ou confeccionadas com concreto de baixa resistência, podem surgir trincas na zona comprimida da viga, com caráter de esmagamento do concreto. A Fig. 3.6 ilustra a ruptura por flexão de uma viga superarmada.

Nas estruturas correntes de concreto armado, as fissuras presentes nas bordas tracionadas de vigas fletidas são em geral imperceptíveis a olho nu. Algumas vezes, contudo, estas podem até mesmo ser fotografadas à distância (Fig. 3.7), sendo tais situações anormais causadas mais comumente por falhas na construção da viga (erro na bitola ou no número de barras de aço), mau uso da obra (aplicação de sobrecarga não prevista em projeto), descimbramento e/ou carregamento precoce da estrutura.

As fissuras também podem ser introduzidas por erros de concepção estrutural, isto é, o comportamento real da estrutura difere daquele idealizado no projeto. Por exemplo, numa estrutura "pilar-laje" foram projetadas para as fachadas paredes de vedação em concreto armado, com 7 cm de espessura, com armaduras ancoradas nas lajes. Como as lajes não foram devidamente "avisadas" de que não poderiam

Fig. 3.6 *Ruptura por compressão do concreto de uma viga superarmada solicitada à flexão*

Fig. 3.7 *Fissuras de flexão em viga de concreto armado descimbrada e carregada precocemente*

descarregar suas cargas nas "paredes de vedação", estas acabaram na realidade trabalhando como vigas altas (sem que estivessem dimensionadas para essa situação), surgindo fissuras importantes de cisalhamento (Fig. 3.8). Por falha de projeto ou de execução, vigas com alturas e vãos moderados também podem apresentar o mesmo tipo de fissuras, como aquele analisado por Grossi (2019) e ilustrado na Fig. 3.9. França (2015) discorre com bastante propriedade sobre diversas falhas que têm ocorrido em projetos de armação, erros na montagem de armaduras durante a execução da obra, deslocamentos de negativos, "engarrafamento" das armaduras de pilares, corte de estribos para o encaixe das armaduras das vigas e de pilares e outros, repercutindo quase sempre em fissuras pronunciadas, como aquela ilustrada na Fig. 3.10.

Fig. 3.8 *Fissura de cisalhamento em viga alta, prevista no projeto como "parede de vedação"*

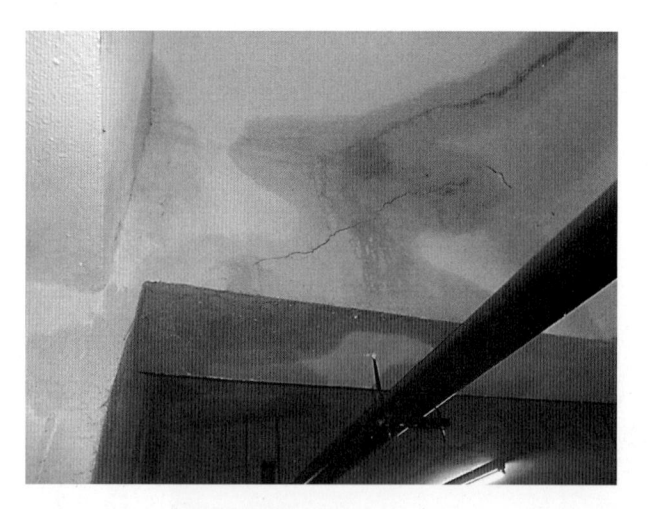

Fig. 3.9 *Importante fissura de cisalhamento em viga de concreto armado, prolongando-se o problema na laje de piso*
Fonte: *Grossi (2019).*

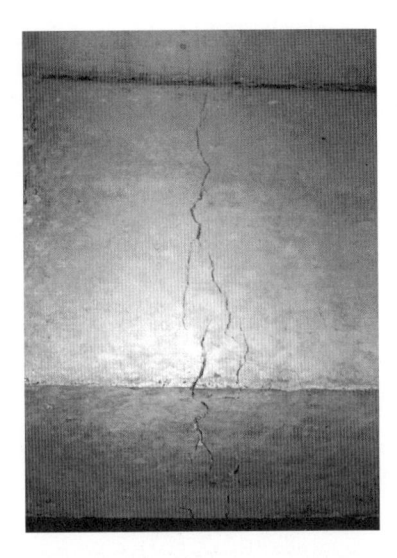

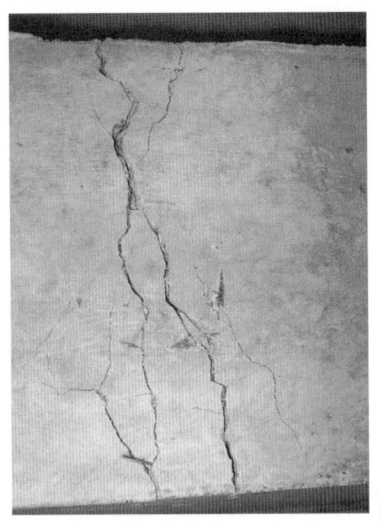

3 # Fissuras causadas pela atuação de sobrecargas...

Fig. 3.10 *Fissuração muito importante, com comprometimento da segurança, no meio do vão de viga fletida de concreto armado*
Fonte: *França (2015).*

Fissuras em peças de concreto armado também têm sido verificadas pelo congestionamento de armaduras ("ferro à milanesa") ou de eletrodutos ("concreto armado" – mas com tubos plásticos), proximidade de furos de passagem em vigas, atuação de sobrecargas sobre estrutura recém-moldada (pilhas de blocos, sacos de cimento, entulho e outros), falhas ou insuficiência de escoramentos, retirada precoce do cimbramento, falhas de projeto ou da montagem de estribos e armaduras de suspensão, ausência ou insuficiência de armadura de pele, abertura de fôrmas, falhas de adensamento do concreto e outras anomalias, exemplificando-se alguns desses casos nas Figs. 3.11 a 3.16.

Fig. 3.11 *Fissura em viga alta de concreto armado, por insuficiência de armaduras de pele*

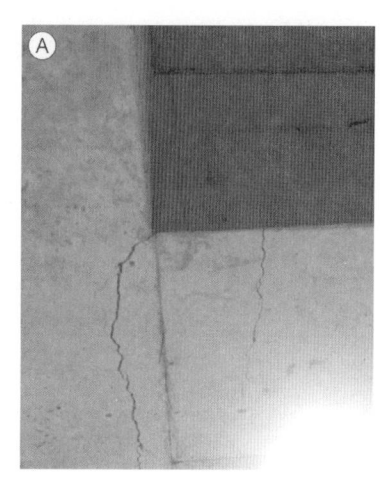

Fig. 3.12 Fissuras importantes nos encontros de (A) viga com pilar e (B) viga com viga, decorrentes de projeto inadequado de estribos ou armaduras de suspensão, falhas de montagem das armaduras e/ou carregamento precoce da estrutura

Fig. 3.13 (A) Congestionamento de armaduras e (B) congestionamento em "concreto armado com eletrodutos"
Fonte: (B) França (2015).

Fig. 3.14 (A) Furos de passagem muito próximos e (B) corte de estribos do pilar para o acoplamento das armaduras da viga
Fonte: França (2015).

3 # Fissuras causadas pela atuação de sobrecargas...

Fig. 3.15 *(A) Sobrecarga em laje do térreo recém-executada (teto de subsolo) e (B) reposicionamento de escoras após desenforma da laje ("reescoramento", praticamente inútil)*

Fig. 3.16 *Intensa fissuração de laje nervurada pela ocorrência de recalque de escoras apoiadas sobre o solo (subsolo recebeu acesso de água de chuva)*

3.2.2 Torção de vigas

As fissuras de torção podem aparecer em vigas de borda, junto aos cantos das construções, por excessiva deformabilidade de lajes ou vigas que lhe são transversais, por atuação de cargas excêntricas ou por recalques diferenciados das fundações. Podem ocorrer também em vigas nas quais se engastam marquises e que não estejam convenientemente armadas à torção.

Esse tipo de fissura raramente se manifesta nas estruturas de concreto armado; constitui, entretanto, um tipo característico: as fissuras inclinam-se aproximadamente

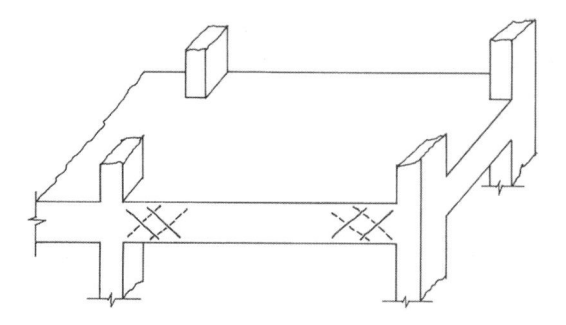

Fig. 3.17 Fissuras provocadas por torção

a 45° e aparecem nas duas superfícies laterais das vigas, segundo retas reversas (Fig. 3.17).

A Fig. 3.18 ilustra o fissuramento de uma viga deficientemente armada à torção, sobre a qual se apoiava uma laje excessivamente flexível; como se pode observar, a inclinação das fissuras ("deitadas" em direção ao apoio) é diferente da inclinação das fissuras de cisalhamento, "deitadas" em direção ao centro das vigas.

Pela má utilização da estrutura, França (2015) ilustra uma ruptura de viga de concreto armado solicitada à torção pela carga imposta por um guincho de obra (Fig. 3.19), sendo que a rigidez à torção da viga não havia sido prevista no projeto estrutural para receber tal solicitação.

Fig. 3.18 Fissuras de torção numa viga de concreto armado

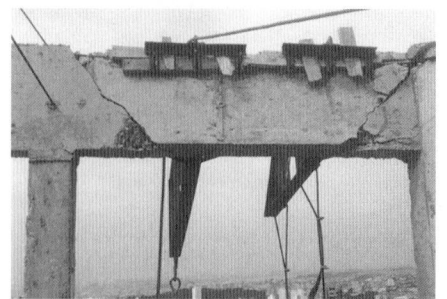

Fig. 3.19 Ruptura por torção de viga de concreto armado
Fonte: França (2015).

3.2.3 Flexão de lajes

O aspecto das fissuras varia conforme as condições de contorno da laje (apoio livre ou engastado), a relação entre comprimento e largura, o tipo de armação e a natureza e intensidade da solicitação.

Para lajes maciças com grandes vãos, os momentos volventes que se desenvolvem nas proximidades dos cantos da laje podem produzir fissuras diagonais, constituindo com os cantos triângulos aproximadamente isósceles. As Figs. 3.20 e 3.21 mostram o aspecto típico do fissuramento de lajes simplesmente apoiadas, armadas em cruz e submetidas a carregamento uniformemente distribuído.

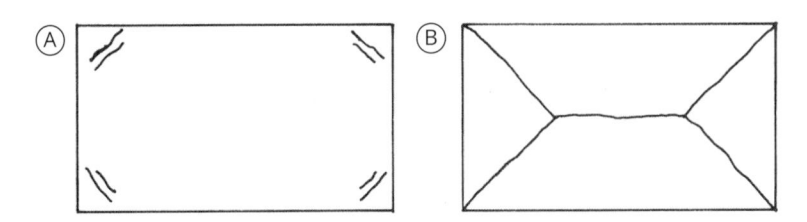

Fig. 3.20 *Fissuração típica de lajes simplesmente apoiadas, submetidas a cargas uniformemente distribuídas: (A) face superior e (B) face inferior*

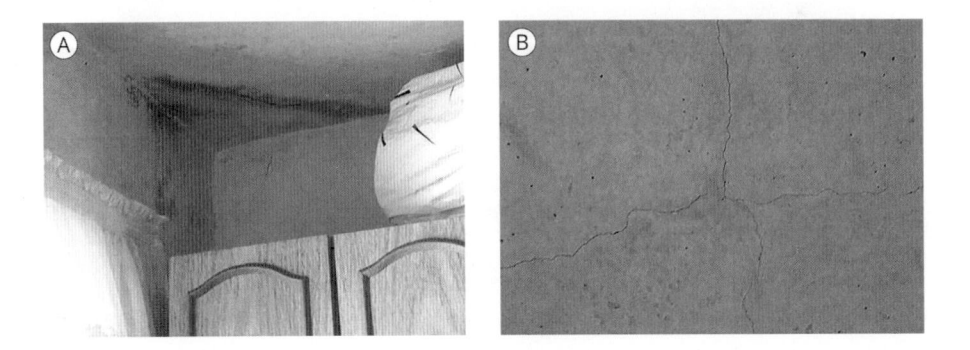

Fig. 3.21 *(A) Fissura causada por momento volvente e (B) fissuras de flexão no centro de laje de concreto armado carregada precocemente*

Outro tipo de fissura pode surgir quando não existe ferragem negativa entre painéis de lajes construtivamente contínuas, porém projetadas como simplesmente apoiadas, ou quando a armadura negativa foi subdimensionada ou deslocada no momento da concretagem; as fissuras aparecem na face superior da laje, acompanhando aproximadamente o seu contorno, conforme ilustrado nas Figs. 3.22 e 3.23.

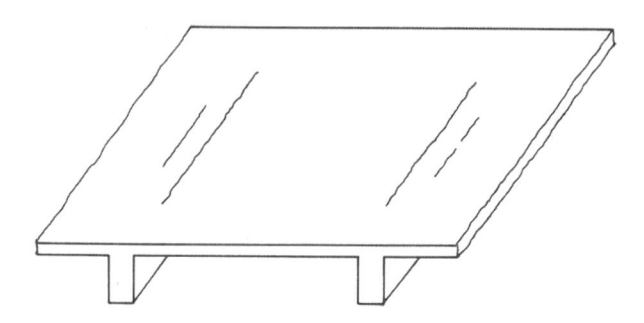

Fig. 3.22 *Fissuras na face superior da laje devidas à insuficiência de armadura negativa*

Fig. 3.23 *Fissuras devidas à insuficiência de armadura negativa, problema comum em lajes de subsolos*

3.2.4 Torção de lajes

Por recalques diferenciados das fundações ou por deformabilidade da estrutura, as lajes podem ser submetidas a solicitações de torção muito mais significativas do que aquelas que se desenvolvem nas lajes fletidas; as trincas nesses casos apresentam-se inclinadas em relação aos bordos da laje (Fig. 3.24).

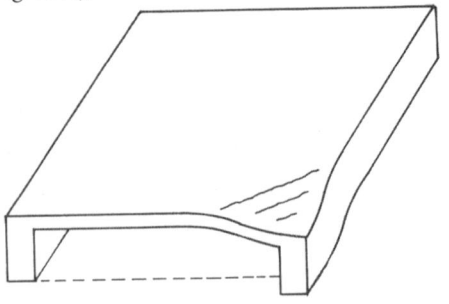

Fig. 3.24 *Trincas inclinadas devidas à torção da laje*

3.2.5 Fissuras em pilares e consolos

São bastante raros os casos de patologia em pilares; normalmente essas peças trabalham com taxas de solicitação que representam parcelas moderadas das suas cargas resistentes. Pela ocorrência de falhas construtivas, contudo, podem ocorrer fissuras de esmagamento do concreto, sobretudo nos pés ou nas cabeças dos pilares; nesse caso, os pilares deverão ser imediatamente reparados ou reforçados, já que a segurança da estrutura estará comprometida.

Já não tão raros são os casos de fissuras verticais nos corpos dos pilares, conforme ilustrado na Fig. 3.25; em razão da grande diferença entre o módulo de deformação do agregado graúdo e o módulo de deformação da argamassa intersticial, esta apresentará deformações bem mais acentuadas, criando-se superfícies de cisalhamento paralelas à direção do esforço de compressão. As fissuras verticais que se manifestam indicam, portanto, que os estribos foram subdimensionados.

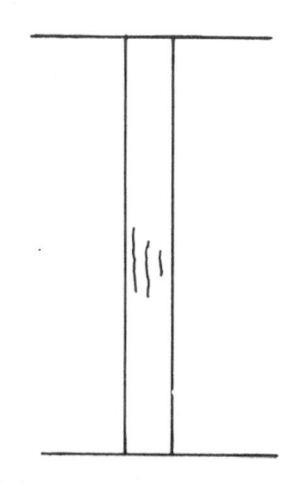

Fig. 3.25 *Fissuras verticais no pilar indicando insuficiência de estribos*

Podem manifestar-se também nos corpos dos pilares fissuras horizontais ou ligeiramente inclinadas. Elas são suscetíveis de ocorrer quando os pilares são solicitados à flexocompressão ou, num caso bem mais grave, podem ser indicativas da ocorrência de flambagem. Na construção com componentes pré-moldados (Fig. 3.26), as solicitações de flexocompressão podem ser provocadas inclusive por deficiência de montagem da estrutura (desaprumos, desalinhamentos etc.).

Também podem ocorrer fissuras inclinadas ou lascamentos nas cabeças de pilares pré-moldados ou de consolos (Fig. 3.27), resultantes da concentração de tensões normais e tangenciais nas bordas das seções, no caso da inexistência de aparelho de apoio ou mesmo de sua parcial ineficácia; esse fenômeno tem sido devidamente considerado na normalização brasileira sobre estruturas de concreto

Fig. 3.26 *Trincas horizontais a meia altura de painel pré-moldado de concreto armado submetido à flexocompressão*

pré-moldado (ABNT, 2017a), prevendo-se a adição de uma armadura transversal complementar na cabeça dos pilares e o reforço das armaduras dos consolos, em função inclusive do tipo de aparelho de apoio adotado.

Fig. 3.27 *Fissuras e lascamentos nas extremidades de (A) consolo pré-moldado e (B) consolo moldado no local, por concentração de tensões*

Sobrecargas na fase de execução da estrutura, causadas pelo acúmulo de material sobre laje recém-concretada ou pelo escoramento insuficiente ou retirado de forma precoce, também podem provocar danos a pilares, como no exemplo mostrado na Fig. 3.28.

Fig. 3.28 *Esmagamento da cabeça de pilar por deficiência de estribos e/ou desbalanceamento ou retirada precoce do escoramento*

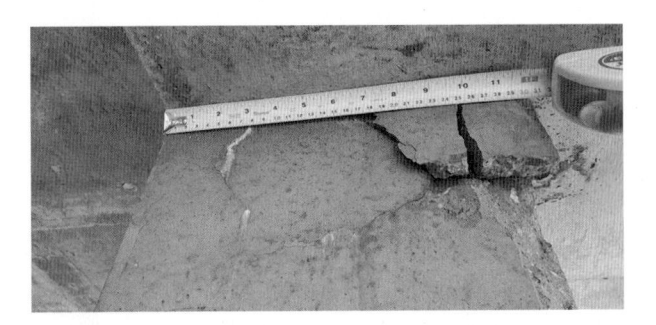

Fissuras causadas pela atuação de sobrecargas em alvenarias

4

4.1 Considerações sobre a fissuração das alvenarias submetidas à compressão axial

Nas alvenarias constituídas por tijolos maciços, em função de sua heterogeneidade (forma, composição etc.) e da diferença de comportamento entre tijolos e argamassa de assentamento, são introduzidas solicitações locais de flexão nos tijolos, podendo surgir fissuras verticais na alvenaria. Ocorre também que a argamassa de assentamento, encontrando-se num estado triaxial de compressão e apresentando deformações transversais mais acentuadas que os tijolos, introduz neles tensões de tração nas duas direções do plano horizontal, o que também pode levar à fissuração vertical da alvenaria (Fig. 4.1).

No caso de alvenarias constituídas por blocos vazados, outras tensões importantes se juntarão às precedentes. Para blocos com furos retangulares dispostos horizontalmente, Pereira da Silva (1985) analisa que a argamassa de assentamento apresentará deformações axiais mais acentuadas sob as nervuras verticais do bloco, introduzindo-se como consequência solicitações de flexão em suas nervuras horizontais, o que poderá inclusive conduzir à ruptura do bloco. Por meio da execução de ensaios de compressão axial em paredes constituídas por blocos cerâmicos com furos verticais, Gomes (1983) relata a ocorrência de ruptura por tração de nervuras internas dos blocos, provavelmente causada pela deformação transversal da argamassa. De maneira geral, a exemplo do que foi citado para os tijolos maciços, a fissuração típica das paredes axialmente carregadas constituídas por blocos vazados é vertical, salvo exceções onde possam ocorrer o esmagamento da argamassa de assentamento, o esmagamento do tijolo maciço ou a fratura localizada de uma nervura muito esbelta de um bloco com furos horizontais.

Além da forma geométrica do componente de alvenaria, diversos outros fatores intervêm na fissuração e na resistência final de uma parede a esforços axiais de compressão, tais como: resistência mecânica dos componentes de alvenaria e da

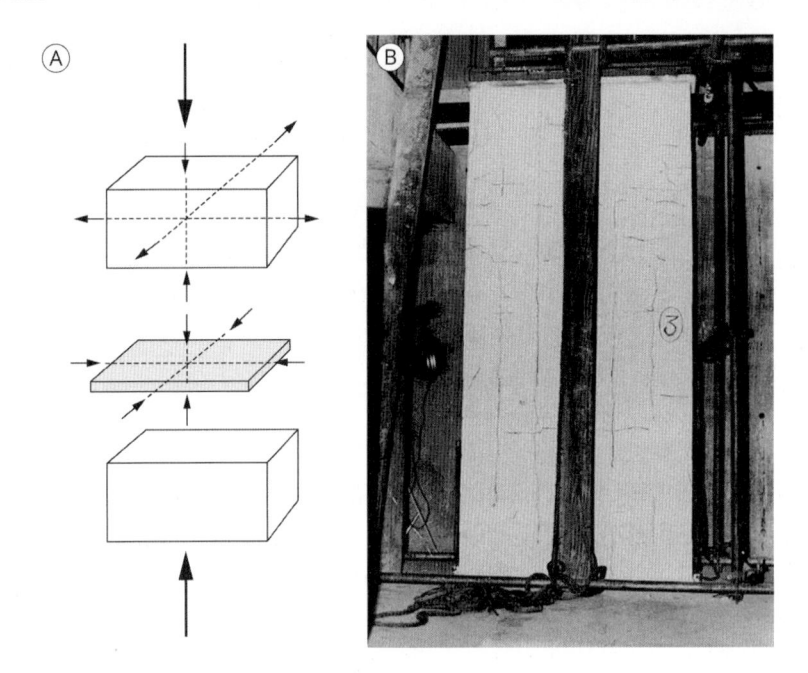

Fig. 4.1 *(A) Tensões de compressão na argamassa e de tração nos tijolos e (B) alvenaria (parcialmente encoberta por prancha de madeira) ensaiada à compressão axial, com fissuração predominantemente vertical causada pela deformação transversal da argamassa de assentamento*

argamassa de assentamento; módulos de deformação longitudinal e transversal dos componentes de alvenaria e da argamassa; rugosidade superficial e porosidade dos componentes de alvenaria; poder de aderência, retenção de água, elasticidade e retração da argamassa; espessura, regularidade e tipo de junta de assentamento; e, finalmente, esbeltez da parede produzida.

Em trabalho efetuado sobre alvenarias de blocos sílico-calcários, Sabbatini (1984) resume as considerações de diferentes pesquisadores sobre essas fontes de variação no comportamento final das alvenarias, através das quais se chega às seguintes conclusões mais importantes:

- a resistência da alvenaria é inversamente proporcional à quantidade de juntas de assentamento;
- componentes assentados com juntas em amarração produzem alvenarias com resistência significativamente superior àquelas onde os componentes são assentados com juntas verticais aprumadas;
- a resistência da parede não varia linearmente com a resistência do componente de alvenaria e nem com a resistência da argamassa de assentamento;
- a espessura ideal da junta de assentamento situa-se em torno de 10 mm.

O principal fator que influi na resistência à compressão da parede é a resistência à compressão do componente de alvenaria; a influência da resistência da argamassa de assentamento é, ao contrário do que se poderia intuir, bem menos significativa. Pesquisas desenvolvidas pelo BRE (1981), tomando como referência a resistência à compressão de uma argamassa 1:3 (cimento e areia, em volume), revelam que o emprego de argamassas 90% menos resistentes que a de referência redunda em alvenarias apenas 20% menos resistentes que a de referência, assentada com argamassa 1:3. A Fig. 4.2 ilustra as variações observadas.

Como regra geral, de acordo com Sahlin (1971), a resistência da parede em situações normais ficará compreendida entre 25% e 50% da resistência do componente de alvenaria (fator de eficiência de 0,25 a 0,5). Diversos estudos experimentais já foram desenvolvidos em várias partes do mundo, buscando-se correlações entre as resistências mecânicas dos componentes de alvenaria, da argamassa de assentamento e da parede acabada. Sahlin (1971) cita em seu trabalho várias formulações empíricas, algumas delas indicadas a seguir:

- *Fórmula de Haller*

$$f_{cpa} = \left(\sqrt{1+0,15 f_{cb}} - 1\right)\left(8 + 0,048 f_{ca}\right) \tag{4.1}$$

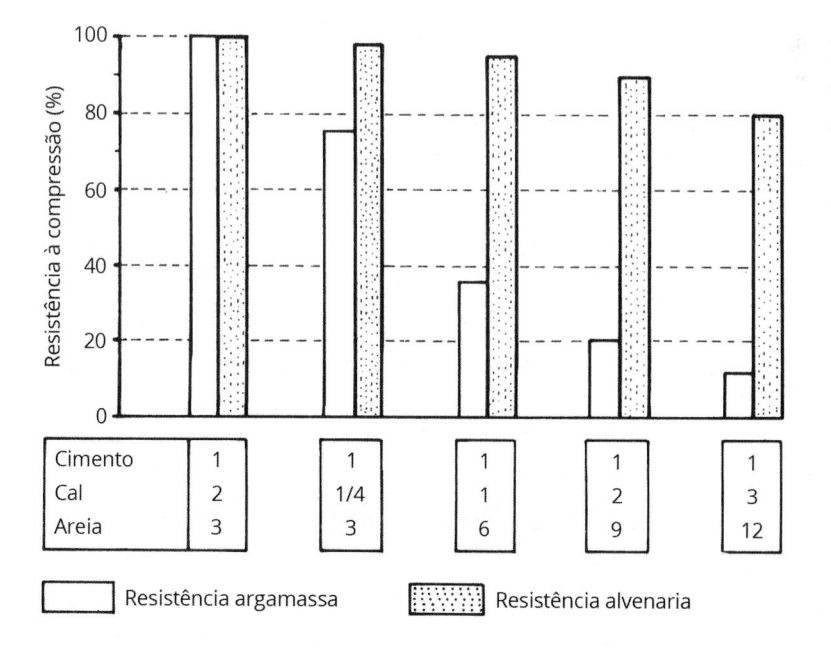

Fig. 4.2 *Resistência à compressão da alvenaria em função da resistência à compressão da argamassa*
Fonte: *BRE (1981).*

em que:

f_{cpa} = resistência à compressão da parede (kgf/cm²);
f_{cb} = resistência à compressão do bloco (kgf/cm²);
f_{ca} = resistência à compressão da argamassa (kgf/cm²).

- **Fórmula de Hermann**

$$f_{cpa} = 0{,}45\sqrt[3]{f_{ca}(f_{cb})^2} \qquad (4.2)$$

- **Fórmula de Onisczyk**

$$f_{cpa} = (0{,}33 f_{cb} + 1)\frac{0{,}1 f_{cb} + f_{ca}}{0{,}3 f_{cb} + f_{ca}} \qquad (4.3)$$

Por meio dos diversos ensaios efetuados com alvenarias constituídas por blocos cerâmicos, Gomes (1983) concluiu que as fórmulas empíricas geralmente superestimam a resistência à compressão das paredes, o que vai contra a segurança da estrutura. Já para fórmulas semiempíricas adotadas por diversas entidades de normalização (ICBO, 1979; SCPI, 1969; CSA, 1977; NCMA, 1970), e que levam em conta a esbeltez da parede, o pesquisador verificou uma compatibilidade bastante razoável entre os valores estimados e os realmente obtidos em ensaios.

As alvenarias constituem elementos heterogêneos e anisotrópicos, com propriedades muito distintas entre os elementos (materiais constituintes, dimensões, formato etc.), sendo praticamente impossível estimar com bom grau de confiança a resistência da parede a cargas verticais em função das características dos seus componentes isoladamente. Estimativas aceitáveis só são obtidas a partir de ensaios de paredes (dimensões padronizadas pela normalização brasileira: altura 2,60 m, largura 1,20 m), de prismas ou de pequenas paredes, conforme representado na Fig. 4.3.

Considerando-se o coeficiente de segurança γ = 5, normalmente adotado pelas diversas normas para determinação da tensão admissível da alvenaria submetida à compressão axial, verifica-se tendência internacional em estimar a resistência das alvenarias armadas e não armadas a partir da resistência à compressão de prismas, por meio da seguinte fórmula:

$$\overline{f}_{cpa} = 0{,}20 f'_m \left[1 - \left(\frac{h}{40t}\right)^3 \right] \qquad (4.4)$$

em que:

$\overline{f}_{cpa}$ = tensão admissível da parede comprimida;
h = altura da parede;

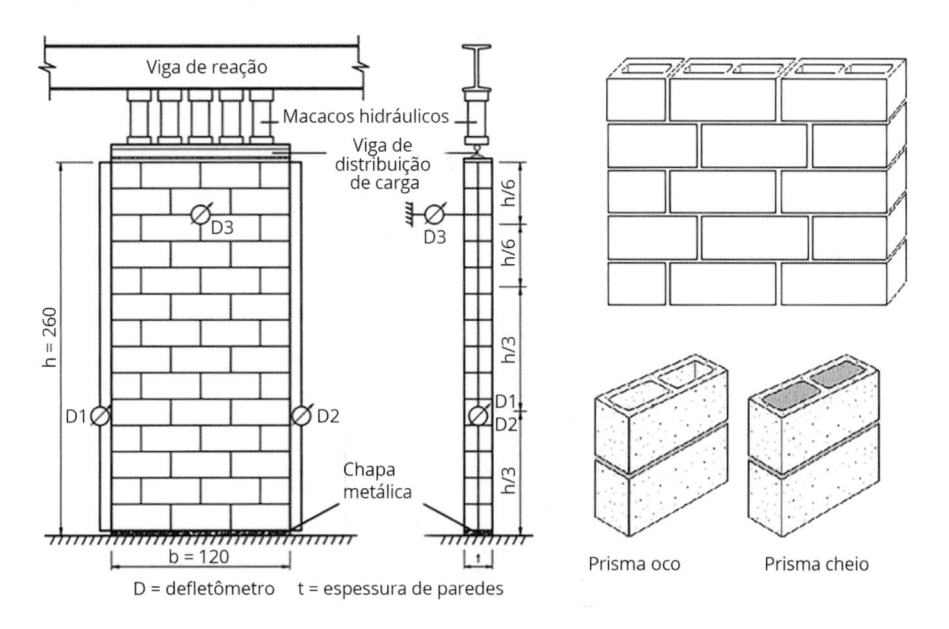

Fig. 4.3 *Corpos de prova cujas propriedades permitem estimar a resistência à compressão das paredes*

t = espessura da parede;

f'_m = resistência média à compressão de no mínimo cinco prismas constituídos por dois blocos, assentados com a argamassa a ser empregada na obra; em função da relação entre a altura (h) e a largura (d) dos prismas, o valor de f'_m deve ser multiplicado pelos seguintes fatores:

- 0,86 para h/d = 1,5;
- 1,00 para h/d = 2,0;
- 1,20 para h/d = 3,0;
- 1,30 para h/d = 4,0;
- 1,37 para h/d = 5,0.

A Eq. 4.4 vinha sendo adotada pelas normas brasileiras de alvenaria (NBR 15961 – blocos de concreto e NBR 15812 – blocos cerâmicos) até recentemente. Tais normas foram unificadas no primeiro semestre de 2020 (Projeto de Norma NBR 16868), sendo que, para blocos com altura de 19 cm e juntas de assentamento com altura de 1 cm, a norma unificada passou a indicar os seguintes valores orientativos de resistência à compressão simples das paredes:

- 70% da resistência característica à compressão simples do prisma fpk;
- ou 85% da resistência característica à compressão simples da pequena parede $fppk$.

Para alvenarias de tijolos, a norma indica que a resistência da parede pode ser estimada como 60% da resistência do prisma. Para blocos vazados, caso argamassa de assentamento não venha a ser aplicada nas nervuras centrais dos blocos, deve-se aplicar um coeficiente de correção de 0,80 para as resistências estabelecidas com base nos estimadores anteriores (70% ou 85% para prismas ou pequenas paredes). Também deve ser aplicado o fator de 0,80 quando a geometria dos blocos não permitir alinhamento vertical entre os septos.

Conforme estudos de Pereira da Silva (1985) e Pfeffermann e Baty (1978), a introdução de uma taxa mínima de armadura (0,2%) nas juntas horizontais de assentamento da alvenaria não chega a aumentar significativamente a resistência à compressão da parede; entretanto, tal armadura melhora substancialmente seu comportamento quanto à fissuração, normalmente provocada por atuação de cargas excêntricas, ocorrência de recalques diferenciados ou concentração de tensões.

No tocante a este último fator, especial atenção deve ser dada à presença na alvenaria de aberturas de portas e janelas, em cujos cantos ocorre acentuada concentração de tensões pela perturbação no andamento das isostáticas. Utku (1976) simulou, através de um programa de computador baseado na teoria dos elementos finitos, a atuação de cargas verticais e horizontais à altura do respaldo de paredes com aberturas, supondo a parede constituída por material perfeitamente isotrópico e elástico. Verificou que as concentrações de tensões, além da considerável magnitude, variam em função do tamanho e da localização da abertura na parede.

Para o caso de cargas verticais uniformemente distribuídas, por exemplo, tensões unitárias aplicadas no topo da parede chegam a triplicar-se ou mesmo a quadruplicar-se nas proximidades dos cantos superiores da abertura, podendo duplicar-se na região dos cantos inferiores. Nas Figs. 4.4 a 4.7 são apresentados alguns fatores de majoração das tensões principais obtidos por Utku (1976), por meio dos quais se pode visualizar a importância da localização da abertura e de seu tamanho em relação ao tamanho da parede.

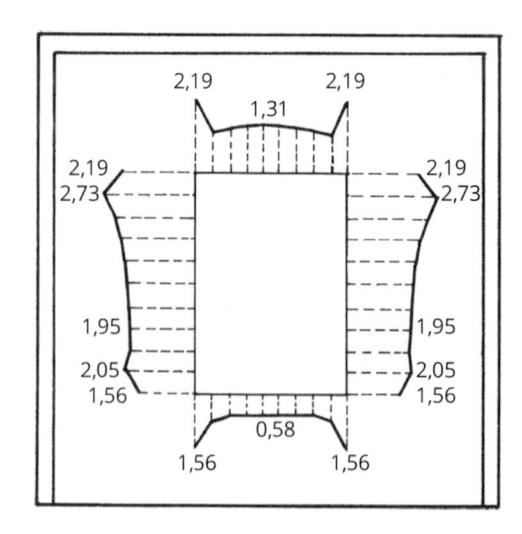

Fig. 4.4 *Fatores de majoração das tensões ao longo de janela presente numa parede (relação entre comprimento e altura da parede = 1; relação entre comprimento da parede e comprimento da janela = 2,9)*

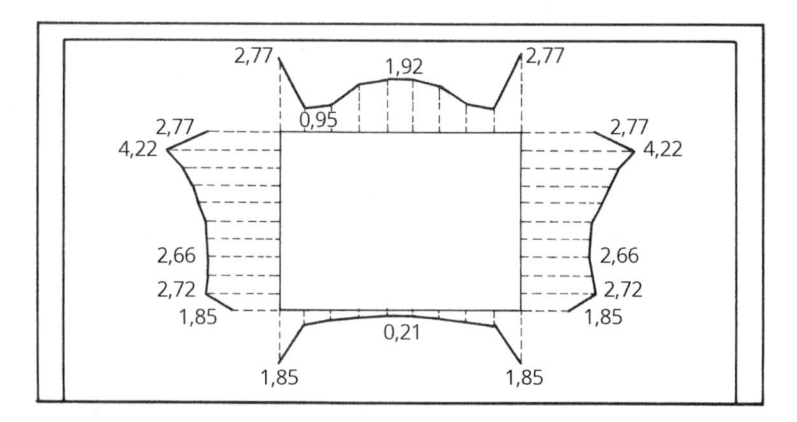

4 # Fissuras causadas pela atuação de sobrecargas...

Fig. 4.5 *Fatores de majoração das tensões ao longo de janela presente numa parede (relação entre comprimento e altura da parede = 2; relação entre comprimento da parede e comprimento da janela = 2,8)*

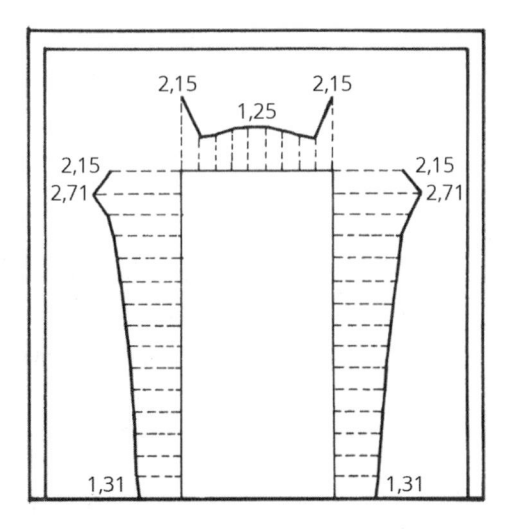

Fig. 4.6 *Fatores de majoração das tensões ao longo de uma porta (relação entre comprimento e altura da parede = 1; porta no centro da parede)*

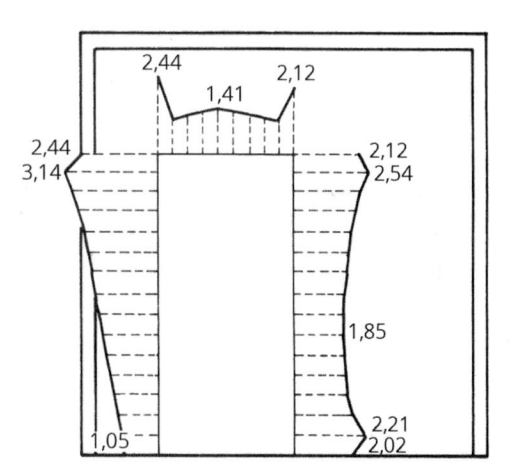

Fig. 4.7 *Fatores de majoração das tensões ao longo de uma porta (relação entre comprimento e altura da parede = 1; porta deslocada em relação ao centro da parede)*

4.2 Configurações típicas de fissuras em alvenarias devidas a sobrecargas

Em trechos contínuos de alvenarias solicitadas por sobrecargas uniformemente distribuídas, dois tipos característicos de trincas podem surgir (Instituto Eduardo Torroja, 1971):

- trincas verticais (caso mais típico), provenientes da deformação transversal da argamassa sob ação das tensões de compressão, ou da flexão local dos componentes de alvenaria (Fig. 4.8);
- trincas horizontais, provenientes da ruptura por compressão dos componentes de alvenaria ou da própria argamassa de assentamento, ou ainda de solicitações de flexocompressão da parede, conforme representado na Fig. 4.9.

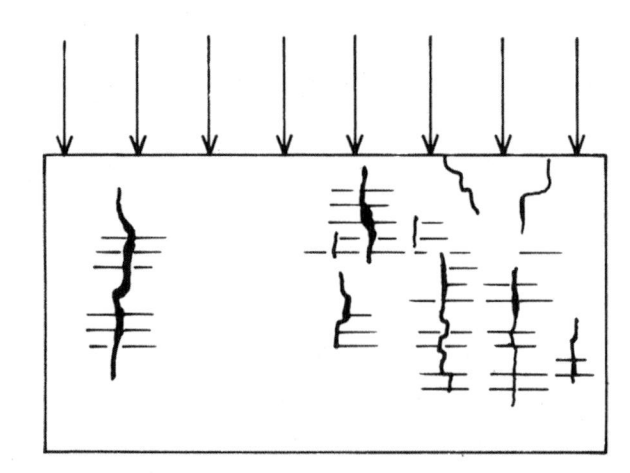

Fig. 4.8 *Fissuração típica da alvenaria causada por sobrecarga vertical*

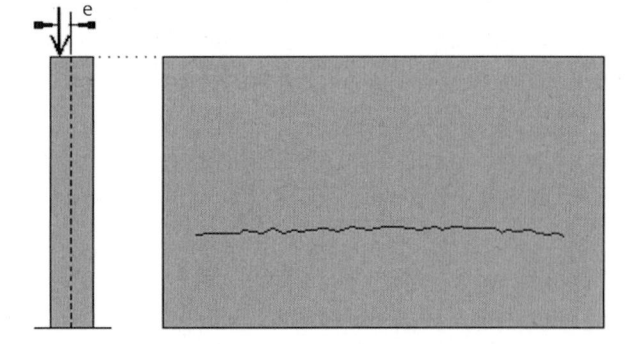

Fig. 4.9 *Trincas horizontais na alvenaria provenientes de sobrecarga e/ou flexocompressão*

Além da fissuração da parede carregada, outros fenômenos poderão ocorrer: no caso de alvenarias constituídas por blocos cerâmicos estruturais, com furos dispostos verticalmente, a deformação transversal da argamassa de assentamento poderá provocar a ruptura por tração de nervuras internas dos blocos, conforme já exposto anteriormente. Nessa hipótese, além de fissuras verticais, ocorrerão destacamentos de paredes externas dos blocos (Fig. 4.10).

Na própria fase de execução da obra podem ser introduzidas fissuras nas alvenarias (verticais, em forma de escada ou às vezes em diagonal, seccionando os próprios blocos), em razão de tensões introduzidas pelo peso próprio da laje sendo concretada logo acima, situação em que o cimbramento da laje não impediu totalmente a transmissão de esforços para as paredes recém-construídas. Tal situação, relativamente rara, é ilustrada na Fig. 4.11, sendo que as fissuras induzidas poderão vir a manifestar-se mesmo após a entrega da obra, em virtude das acomodações naturais da estrutura e do terreno. Fissuras também podem surgir em consequência de sobrecargas transmitidas por qualquer carregamento não previsto em projeto, circunstância que pode ocorrer em reformas, como o caso ilustrado na Fig. 4.12.

Fig. 4.10 *Alvenaria de blocos cerâmicos estruturais solicitada à compressão: a deformação transversal da argamassa de assentamento provoca a ruptura de nervuras internas e a expulsão dos "tampos" de alguns blocos*

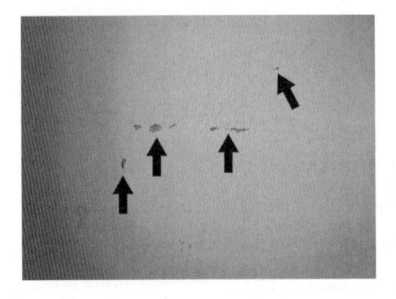

Fig. 4.11 *Fissuras em andar intermediário de prédio em alvenaria estrutural de blocos vazados de concreto, provavelmente induzidas na própria fase de construção*

Fig. 4.12 *Prédio em fase de reforma: (A) sobrecarga no andar superior e (B) fissuras importantes na alvenaria de tijolos do andar abaixo*

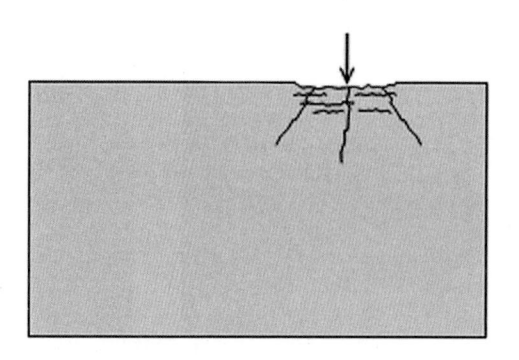

Fig. 4.13 *Ruptura localizada da alvenaria sob o ponto de aplicação da carga e propagação de fissuras a partir desse ponto*

A atuação de sobrecargas localizadas (concentradas) também pode provocar a ruptura dos componentes de alvenaria na região de aplicação da carga e/ou o aparecimento de fissuras inclinadas a partir do ponto de aplicação (Fig. 4.13); em função da resistência à compressão dos componentes de alvenaria é que poderá predominar uma ou outra das anomalias citadas.

Nos painéis de alvenaria onde existem vãos de portas e janelas, pelo enfraquecimento das seções em relação àquela de uma parede cega, as trincas formam-se preferencialmente a partir dos vértices dessas aberturas (Fig. 4.14) e sob os peitoris; teoricamente, em razão do caminhamento das isostáticas de compressão, a configuração das fissuras em uma parede assentada sobre suporte indeformável é a apresentada na Fig. 4.15.

Essas trincas, entretanto, poderão se manifestar segundo diversas configurações, em função da influência de uma gama enorme de fatores intervenientes, tais como dimensões do painel de alvenaria, dimensões da abertura, posição que a abertura ocupa no painel, anisotropia dos materiais que constituem a alvenaria, dimensões e rigidez de vergas e contravergas etc. A maior deformação da alvenaria e a eventual

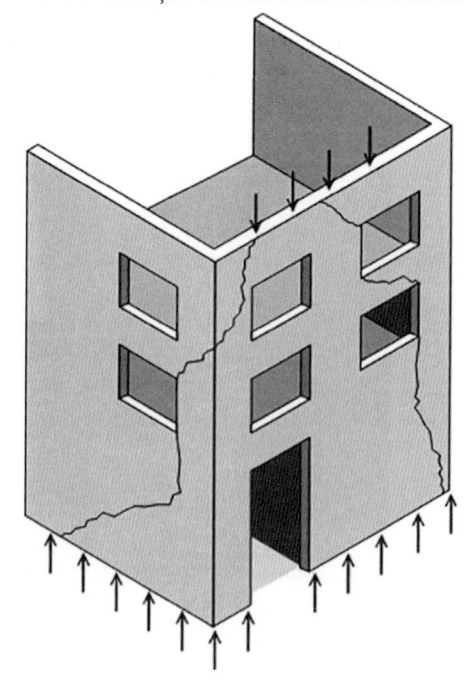

Fig. 4.14 *Decorrentes de sobrecargas, fissuras têm caminhamento preferencial nas seções enfraquecidas pela presença de vãos de portas ou de janelas*

deformação do suporte nos trechos mais carregados da parede (fora das aberturas), contudo, originam nos casos reais trincas com as configurações indicadas na Fig. 4.16.

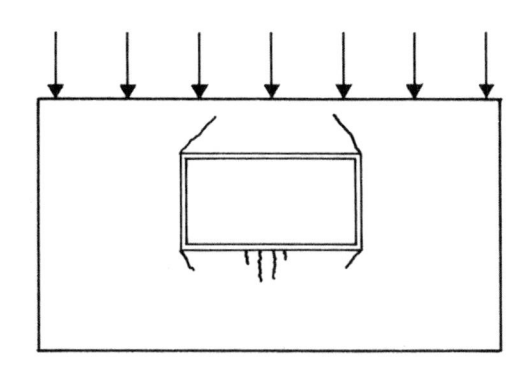

Fig. 4.15 *Fissuração teórica no entorno de abertura, em parede solicitada por sobrecarga vertical*

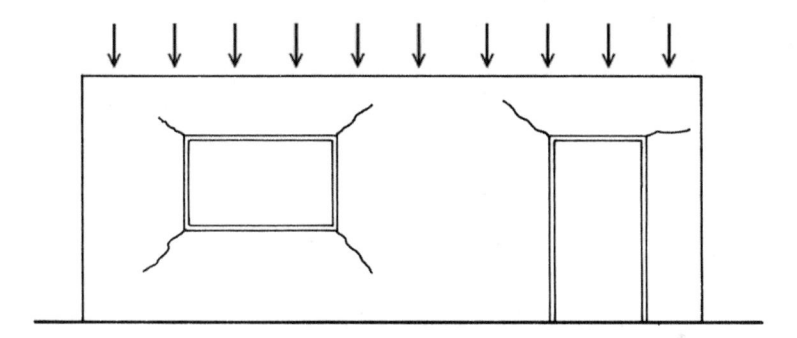

Fig. 4.16 *Fissuração típica (real) nos cantos das aberturas, em parede sob atuação de sobrecargas*

5 Fissuras causadas por deformabilidade excessiva de estruturas de concreto armado: mecanismos de formação e configurações típicas

5.1 Considerações sobre a deformabilidade de componentes submetidos à flexão

Com a evolução da tecnologia do concreto armado, representada pela fabricação de aços com grande limite de elasticidade, produção de cimentos de melhor qualidade e desenvolvimento de métodos refinados de cálculo, as estruturas passaram a ter componentes com seções mais reduzidas, tornando-se cada vez mais flexíveis, o que torna imperiosa a análise mais cuidadosa de suas deformações e de suas respectivas consequências.

Não se têm observado, em geral, problemas graves decorrentes de deformações causadas por solicitações de compressão (pilares), cisalhamento ou torção; a ocorrência de flechas em componentes fletidos tem provocado, entretanto, repetidos e graves transtornos aos edifícios, verificando-se, em consequência da deformação de componentes estruturais, frequentes problemas de compressão de caixilhos, empoçamento de água em vigas-calha ou lajes de cobertura, destacamento de pisos cerâmicos e ocorrência de trincas em paredes.

Vigas e lajes deformam-se naturalmente sob ação do peso próprio, das demais cargas permanentes e acidentais e mesmo sob efeito da retração e da deformação lenta do concreto. Os componentes estruturais admitem flechas que podem não comprometer em nada sua própria estética, a estabilidade e a resistência da construção; tais flechas, entretanto, podem ser incompatíveis com a capacidade de deformação de paredes ou outros componentes que integram os edifícios.

A norma brasileira NBR 6118, até a versão de 1978, estipulava para componentes fletidos limites de flechas que não levavam em conta a destinação da obra e o tipo de elemento que se apoiaria sobre a estrutura; dessa forma, considerava o limite de 1/300 para o meio do vão, independentemente se sobre a parede ou sobre a laje fosse instalada uma alvenaria de tijolos de barro cozido ou de blocos de concreto celular, se seria executado um piso de carpete têxtil ou de placas de porcelanato etc. A atual versão da norma, de 2014, estipula os limites de deslocamentos em função da destinação da obra (edifícios normais, ginásios etc.) e do que é suportado pelo elemento estrutural, incluindo pisos, cobertura, paredes etc.

Para as alvenarias, por exemplo, os limites estabelecidos levam em conta as flechas que serão desenvolvidas após a instalação do peso próprio da parede, o que está perfeitamente correto. Na Tab. 5.1 são indicados alguns valores-limites registrados na NBR 6118 (ABNT, 2014a).

Tab. 5.1 Limites de deslocamentos verticais (flechas) estabelecidos na NBR 6118 (reprodução parcial dos valores indicados na Tab. 13.3 da norma)

Tipo de efeito	Razão da limitação	Exemplo	Deslocamento a considerar	Deslocamento-limite
Aceitabilidade sensorial	Visual	Deslocamentos visíveis em elementos estruturais	Total	$\ell/250$
	Outro	Vibrações sentidas no piso	Devido a cargas acidentais	$\ell/350$
Efeitos estruturais em serviço	Superfícies que devem drenar água	Coberturas e varandas	Total	$\ell/250$
	Pavimentos que devem permanecer planos	Ginásios e pistas de boliche	Total	$\ell/350$ + contraflecha
			Ocorrido após a construção do piso	$\ell/600$
	Elementos que suportam equipamentos sensíveis	Laboratórios	Ocorrido após nivelamento do equipamento	De acordo com recomendação do fabricante do equipamento
Efeitos em elementos não estruturais	Paredes	Alvenaria, caixilhos e revestimentos	Após a construção da parede	$\ell/500$ e 10 mm e $\theta = 0,0017$ rad
		Divisórias leves e caixilhos telescópicos	Ocorrido após a instalação da divisória	$\ell/250$ e 25 mm
		Movimento lateral de edifícios	Provocado pela ação do vento para combinação frequente ($\psi_1 = 0,30$)	$H/1.700$ e $H_i/850$ entre pavimentos
		Movimentos térmicos verticais	Provocado por diferença de temperatura	$\ell/400$ e 15 mm

Fonte: ABNT (2014a).

Na estimativa das flechas, devem ser levadas em conta as reais condições de apoio das peças (engastes parciais, continuidades efetivas etc.), as cargas atuantes permanentes e quase permanentes, o módulo de deformação real do concreto quando a estrutura entrar em serviço, o estado de fissuração da respectiva peça e os fenômenos de retração/deformação lenta do concreto; a NBR 6118 estipula que "no projeto, especial atenção deverá ser dada à verificação da possibilidade de ser atingido o estado de deformação excessiva, a fim de que as deformações não possam ser prejudiciais à estrutura ou a *outras partes da construção*".

Diversas instituições de pesquisa têm estudado o fenômeno da deformação lenta do concreto, considerando a influência dos diversos fatores. Tais influências são indicadas nas Figs. 5.1 a 5.3, conforme dados fornecidos pelo Building Research Station (BRS, 1970) para concretos com agregados normais, isto é, rocha britada.

Em geral, as alvenarias são os componentes da obra mais suscetíveis à ocorrência de fissuras pela deformação do suporte. Pfeffermann (1969) e Pfeffermann e Patigny (1975) realizaram estudos com alvenarias de tijolos de barro (paredes com 7,50 m de comprimento e 2,50 m de altura), constatando o aparecimento das primeiras fissuras na alvenaria quando a flecha da viga-suporte era de apenas 6,54 mm, ou seja, 1/1.150. Os autores citam ainda que têm constatado o aparecimento de fissuras nas alvenarias mesmo com flechas da ordem de 1/1.500.

As prescrições belgas, bastante severas, recomendam que a flecha relativa instantânea de lajes sobre as quais se apoiam paredes não ultrapasse 1/2.500. Mathez, da

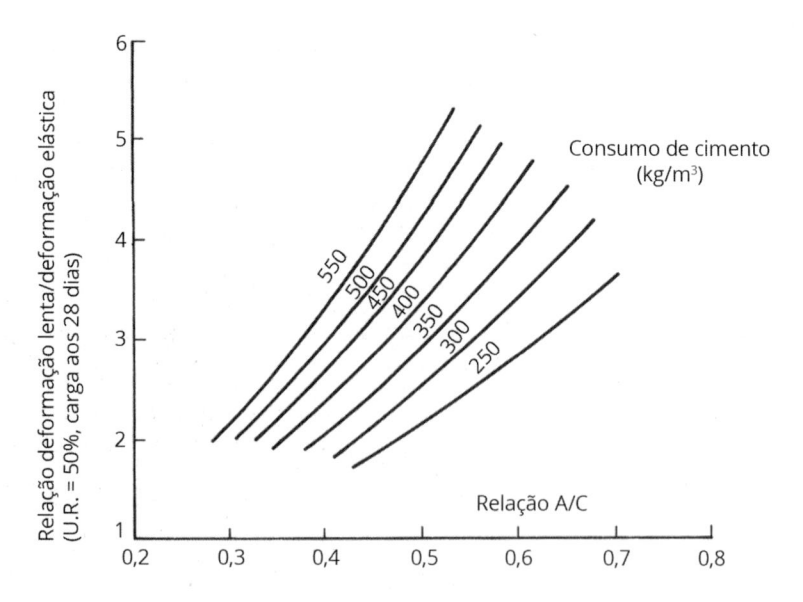

Fig. 5.1 *Relação entre deformação lenta e deformação elástica para concretos de diferentes dosagens*
Fonte: *BRS (1970).*

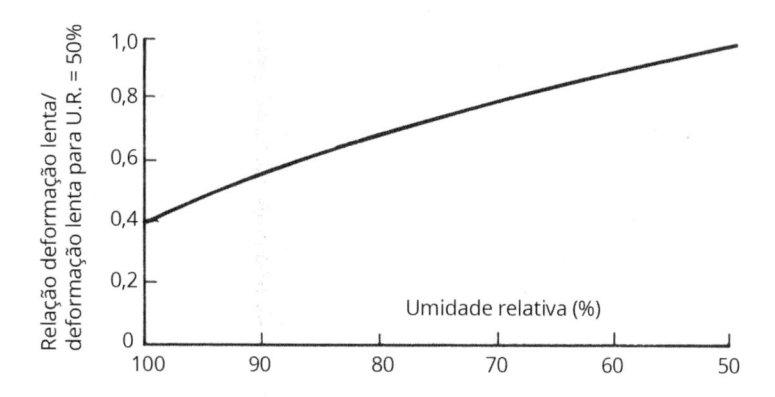

Fig. 5.2 Influência da umidade relativa do ar na deformação lenta do concreto
Fonte: BRS (1970).

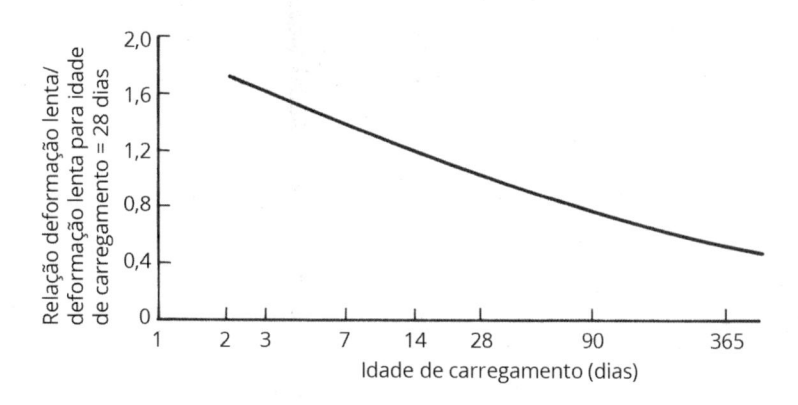

Fig. 5.3 Influência da idade de colocação em serviço da estrutura na deformação lenta do concreto
Fonte: BRS (1970).

Comissão de Deformações Admissíveis do Conseil International du Bâtiment, citado por Pfeffermann (1968), recomenda que a flecha máxima em lajes de piso não ultrapasse 1/1.000.

Não existe um consenso sobre os valores admissíveis das flechas, quer para vigas ou lajes onde serão apoiadas alvenarias, quer para lajes sobre as quais serão executados pisos cerâmicos (a flexão da laje pode provocar o destacamento das placas). Os valores anteriormente comentados são, contudo, muito inferiores aos de flechas admitidos pela NBR 6118. Existe, na realidade, a necessidade de que sejam efetuados prolongados estudos práticos, através dos quais se poderão compatibilizar as deformações das estruturas com as dos demais componentes da construção.

Conforme Calavera Ruiz (1993) e Calavera Ruiz e Garcia Dutari (1992), a rigor a previsão das flechas, e a verificação da sua compatibilidade com alvenarias, revestimentos e outros elementos da obra, deveria ser feita para diferentes etapas da construção (com diferentes módulos de deformação do concreto, portanto), conforme considerado na Fig. 5.4. A figura exemplifica as deformações/curvaturas da laje 1, ou seja: suas flechas iniciais e por fluência devidas ao seu peso próprio, suas flechas com o advento das cargas transmitidas pela laje 2, a recuperação elástica quando da retirada do escoramento da laje 2, o acréscimo de flechas quando da execução das alvenarias sobre a laje 1, e assim por diante.

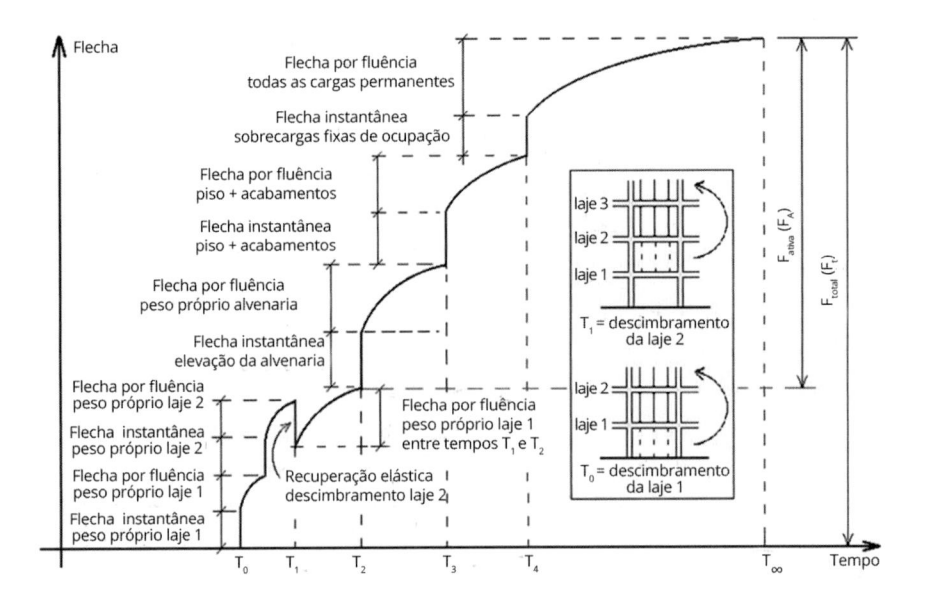

Fig. 5.4 *Acréscimos de curvaturas na laje 1 com o andamento da obra*
Fonte: *adaptado de Calavera Ruiz e Garcia Dutari (1992).*

5.2 Previsão de flechas em componentes fletidos

A estimativa exata das flechas que ocorrerão nos componentes estruturais é tarefa praticamente impossível de ser realizada devido aos inúmeros fatores intervenientes, como a variação do módulo de deformação do concreto com o passar do tempo. Na previsão da flecha de um componente fletido é essencial, contudo, que sejam distinguidos:

- a parcela da flecha que se manifesta antes da fissuração do concreto e a parcela que se manifesta após a fissuração;
- a parcela da flecha que se manifesta imediatamente após o carregamento (flecha instantânea ou imediata) e a parcela da flecha que se manifestará ao longo do tempo, pela deformação lenta do concreto.

Para a determinação da parcela da flecha que se desenvolve após a fissuração do concreto, uma das primeiras dificuldades que se apresenta é a definição da posição do eixo neutro, a qual varia em função da extensão das fissuras. Para vigas de seção retangular, Franz (1970) sugere a seguinte formulação para a determinação dessa posição e para o cálculo do momento de inércia da peça fissurada, considerando a seção de concreto que permanece íntegra e a seção da armadura que compõe o tirante:

$$x = d\left(\sqrt{2n\rho_r + (n\rho_r)^2} - n\rho_r\right) \quad (5.1)$$

$$I_r = \frac{bx^3}{3} + n \cdot A_s (d-x)^2 \quad (5.2)$$

em que:
x = distância entre o eixo neutro e a fibra mais tracionada;
I_r = momento de inércia da peça fissurada;
d = altura útil da viga;
b = largura da viga;
n = relação entre os módulos de deformação do aço e do concreto (E_s/E_c);
ρ_r = taxa geométrica de armadura;
A_s = área da armadura tracionada.

Importantes formulações teóricas, corrigidas por coeficientes obtidos em estudos experimentais, têm sido desenvolvidas ao longo do tempo para a previsão de flechas em vigas fissuradas de concreto armado. Branson (1977) e Pfeffermann et al. (1967) analisam diversas dessas formulações semiempíricas, duas delas transcritas a seguir.

■ *Método de Jager*
Antigamente adotado pelo CEB, baseia-se num andamento bilinear para a curva momento atuante × flecha desenvolvida, com ponto de inflexão coincidente com o momento de fissuração (M_r) da viga; para taxas de armadura relativamente altas, o método desconsiderava a inflexão mencionada, resultando, portanto, nas expressões a seguir.

Para $\rho_r \geq 0{,}005$ (vigas de seção retangular) e $\rho_r \geq 0{,}001$ (vigas T com $b_f/b_w \geq 10$):

$$f_i = \frac{\beta M_k \ell^2}{E_s A_s d^2 \left(1 - 2{,}67\rho + 1{,}33\rho^2\right)} \quad (5.3)$$

Para $\rho_r \geq 0{,}005$ (vigas de seção retangular) e $\rho_r < 0{,}001$ (vigas T com $b_f/b_w \geq 10$):

$$f_i = \beta\ell^2 \left[\frac{M_r}{E_c I_g} + \frac{M_k - M_r}{0{,}75 E_s A_s d^2 \left(1 - 2{,}67\rho + 1{,}33\rho^2\right)} \right] \quad (5.4)$$

em que:

f_i = flecha instantânea da viga fissurada;

β = coeficiente elástico, função da natureza do carregamento e do tipo de apoio da viga;

M_k = momento fletor de serviço;

M_r = momento de fissuração;

ℓ = vão teórico da viga;

I_g = momento de inércia da seção homogeneizada;

b_f = largura da mesa de vigas T;

b_w = largura da nervura de vigas T;

d = altura útil da viga;

E_c = módulo de deformação do concreto;

E_s = módulo de deformação do aço;

A_s = área da armadura tracionada;

ρ_r = taxa geométrica de armadura;

ρ = taxa mecânica de armadura $\left(\rho = \dfrac{A_s}{b_w \cdot d} \cdot \dfrac{f_{yk}}{f_{ck}} \right)$.

- *Método de Rousseff*

A partir de uma série bastante grande de ensaios, Rousseff constatou que a formulação proposta por Jager subestimava as flechas realmente desenvolvidas, principalmente quando se ultrapassava o valor 0,5 M_r. Em razão disso, o autor propôs um andamento parabólico para a curva momento atuante × flecha no intervalo 0,5 M_r a 1,5 M_r, resultando seu método nas expressões a seguir.

Para $0{,}5\,M_r < M_k < 1{,}5\,M_r$:

$$f_i = \frac{\beta\ell^2}{K_o}\left[K_1 M_k + \frac{(1{,}667 - K_1)}{M_r} \frac{(M_k - 0{,}5 M_r)^2}{2} \right] \quad (5.5)$$

Para $M_k > 1{,}5\,M_r$:

$$f_i = \frac{\beta\ell^2}{K_o}\left[K_1 M_k + (1{,}667 - K_1)(M_k - M_r) \right] \quad (5.6)$$

em que:
$K_o = E_s \cdot A_s \cdot d^2 (1 - 2{,}67\,\rho + 1{,}33\,\rho^2)$;
$K_1 = K_o/E_c \cdot I_g$.

Os demais símbolos possuem o mesmo significado apresentado no método precedente.

A variação da flecha ao longo do tempo está associada à retração e à deformação lenta do concreto. O mecanismo da deformação lenta é bastante complexo: nele intervêm, por exemplo, as deformações diferenciadas entre a pasta de cimento e os agregados, a intensidade e a natureza das cargas aplicadas, a presença ou não de armadura na zona comprimida das peças, as condições de umidade e temperatura a que estarão sujeitas as peças, a retração do concreto (que, por sua vez, é função da relação água/cimento empregada e das condições de cura) etc.

Calcular a parcela da flecha provocada pela deformação lenta do concreto é, portanto, bastante difícil. Para vigas sem armadura de compressão, pode-se admitir que a parcela da flecha oriunda da deformação lenta do concreto seja aproximadamente duas vezes a flecha instantânea f_g calculada para as cargas permanentes e para as sobrecargas fixas, que em última instância são as que provocam a deformação lenta do concreto. Partindo desse pressuposto, a flecha final f_∞, representada na Fig. 5.5, seria equacionada por:

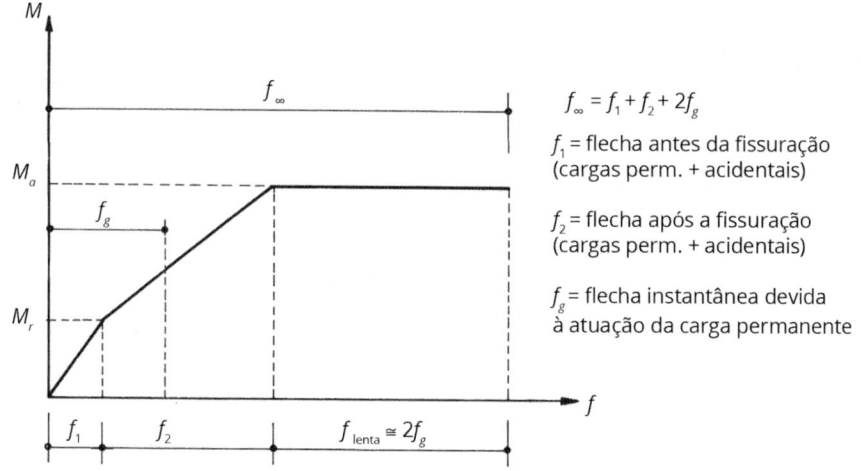

$$f_\infty \cong f_1 + f_2 + 2f_g \tag{5.7}$$

Fig. 5.5 *Flecha final numa viga fletida, considerando a fissuração e a deformação lenta do concreto*

Algumas entidades, em função da presença de armaduras de compressão, adotam fatores multiplicativos diferenciados para o encurtamento do concreto na deformação lenta (observe-se que não há proporcionalidade direta entre o acréscimo do encurtamento do concreto e o aumento da curvatura, ou seja, o dobro do encurtamento não significa o dobro da curvatura da peça). Por exemplo, para concretos normais, com $f_{ck} \leq 40$ MPa, a norma ACI 318-14 (ACI, 2014) admite um fator multiplicativo λ a ser aplicado à flecha inicial, conforme a equação seguinte:

$$\lambda = \xi/1 + 50\rho' \tag{5.8}$$

em que:
ρ' = taxa geométrica da armadura comprimida ($\rho' = A'_s/A_c$);
ξ = fator que depende do tempo de atuação da carga, ou seja:
  $\xi = 1,0$ para três meses;
  $\xi = 1,2$ para seis meses;
  $\xi = 1,4$ para um ano;
  $\xi = 2,0$ para cinco anos ou mais.

A norma australiana AS 3600 (Australian Standards, 2009) considera para as flechas de longa duração fator multiplicativo *kcs* que depende da relação entre a área da armadura comprimida (A'_s) e a área da armadura tracionada (A_s), conforme a equação a seguir:

$$kcs = [2 - 1,2(A'_s/A_s)] \geq 0,8 \tag{5.9}$$

Nas duas situações, a flecha final é calculada como a soma da flecha inicial com as parcelas computadas pelas Eqs. 5.8 ou 5.9.

A norma brasileira para projeto de concreto armado (ABNT, 2014a), no caso da ausência de ensaios, admite os cálculos a seguir para a obtenção do módulo de elasticidade inicial do concreto (f_{ck} em MPa, módulo em GPa).

Para f_{ck} de 20 MPa a 50 MPa:

$$E_{ci} = \alpha_E \cdot 5.600\sqrt{f_{ck}} \tag{5.10}$$

Para f_{ck} de 55 MPa a 90 MPa:

$$E_{ci} = 21,5 \times 10^3 \cdot \alpha_E \cdot \left(\frac{f_{ck}}{10} + 1,25\right)^{\frac{1}{3}} \tag{5.11}$$

em que:

$\alpha_E = 1{,}2$ para basalto e diabásio;

$\alpha_E = 1{,}0$ para granito e gnaisse;

$\alpha_E = 0{,}9$ para calcário;

$\alpha_E = 0{,}7$ para arenito.

O módulo de deformação secante, mais comumente utilizado nos projetos de estruturas de concreto, pode ser estimado por:

$$E_{cs} = \alpha_i \cdot E_{ci} \qquad (5.12)$$

sendo

$$\alpha_i = 0{,}8 + 0{,}2 \cdot \frac{f_{ck}}{80} \leq 1{,}0 \qquad (5.13)$$

Para idades inferiores a 28 dias, a NBR 6118 estipula que o módulo de elasticidade do concreto $E_{ci}(t)$ pode ser estimado pelas expressões a seguir, substituindo-se f_{ck} por f_{cj}.

Para f_{ck} de 20 MPa a 45 MPa:

$$E_{ci}(t) = \left[\frac{f_{ck}(t)}{f_c} \right]^{0{,}5} \qquad (5.14)$$

Para f_{ck} de 50 MPa a 90 MPa:

$$E_{ci}(t) = \left[\frac{f_c(t)}{f_c} \right]^{0{,}3} \qquad (5.15)$$

em que:

$E_{ci}(t)$ = estimativa do módulo para idades entre 7 e 28 dias (em GPa);

$f_c(t)$ = resistência à compressão do concreto para a idade em que se pretende estimar o módulo de elasticidade (em MPa).

Na versão anterior da NBR 6118, indicava-se que a flecha provocada pela deformação lenta do concreto poderia ser estimada como o produto da respectiva flecha instantânea (f_i) pela relação das curvaturas final e inicial na seção de maior momento em valor absoluto, supondo-se que o alongamento ϵ_s do aço permanecesse constante e que o encurtamento do concreto quando da estabilização da deformação lenta correspondesse a três vezes o seu encurtamento inicial ϵ_c. Nessas condições, a flecha total (f_∞) era calculada de acordo com a seguinte equação:

$$f_\infty = f_i + f_i \left[\frac{3|\epsilon_c| + \epsilon_s}{|\epsilon_c| + \epsilon_s} \right] \qquad (5.16)$$

A NBR 6118 (versão de 2014), na subseção 17.3.2.1, apresenta uma formulação bem mais completa para a previsão de flechas de curta e de longa duração, considerando a fissuração do concreto na zona tracionada.

A formulação baseia-se na rigidez equivalente, ou seja:

$$(EI)_{eq,t0} = E_{cs} \left\{ \left(\frac{M_r}{M_a} \right)^3 I_c + \left[1 - \left(\frac{M_r}{M_a} \right)^3 \right] I_{II} \right\} \leq E_{cs} \cdot I_c \qquad (5.17)$$

em que:
$(EI)_{eq,t0}$ = momento de inércia equivalente (seção fissurada), para previsão da flecha inicial;
E_{cs} = módulo de elasticidade secante do concreto;
M_r = momento de fissuração do concreto, cujo valor deve ser reduzido pela metade no caso de a peça ser armada com barras lisas (calculado pela Eq. 3.3);
M_a = máximo momento fletor atuante no vão considerado;
I_c = momento de inércia da seção, sem a ocorrência de fissura;
I_{II} = momento de inércia da seção fissurada de concreto no Estádio II, calculado com $\alpha_E = E_s/E_{cs}$.

Considerando a rigidez equivalente, calcula-se a flecha inicial com base nas equações clássicas da teoria da elasticidade. Por exemplo, para viga biapoiada com carga N concentrada no meio do vão L: flecha inicial $y = NL^3/48\,(EI)_{eq}$.

A flecha final será calculada como a soma flecha inicial + flecha diferida. Para as flechas de longa duração (flechas diferidas) de vigas normalmente armadas, a norma prevê a multiplicação da flecha inicial por um fator α_f, calculado pela seguinte expressão:

$$\alpha_f = \frac{\Delta \xi}{1 + 50\rho'} \qquad (5.18)$$

em que:

$\rho' = \dfrac{A'_s}{b \cdot d}$ (taxa geométrica da armadura na zona comprimida);

$\Delta \xi = \xi(t) - \xi t_0$ (o coeficiente função do tempo, ξ, pode ser obtido na Tab. 5.2);
$\xi(t) = 0{,}68\,(0{,}996^t)t^{0,32}$ para $t \leq 70$ meses;
$\xi(t) = 2$ para $t > 70$ meses.

Tab. 5.2 Valores do coeficiente ξ em função do tempo (transcrição da Tab. 17.1 da NBR 6118)

Tempo (t) (meses)	0	0,5	1	2	3	4	5	10	20	40	≥ 70
Coeficiente $\xi(t)$	0	0,54	0,68	0,84	0,95	1,04	1,12	1,36	1,64	1,89	2

t = tempo em meses onde se quer estimar a flecha;
t_0 = idade da peça em meses, quando passou a ser solicitada pelas cargas quase permanentes.
Fonte: ABNT (2014a).

O acréscimo das flechas ao longo do tempo poderá ser também estimado, com melhor aproximação, pelo cálculo das curvaturas da peça fletida no estágio inicial de carregamento (t_0) e no estágio final (t_∞), considerando-se os efeitos da fluência e da retração do concreto. Nesse aspecto, considerando a umidade relativa do ar (UR) e a espessura fictícia da peça ($2A_c/u$, em que A_c é a área da seção e u é o perímetro da seção considerada), a NBR 6118 propõe diversos fatores de fluência e de retração, conforme a Tab. 5.3.

Tab. 5.3 Valores característicos superiores da deformação específica de retração $\varepsilon_{cs}(t_\infty,t_0)$ e do coeficiente de fluência $\varphi(t_\infty,t_0)$ (transcrição da Tab. 8.2 da NBR 6118)

UR do ar (%)			40		55		75		90	
Espessura fictícia 2Ac/u (cm)			20	60	20	60	20	60	20	60
$\varphi(t\infty,t_0)$ Concretos C20 a C45	t_0 (dias)	5	4,6	3,8	3,9	3,3	2,8	2,4	2,0	1,9
		30	3,4	3,0	2,9	2,6	2,2	2,0	1,6	1,5
		60	2,9	2,7	2,5	2,3	1,9	1,8	1,4	1,4
$\varphi(t\infty,t_0)$ Concretos C50 a C90		5	2,7	2,4	2,4	2,1	1,9	1,8	1,6	1,5
		30	2,0	1,8	1,7	1,6	1,4	1,3	1,1	1,1
		60	1,7	1,6	1,5	1,4	1,2	1,2	1,0	1,0
$\varepsilon_{cs}(t_\infty,t_0)$ (‰)		5	−0,53	−0,47	−0,48	−0,43	−0,36	−0,32	−0,18	−0,15
		30	−0,44	−0,45	−0,41	−0,41	−0,33	−0,31	−0,17	−0,15
		60	−0,39	−0,43	−0,36	−0,40	−0,30	−0,31	−0,17	−0,15

Fonte: ABNT (2014a).

Levando em conta praticamente todos os fatores intervenientes na flexão de vigas e lajes (momentos atuantes, seção de concreto e de armaduras, idade na qual a peça entrou em serviço, retração e fluência do concreto etc.), o CEB (1981) elaborou o *Manuel de calcul: fissuration et deformations*, envolvendo formulação bastante refinada para o cálculo de flechas, com possibilidade inclusive de levar em conta as parcelas resultantes da atuação de esforços cortantes e da deformação de vigas perimetrais submetidas à torção. Essa formulação, embora não muito complexa, é relativamente extensa, apresentando diversos ábacos e tabelas que auxiliam os cálculos; por esse motivo, não será aqui apresentada.

5.3 Configurações típicas de trincas provocadas pela flexão de vigas e lajes

Os componentes do edifício mais suscetíveis à flexão de vigas e lajes são, como já foi dito anteriormente, as alvenarias. Para paredes de vedação sem aberturas de portas e janelas, existem três configurações típicas de trincas, a saber:

- *O componente de apoio deforma-se mais que o componente superior* (Fig. 5.6). Surgem trincas inclinadas nos cantos superiores da parede, oriundas do carregamento não uniforme da viga superior sobre o painel, já que existe a tendência de ocorrer maior carregamento junto aos cantos das paredes. Na parte inferior do painel, normalmente surge uma trinca horizontal; quando o comprimento da parede é superior à sua altura, aparece o efeito de arco e a trinca horizontal desvia-se em direção aos vértices inferiores do painel (normalmente o que se pode observar, contudo, é somente o trecho horizontal da trinca). Para alvenarias com boa resistência à tração e ao cisalhamento, o painel pode permanecer apoiado nas extremidades da viga (efeito de arco), resultando numa fresta entre a base da alvenaria e a viga-suporte.

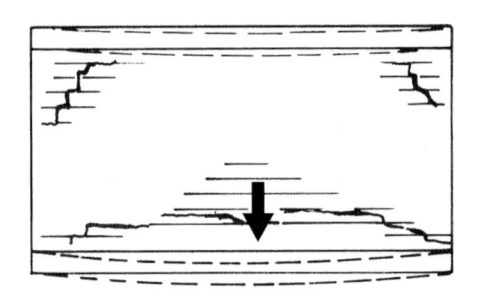

Fig. 5.6 *Trincas em parede de vedação: deformação do suporte maior que a deformação da viga superior*

- *O componente de apoio deforma-se menos que o componente superior* (Fig. 5.7). Nesse caso, a parede comporta-se como viga alta, resultando em fissuras semelhantes àquelas apresentadas para o caso de flexão de vigas de concreto armado (seção 3.2.1).
- *O componente de apoio e o componente superior apresentam deformações aproximadamente iguais.* Nessa circunstância, a parede é submetida principalmente a tensões de cisalhamento, comportando-se o painel de maneira idêntica àquela comentada para vigas de concreto deficientemente armadas contra o cisalhamento (seção 3.2.1); as

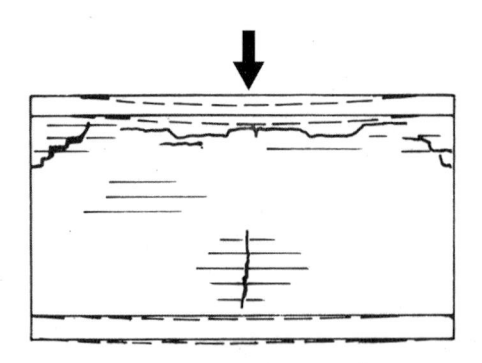

Fig. 5.7 *Trincas em parede de vedação: deformação da viga superior maior que a deformação do suporte*

fissuras iniciam-se nos vértices inferiores do painel, propagando-se aproximadamente a 45°, conforme ilustrado na Fig. 5.8.

Nas alvenarias de vedação com presença de aberturas, as fissuras poderão ganhar configurações diversas, em função da extensão da parede, da intensidade da movimentação e do tamanho e posição dessas aberturas; em geral, podem ser observadas manifestações idênticas àquelas representadas na Fig. 5.9.

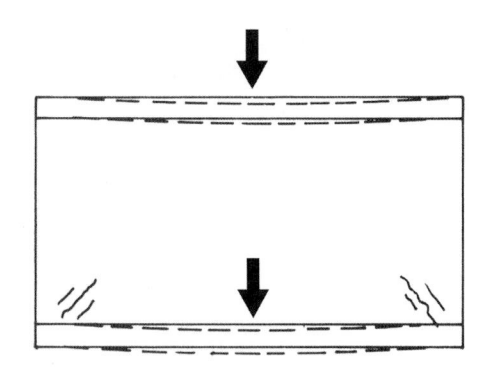

Fig. 5.8 *Trincas em parede de vedação: deformação do suporte idêntica à deformação da viga superior*

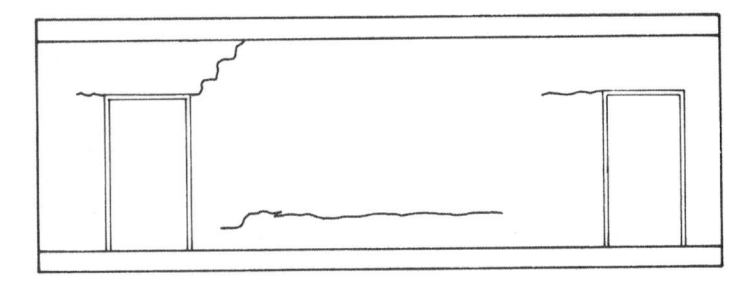

Fig. 5.9 *Trincas em parede com aberturas, causadas pela deformação dos componentes estruturais*

As fissuras em alvenarias podem ocorrer já no pavimento térreo das edificações, por flexão de sapatas corridas (casos mais típicos de casas térreas ou sobrados) ou de vigas baldrame, conforme ilustrado nas Figs. 5.10 e 5.11. Aparecem com maior

Fig. 5.10 *Fissuras em alvenarias do pavimento térreo decorrentes de flechas em vigas baldrame*

Fig. 5.11 *Fissuras em alvenaria do pavimento térreo decorrentes de flecha na viga de fundação*

frequência em alvenarias apoiadas em lajes (Figs. 5.12 e 5.13) ou em vigas de rigidez relativamente reduzida (Figs. 5.14 e 5.15). Como se pode observar na Fig. 5.15, há forte tendência de as fissuras nascerem e se propagarem a partir de vãos de portas ou janelas, onde ocorre considerável redução da seção resistente da parede.

Fig. 5.12 *Fissuras em alvenaria de blocos cerâmicos pela flexão de laje em concreto protendido*

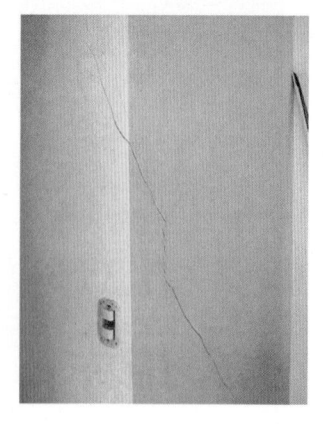

Fig. 5.13 *Fissuras em alvenarias apoiadas sobre lajes de concreto armado*

Fig. 5.14 *Fissuras de flexão em alvenaria apoiada sobre viga de concreto armado*

Fig. 5.15 *Fissuras de flexão em alvenarias apoiadas sobre vigas de concreto armado e com a presença de aberturas*

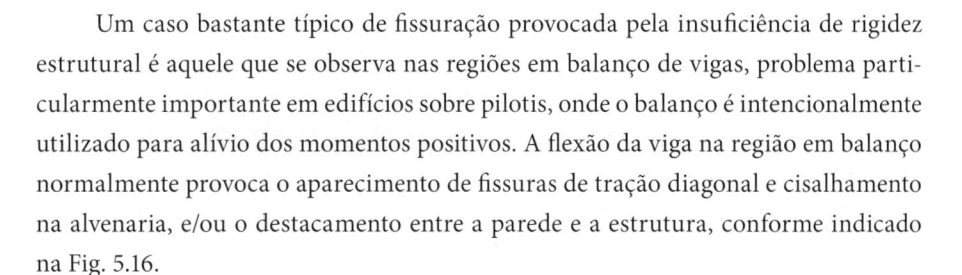

Um caso bastante típico de fissuração provocada pela insuficiência de rigidez estrutural é aquele que se observa nas regiões em balanço de vigas, problema particularmente importante em edifícios sobre pilotis, onde o balanço é intencionalmente utilizado para alívio dos momentos positivos. A flexão da viga na região em balanço normalmente provoca o aparecimento de fissuras de tração diagonal e cisalhamento na alvenaria, e/ou o destacamento entre a parede e a estrutura, conforme indicado na Fig. 5.16.

A ocorrência de deslocamentos nos balanços das vigas pode ainda repercutir na flexocompressão das paredes posicionadas nas extremidades dos balanços, podendo ocorrer danos à alvenaria ou mesmo ao revestimento, conforme ilustrado na Fig. 5.17.

Ainda em relação aos revestimentos, outra patologia decorrente da deformabilidade das estruturas é a fissuração ou o destacamento de pisos cerâmicos ou mesmo de outros pisos rígidos, em consequência da excessiva deformação de lajes sobre as quais se assentam. Ocorrendo significativa flexão da laje, o piso passa a trabalhar

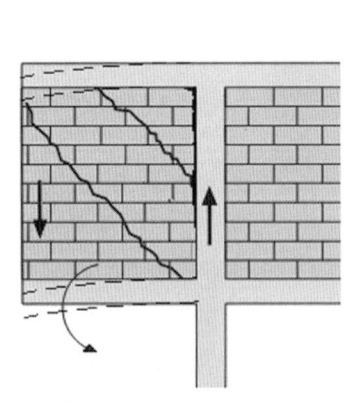

Fig. 5.16 *Trincas na alvenaria provocadas por flexão da região em balanço da viga*

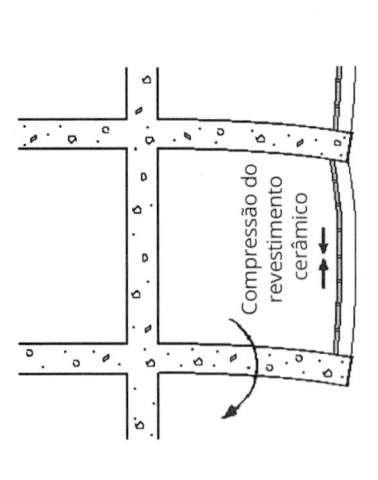

Fig. 5.17 *Compressão da alvenaria, arqueamento e expulsão do revestimento cerâmico em parede apoiada na extremidade de balanço*

como sua capa de compressão, produzindo-se fissuras, lascamentos e destacamentos no revestimento, situação ilustrada na Fig. 5.18 e que acontece principalmente nos casos de "lajes zero" (sem contrapiso, com revestimento colado diretamente na sua face superior).

Outro quadro típico de fissuração, nesse caso em alvenarias estruturais, é aquele provocado pela excessiva deformação de lajes engastadas nas paredes, introduzindo nelas esforços de flexão lateral; sob essa solicitação, há tendência de desenvolver-se uma trinca horizontal próxima à base da parede, em sua face interna, podendo ocorrer também fissuração pelo lado externo, próxima ao topo do andar inferior, como indicado na Fig. 5.19.

Problemas muito importantes decorrentes da flexibilidade de vigas ou lajes têm ocorrido com paredes de vedação, principalmente com alvenarias integradas por blocos cerâmicos com furos na horizontal. Nesse caso, o deslocamento do componente estrutural transmite tensões de compressão à alvenaria, podendo haver ruptura de blocos em qualquer posição da parede, mas com maior frequência na posição da última fiada, composta por blocos ou compensadores (Figs. 5.20 e 5.21).

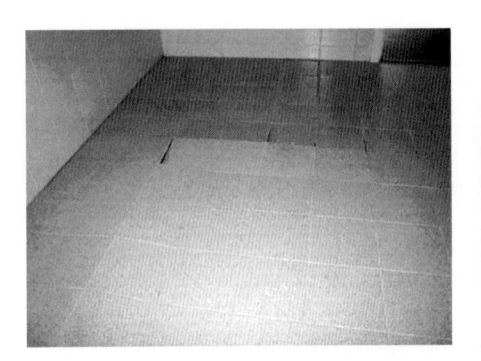

Fig. 5.18 *Destacamento de piso cerâmico devido à excessiva deformação da laje*

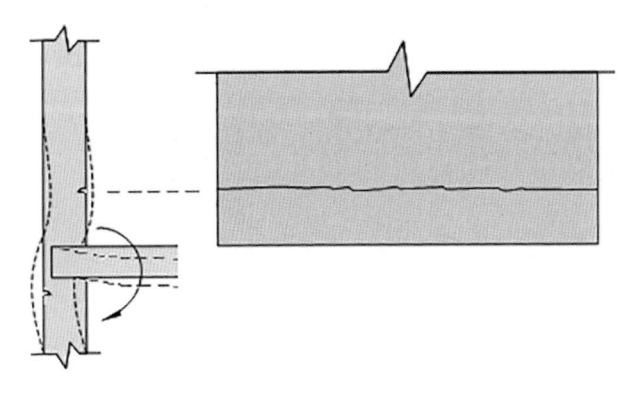

Fig. 5.19 *Trinca horizontal na base da parede provocada pela deformação excessiva da laje*

Fig. 5.20 *Ruptura de blocos cerâmicos com furos na horizontal e expulsão do revestimento em argamassa, decorrentes das tensões introduzidas pela flecha desenvolvida na viga*

Fig. 5.21 *Fissuras e rupturas localizadas de blocos decorrentes da flexibilidade da estrutura*

Como a prática atual do assentamento das alvenarias é aplicar cordões de massa apenas nas laterais dos blocos, ocorre que a tensão de compressão é transmitida apenas às suas paredes externas (Fig. 5.22), que, comprimidas, tendem a flambar no sentido externo da alvenaria. Essa instabilização lateral induz tensões de tração nas nervuras horizontais do bloco, iniciando-se aí o processo da ruptura (lembrando que, nos materiais pétreos, como a cerâmica, a resistência à tração é bem inferior à resistência à compressão).

O desempenho das alvenarias inseridas em reticulados estruturais vai depender não só das propriedades da estrutura, mas também, em larga escala, das propriedades da própria alvenaria, sendo que, em boa parte das vezes, as patologias ocorrem por incompatibilidades entre os dois sistemas, e não por responsabilidade só da estrutura ou só da alvenaria. Para esse sistema de vedações importam substancialmente o desenho/geometria do bloco, a espessura das suas paredes, o grau de queima, as características mecânicas e elásticas do material de assentamento, a capacidade de absorção ou de redistribuição de tensões das alvenarias por meio de cintas de amarração, vergas e contravergas, as juntas de controle, o sistema de ligação das paredes nos pilares, o sistema de encunhamento etc.

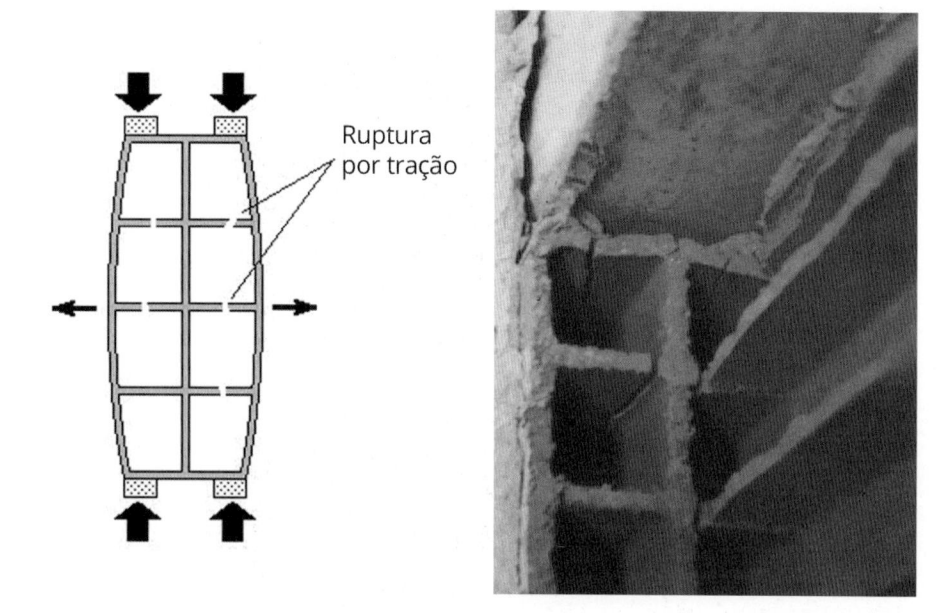

Fig. 5.22 *Ruptura característica de bloco cerâmico com furos horizontais sob deformação imposta: observar na foto o encurtamento das paredes externas do bloco e a ruptura das nervuras horizontais internas*

Para eliminar o problema da ruptura de blocos cerâmicos vazados, muitas construtoras passaram a substituí-los ou adotar nas vedações blocos cerâmicos estruturais, com furos na vertical, o que de cara representava um perigo: no caso de deslocamentos importantes dos componentes horizontais da estrutura, pode-se passar das rupturas localizadas (fiadas de blocos ou compensadores na última fiada, sob as vigas) para as rupturas globais, isto é, com total ruína da parede carregada. Com vistas a contornar esse potencial problema, alguns engenheiros, inclusive este autor, passaram a recomendar o emprego de material de encunhamento com baixíssimo módulo de deformação, pretendendo-se com isso absorver o deslocamento da viga ou da laje sem criar na parede um estado de tensões que levasse à sua total ruptura.

A nova prática conseguiu evitar, praticamente na totalidade das vezes, a ruptura e mesmo a fissuração das alvenarias, mas, em contrapartida, implicou acentuado número de descolamentos dos seus revestimentos, conforme ilustrado nas Figs. 5.23 a 5.26. Para a ocorrência dessas patologias, além do sistema de encunhamento, várias causas se sobrepuseram, ou seja:

- os blocos cerâmicos com furos na vertical são extrudados com faces lisas, ao contrário dos blocos de vedação com furos horizontais, que têm paredes com ranhuras, como mostrado na Fig. 5.25;

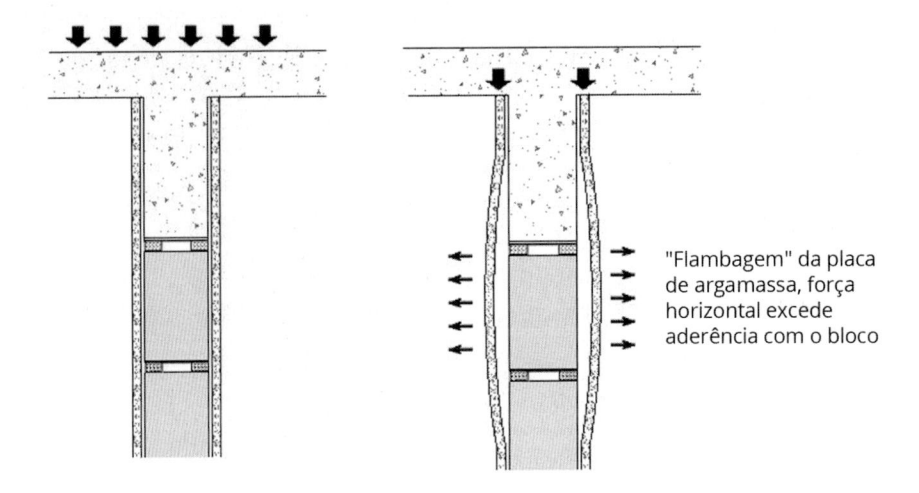

Fig. 5.23 *Esquema do descolamento da argamassa de revestimento pela flexão da viga superior*

"Flambagem" da placa de argamassa, força horizontal excede aderência com o bloco

Fig. 5.24 *Ruptura/descolamento do revestimento pela flexão da viga superior*

- para alcançarem maior resistência mecânica, os blocos estruturais são queimados com maior temperatura ("blocos requeimados"), às vezes com vitrificação das paredes externas, dificultando ainda mais a aderência;
- ocorrem problemas de modulação vertical, produzindo folgas muito estreitas entre o topo da alvenaria e a base da viga ou da laje (*vide* Fig. 5.27);
- acontecem problemas de locação da estrutura e das paredes, produzindo às vezes faces das alvenarias deslocadas das faces das vigas, tendo como consequência camadas muito grossas ou muito finas de argamassa;
- as argamassas de revestimento, particularmente as industrializadas, passaram a ser produzidas sem cal hidratada (somente cimento), o que repercutiu em considerável aumento do módulo de deformação e consequente redução do poder de acomodar deformações;
- há inobservância ou falta de aplicação de tela metálica de reforço do revestimento no encontro da alvenaria com a estrutura.

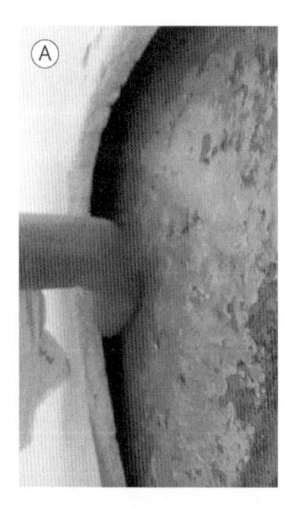

5 # Fissuras causadas por deformabilidade excessiva...

Fig. 5.25 *Flambagem do revestimento comprimido e com pequeno poder de deformação: (A) gesso em parede interna e (B) revestimento de fachada em argamassa*

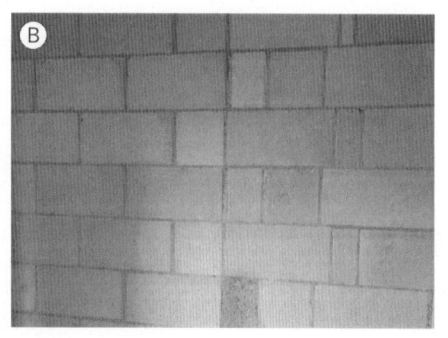

Fig. 5.26 *(A) Blocos com furos horizontais e ranhuras externas favorecendo a aderência do revestimento e (B) blocos com furos na vertical e paredes muito lisas*

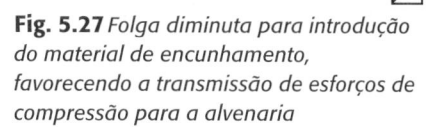

Fig. 5.27 *Folga diminuta para introdução do material de encunhamento, favorecendo a transmissão de esforços de compressão para a alvenaria*

Outro fator muito importante para os descolamentos é a prática disseminada do emprego de chapisco rolado (cimento, areia e resina), com altas cargas de resina PVA ("Bianco" ou similar) e aplicação desse mordente muito antes da aplicação da argamassa de revestimento, ou seja, a argamassa passou a ser aplicada sobre uma película plástica (monômero PVA originalmente em solução transformou-se em cadeia polimérica), o que veio muito mais a dificultar a aderência da massa ao chapisco do que a melhorá-la.

Com vistas à "racionalização" do sistema de paredes, muitas construtoras passaram a adotar certos detalhes construtivos que nem sempre oferecem bons resultados. Enquadram-se aí, por exemplo, as "juntas secas" (com patologias apontadas na Fig. 1.18), ligações entre alvenarias e pilares com telas eletrossoldadas mal posicionadas, contravergas subdivididas em módulos ou constituídas por vigotas posicionadas apenas nas laterais do vão, em ambos os casos sem continuidades na parte central do vão, perdendo sua função de se opor à retração da alvenaria, às movimentações térmicas, à flexão invertida do peitoril etc. As Figs. 5.28 a 5.32 ilustram essas situações.

Fig. 5.28 *Fissuras nas alvenarias sob vãos de janelas – contravergas contínuas substituídas por vigotas curtas (pré-moldadas) nas laterais dos vãos*

Fig. 5.29 *Peças assentadas sobre os peitoris dos vãos, mas que não atuam como contravergas*

5 # Fissuras causadas por deformabilidade excessiva...

Fig. 5.30
Destacamento entre alvenaria e pilar: tela de ligação com 8 cm de largura aplicada no vazio sobre os furos dos blocos cerâmicos com largura de 14 cm

Fig. 5.31
Destacamento entre alvenaria e pilar: tela de ligação dobrada fora da posição da junta horizontal de assentamento, e sem nenhuma presença de argamassa a ela aderida

Fig. 5.32 Tela encurvada na posição da junta de assentamento e tela que não foi introduzida na alvenaria no encontro com o pilar – ambas sem nenhuma função

O problema de fissuras em alvenarias poderá ainda ser agravado por falhas no processo de produção da obra ou por deficiências na compatibilização dos projetos de estruturas, instalações e alvenarias, conforme exemplificado nas Figs. 5.33 e 5.34. No caso da execução da obra em etapas distintas, por exemplo torre em primeiro lugar e depois as construções periféricas, o projetista da estrutura deve levar isso em conta, para não considerar continuidades que não existirão, pelo menos temporariamente, na obra real.

Fig. 5.33 *Estruturas projetadas com continuidades, mas concretadas em partes por decisão da produção: nesse caso, o alívio dos momentos positivos pelos negativos que se desenvolveriam nos apoios não mais existe, aumentando a deformabilidade*

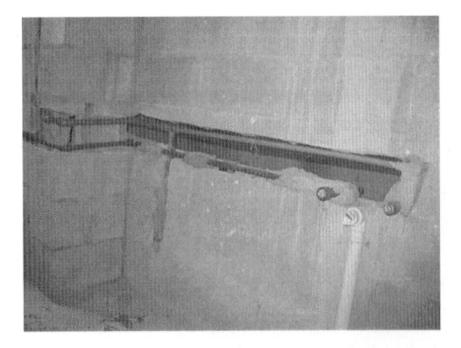

Fig. 5.34 *Redução substancial da seção resistente das alvenarias pela presença de rasgos pronunciados, facilitando a fissuração das paredes decorrente das acomodações naturais da estrutura*

6 Fissuras causadas por recalques de fundação: mecanismos de formação e configurações típicas

6.1 Considerações sobre a deformabilidade dos solos e a rigidez dos edifícios

Em razão do tamanho relativamente moderado das edificações, com cargas que geralmente não excediam a 2.000 tf ou 3.000 tf, até uns tempos atrás as fundações dos edifícios eram dimensionadas pelo critério de ruptura do solo. Ao mesmo tempo que as estruturas iam ganhando esbeltez, conforme enfocado no capítulo anterior, os edifícios iam ganhando maior altura, observando-se em nossos dias obras cuja carga total sobre o solo já chegou a atingir 20.000 tf ou 30.000 tf. Dentro desse quadro, é imprescindível uma mudança de postura para o cálculo e o dimensionamento das fundações dos edifícios.

De acordo com Vitor Mello (1975a), apenas em argilas de baixa plasticidade o critério de cálculo condicionante é o de ruptura (principalmente perante carregamentos rápidos, como os verificados em silos, descimbramento de pontes etc.); já em argilas de alta plasticidade os recalques acentuam-se, passando em geral a ser condicionante o critério de recalques admissíveis. Em siltes e areias, solos com significativos coeficientes de atrito interno, o critério de ruptura só pode ser condicionante para sapatas muito pequenas; em construções de maior porte automaticamente passa a ser condicionante o critério de recalques.

A capacidade de carga e a deformabilidade dos solos não são constantes, sendo função dos seguintes fatores mais importantes (Mello; Teixeira, 1971):

- tipo e estado do solo (areia nos vários estados de compacidade ou argilas nos vários estados de consistência);
- disposição do lençol freático;
- intensidade da carga, tipo de fundação (direta ou profunda) e cota de apoio da fundação;
- dimensões e formato da placa carregada (placas quadradas, retangulares ou circulares);
- interferência de fundações vizinhas.

Os solos são constituídos basicamente por partículas sólidas, entremeadas por água, ar e não raras vezes material orgânico. Sob efeito de cargas externas todos os solos, em maior ou menor proporção, se deformam. No caso em que essas deformações sejam diferenciadas ao longo do plano das fundações de uma obra, tensões de grande intensidade serão introduzidas na estrutura dela, podendo gerar o aparecimento de fissuras.

Se o solo for uma argila dura ou uma areia compacta, os recalques decorrerão essencialmente de deformações por mudança de forma, em função da carga atuante e do módulo de deformação do solo. No caso de solos fofos e moles, os recalques serão basicamente provenientes da sua redução de volume, já que a água presente no bulbo de tensões das fundações tenderá a percolar para regiões sujeitas a pressões menores.

Denomina-se *consolidação* o fenômeno de mudança de volume do solo por percolação da água presente entre seus poros. Para os solos altamente permeáveis, como as areias, a consolidação e, portanto, os recalques acontecem em períodos de tempo relativamente curtos após serem solicitados; já para os solos menos permeáveis, como as argilas, a consolidação ocorre de maneira bastante lenta, ao longo de vários anos. Mesmo camadas delgadas de argila entre maciços rochosos estão sujeitas a esse fenômeno.

Para as fundações diretas, a intensidade dos recalques dependerá não só do tipo de solo, mas também das dimensões do componente da fundação. Para as areias, onde a capacidade de carga e o módulo de deformação aumentam rapidamente com a profundidade, existe a tendência de que os recalques ocorram com mesma magnitude, tanto para placas estreitas quanto para placas mais largas.

Para os solos com grande coesão, onde os parâmetros de resistência e deformabilidade não variam tanto com a profundidade, pode-se raciocinar hipoteticamente que uma sapata com maior área apresentará maiores recalques que uma outra, menor, submetida à mesma pressão, pois o bulbo de pressões induzidas no terreno na primeira sapata alcança maior profundidade (Mello; Teixeira, 1971).

Na Fig. 6.1 representa-se esse comportamento hipotético através de gráficos pressão × recalque para placas com diferentes dimensões sobre argilas e sobre areias.

Na realidade, segundo Bowles (1982), o módulo de deformação E_s do solo e a própria profundidade de influência da fundação variam com uma série de propriedades do solo, principalmente com a estratificação de camadas, a massa específica do solo e eventuais estados de pré-adensamento. Em razão disso, a predição do verdadeiro módulo de deformação do solo e, em consequência, a avaliação do recalque real que ocorrerá na sapata carregada são tarefas bastante difíceis.

Para as fundações profundas, onde no passado supunha-se não serem importantes os recalques diferenciados, a prática vem demonstrando que existem situações

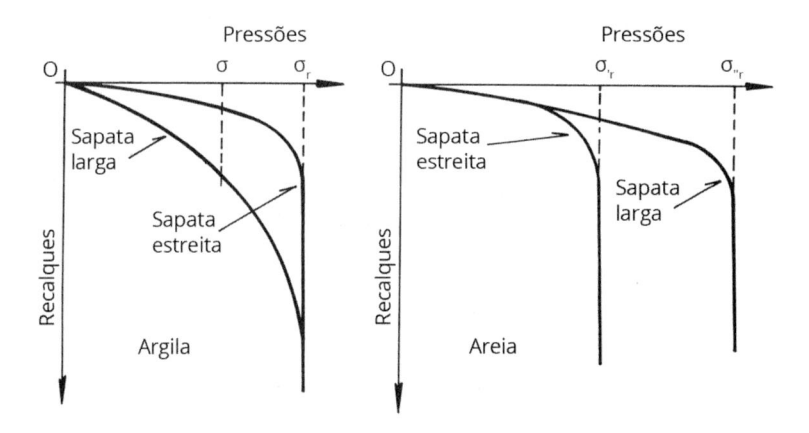

Fig. 6.1 Gráficos teóricos pressão × recalque de sapatas apoiadas em argilas e areias
Fonte: Mello e Teixeira (1971).

particularmente desfavoráveis, nas quais podem ocorrer recalques bastante significativos. Mello (1975a) cita como exemplos dessas situações o efeito de agrupamento de estacas, as estacas flutuantes e as estacarias muito profundas; lembra ainda que o máximo atrito lateral mobilizado ocorre para pequenos recalques, independentemente do diâmetro do componente de fundação, ou seja, ultrapassados esses pequenos limites haverá uma grande probabilidade de surgirem recalques intensos.

Outro fator importante que regula o comportamento das fundações profundas é o atrito negativo; nas construções que se assentam sobre seções mistas de corte e aterro, esse fenômeno pode dar origem a recalques diferenciados de considerável intensidade. Quando as estacas atravessam uma camada de solo em vias de adensamento e apoiam-se em terrenos subjacentes pouco compressíveis (Mello; Teixeira, 1971), elas recebem, à medida que se processa o recalque daquele solo, um acréscimo de carga proveniente do peso do solo em movimento descendente, traduzido por tensões de atrito ao longo das paredes das estacas (Fig. 6.2).

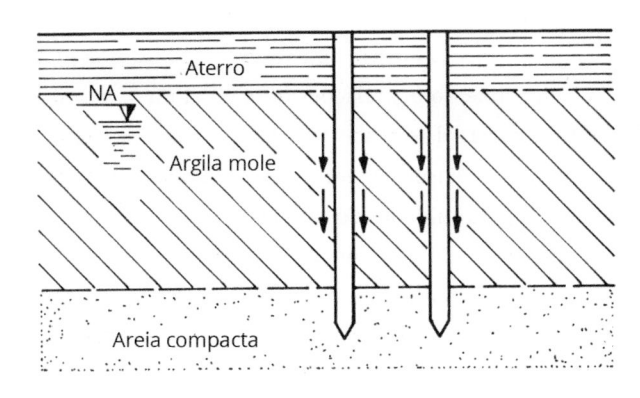

Fig. 6.2 *Atrito negativo em estacas pelo amolgamento da camada de argila mole*

O adensamento da camada de argila pode provir, além do lançamento de aterros, de outras fontes: construção de novos edifícios adjacentes à estacaria e apoiados em fundações rasas, acréscimo de pressões efetivas devido a um rebaixamento do lençol freático etc. Convém frisar ainda que, mesmo sem qualquer desses carregamentos externos, o simples amolgamento provocado pela própria cravação das estacas pode ser responsável pelo atrito negativo, visto que as argilas pouco consistentes tornam a adensar sob seu peso próprio após amolgadas.

O comportamento do edifício ante a ocorrência de recalques diferenciados depende de interações extremamente complexas entre sua estrutura, a estrutura da fundação e o solo de suporte. Nesse sentido, uma estrutura poderá ter comportamento flexível quando apoiada sobre um solo pouco deformável, ao passo que tenderá a comportar-se como um corpo rígido se apoiada em solo muito deformável. Em geral, ante a ação de recalques diferenciados, há grande probabilidade de as estruturas lineares desempenharem-se de maneira flexível, predominando nas paredes de fechamento tensões de cisalhamento, enquanto as alvenarias portantes, não armadas, apresentam comportamento muito mais próximo da rigidez.

Assumindo comportamento elástico para uma alvenaria não armada, presumindo fundação constituída por sapatas corridas e adotando modelos lineares e não lineares para o solo, MacLeod e Abu-El-Magd (1980) analisaram as tensões e deformações que ocorreriam teoricamente em edifícios com quatro pavimentos (relação comprimento/altura = 2 e relação comprimento/altura = 5), em função dos recalques desenvolvidos. Concluíram ser impossível a predição quantitativa das tensões e das fissuras que se desenvolveriam no corpo das paredes. Conclusão idêntica a que chegaram Bowles (1982) e Perloff (1975).

Do ponto de vista qualitativo, contudo, algumas conclusões importantes foram obtidas com esse estudo. A seguir são listadas algumas delas:

- a falta de homogeneidade do solo ao longo de edifícios muito extensos, com carregamento uniformemente distribuído, é provavelmente o fator mais importante na ocorrência de recalques diferenciados que provocarão a fissuração das paredes;
- em paredes com altura h e comprimento b entre contraventamentos, providas de janelas com altura h_w e comprimento b_w, relações $h_w/h > 0,4$ ou $b_w/b > 0,4$ farão com que os trechos de alvenaria sobre as aberturas comportem-se francamente como vigas, predominando as tensões de tração no centro das aberturas e as tensões de cisalhamento nas proximidades dos apoios;
- para essa configuração de aberturas, em edifícios uniformemente carregados apoiados sobre solos homogêneos, as tensões máximas ocorrerão nas "vigas" superiores, nas extremidades da obra (regiões onde aparecem os maiores

esforços cortantes); se o edifício apresentar um carregamento maior na sua região central, as tensões máximas se desenvolverão nas "vigas" centrais;
- o comportamento do edifício só se torna mais flexível, propiciando, portanto, melhor absorção das tensões introduzidas pelos recalques, mediante o aumento do seu comprimento; a adoção de aberturas com grandes dimensões ($h_w/h > 0,4$ ou $b_w/b > 0,4$), o que aparentemente diminui a rigidez da obra, torna-a ainda mais suscetível às tensões de cisalhamento que se desenvolvem ao redor das aberturas;
- a introdução de armaduras na alvenaria pode melhorar sensivelmente seu comportamento frente às tensões de tração e de cisalhamento, mesma conclusão a que chegaram Pereira da Silva (1985), Gomes (1983) e Pfeffermann e Baty (1978) através de estudos experimentais.

De acordo com Bjerrum (1967), exatamente pela dificuldade de prever a real distribuição de pressões num solo constituído por camadas compressíveis heterogêneas, a previsão correta dos recalques diferenciados só poderá ser feita por meio de intensas observações de campo.

Analisando diversos casos de recalques ocorridos em edifícios uniformemente carregados, apoiados sobre camadas de solo com alturas bem regulares, Bjerrum verificou que, para as areias, os recalques diferenciados são da mesma ordem de grandeza dos recalques absolutos; já para as argilas esse comportamento é distinto, traduzindo o autor o resultado de suas investigações no gráfico apresentado na Fig. 6.3.

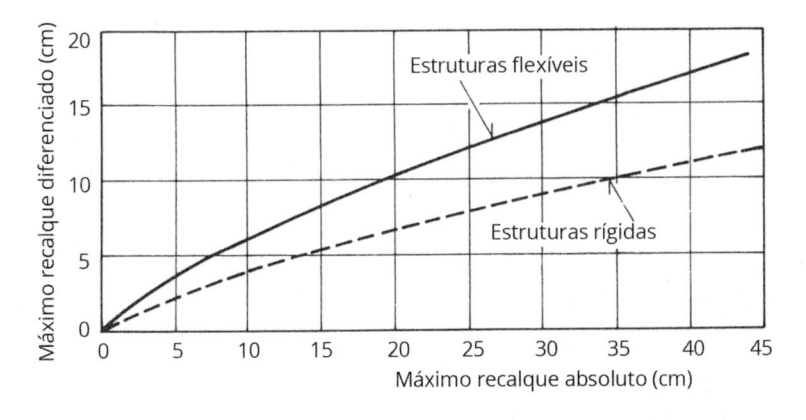

Fig. 6.3 *Variação dos recalques absolutos e diferenciados em edifícios assentados sobre argilas*
Fonte: *Bjerrum (1967).*

6.2 Modelos para a estimativa de recalques

A estimativa dos recalques absolutos que ocorrerão numa fundação é tarefa extremamente difícil, constituindo ainda hoje um dos grandes desafios para a Mecânica dos Solos. A rigor, estimativas razoavelmente precisas só poderiam ser estabelecidas através da execução de provas de carga, ainda assim apenas para os recalques imediatos.

Como no caso das trincas o interesse recai quase que invariavelmente nos recalques diferenciados, parece válida, na falta de indicações mais precisas, a tentativa de quantificá-los admitindo para o solo parâmetros elásticos com valores aproximados; nessa circunstância, supõe-se que os erros cometidos na previsão dos recalques absolutos de fundações vizinhas seriam aproximadamente os mesmos, podendo-se então ter uma ideia do risco da ocorrência de recalques diferenciados na obra.

6.2.1 Recalques de sapatas apoiadas em argila

O modelo clássico da teoria da elasticidade, para sapatas rasas apoiadas em solos coesivos saturados, é:

$$\Delta H = p \cdot B \left(\frac{1-\mu^2}{E_s} \right) \cdot C_d \qquad (6.1)$$

em que:
ΔH = recalque;
p = pressão de contato da sapata;
B = menor dimensão em planta da sapata;
E_s = módulo de deformação do solo;
μ = coeficiente de Poisson do solo;
C_d = coeficiente de forma e rigidez da sapata, apresentado na Tab. 6.1.

Diversos autores já propuseram modificações para essa fórmula clássica, em função da presença de camada deformável na zona de influência do bulbo de pressões, da disposição estratificada das camadas de solo, do recalque lento que ocorre em razão da consolidação do solo coesivo e da cota real de apoio da sapata. Neste último caso, conforme citação de Bowles (1982), Fox propõe que o recalque imediato, calculado pela Eq. 6.1, seja corrigido por um coeficiente multiplicativo $F3$, que pode ser obtido pelo gráfico apresentado na Fig. 6.4.

6.2.2 Recalques de sapatas apoiadas em areia

Schmertmann, citado por Perloff (1975), desenvolveu uma formulação que leva em conta a cota real de apoio da sapata, a ocorrência do recalque lento, a distribuição

Tab. 6.1 Coeficiente de forma e rigidez C_d para sapatas

Forma	Comprimento (L) / Largura (B)	Sapata flexível			Sapata rígida
		Centro	Canto	Média	
Circular	–	1,00	0,64	0,85	0,79
Quadrada	–	1,12	0,56	0,95	0,99
Retangular	1,5	1,36	0,67	1,15	1,06*
	2	1,52	0,76	1,30	1,20*
	3	1,78	0,88	1,52	–
	5	2,10	1,05	1,83	1,70
	10	2,53	1,26	2,25	2,10*
	100	4,00	2,00	3,70	3,40*
	1.000	5,47	2,75	5,15	–

*De acordo com Bowles (1982).
Fonte: Perloff (1975).

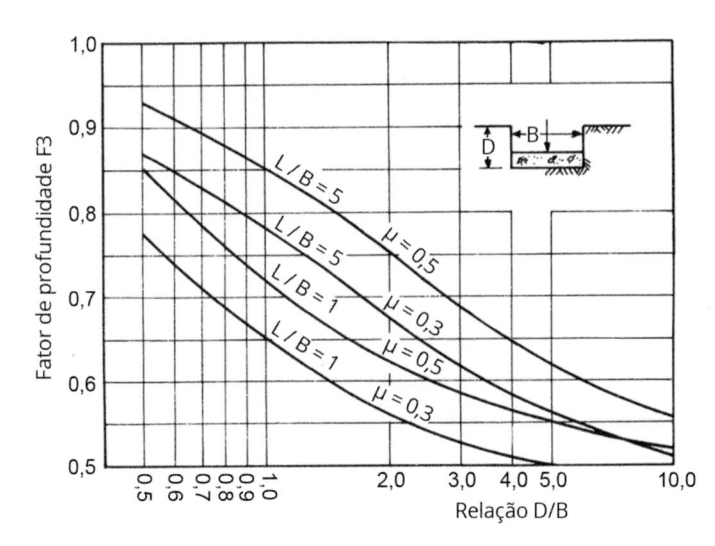

Fig. 6.4 Correção do recalque elástico ΔH em função da cota de assentamento e da largura da sapata (recalque real $= \Delta H \cdot F3$)
Fonte: Bowles (1982).

das deformações do solo na zona de influência do bulbo de pressões e a variação das propriedades elásticas do solo nessa zona de influência. Assim, o modelo desenvolvido presta-se à estimativa de recalques em camadas estratificadas, podendo-se considerar quase que ponto a ponto a variação do módulo de deformação do solo.

Em sua formulação, Schmertmann supõe que a profundidade do bulbo de pressões (z) atinge duas vezes o valor da largura da sapata (B); pela teoria da elasticidade, conclui que a máxima deformação do solo ocorre para uma profundidade $B/2$ a partir da cota de apoio da sapata, determinando para essa profundidade um fator de deformação (I_z) equivalente a 0,6, conforme indicado na Fig. 6.5.

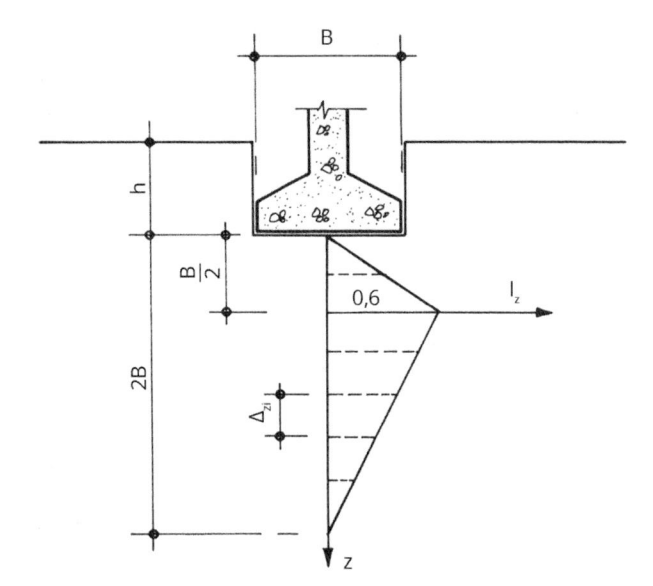

Fig. 6.5 *Fator de deformação I_z em função da profundidade do bulbo de pressões (Schmertmann)*
Fonte: *Perloff (1975).*

Dessa maneira, subdividindo o bulbo de pressões em n camadas com alturas Δ_{zi} iguais ou distintas e tomando para cada camada o valor do módulo de deformação do solo e do fator de deformação I_z (obtido geometricamente no centro de cada camada com altura Δ_{zi}), o recalque da sapata após t anos de aplicação da carga será estimado por:

$$\Delta H_t = C_1 \cdot C_2 \cdot \Delta p \sum_{i=1}^{n} \left(\frac{I_z}{E_s}\right)_i \cdot \Delta_{zi} \tag{6.2}$$

em que:
ΔH_t = recalque total após t anos;
$\Delta p = p - p_o$ (acréscimo de pressão efetiva devido à sapata);
p = pressão aplicada pela sapata;
$p_o = \gamma \cdot h$ (alívio de pressão devido à escavação do terreno);
I_{zi} = fator de deformação do solo na camada i (Fig. 6.5);
$E_{s,i}$ = módulo de deformação do solo na camada i;
Δ_{zi} = altura da camada i;
t = número de anos;

$$C_1 = 1 - 0,5 \left(\frac{p_o}{\Delta_p}\right) \geq 0,5;$$

$$C_2 = 1 + 0,2 \log(10t).$$

6.2.3 Recalques por adensamento de camadas profundas

No caso da existência de camadas profundas constituídas por argilas compressíveis, os recalques por adensamento dessas camadas poderão ser estimados pela teoria clássica de Terzaghi, conforme exposto por Vargas e Nápoles (1976). Suponha-se por exemplo um edifício com comprimento $2a$ e largura $2b$, com fundação constituída por radier assentado na cota z_1, existindo na cota z uma camada de argila compressível (Fig. 6.6).

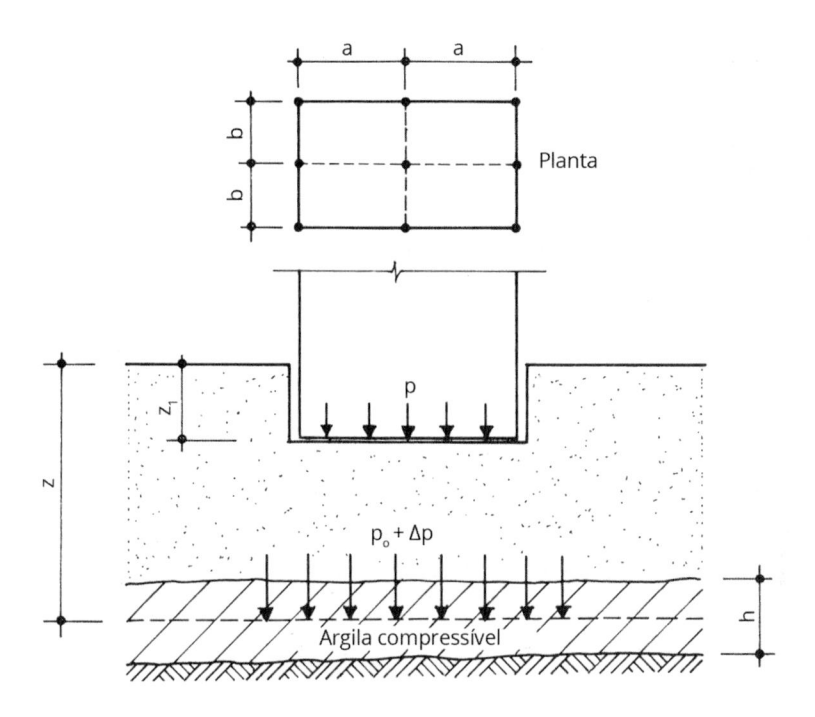

Fig. 6.6 *Recalque de solo compressível em camada profunda*

De acordo com Terzaghi, o recalque Δh da camada profunda de argila será expresso por:

$$\Delta h = \frac{C \cdot \log \frac{p_o + \Delta p}{p_o}}{1+e} \cdot h \qquad (6.3)$$

em que:
C = índice de compressão da argila;
$p_o = (z - z_1)\gamma$ = pressão na cota z, devida ao peso do solo sobreposto;
γ = massa específica aparente do solo sobreposto;
Δp = acréscimo de pressão na cota z, devida à pressão p de contato da sapata;

h = altura da camada de argila compressível;
e = índice de vazios da argila.

As características da argila deverão ser determinadas através de ensaios edométricos, com amostras indeformadas. Mello (1975b) sugere que, em função do acréscimo de pressão Δp e da pressão de pré-adensamento (p_a) obtida no ensaio, sejam adotados os seguintes valores:
- $\Delta p > p_a$: C = índice de compressão da argila (C_c);
- $\Delta p < p_a$: C = índice de recompressão da argila (C_r).

De acordo com Vargas e Nápoles (1976), o coeficiente de compressão do solo poderá ser grosseiramente estimado em função de correlações estatísticas com o limite de liquidez (LL) da argila, citando dois exemplos dessas correlações:
- C_c = 0,009 (LL – 10): Skempton, argilas de Londres;
- C_c = 0,004 LL: IPT, argilas terciárias da cidade de São Paulo.

O acréscimo de pressão Δp provocado pela carga do edifício deverá ser calculado pela teoria da elasticidade. De maneira prática, poderão ser empregados os gráficos de Newmark (Vargas; Nápoles, 1976), obtendo-se o coeficiente de distribuição de pressão σ_z, em função das dimensões em planta do edifício (*vide* Fig. 6.6) e da profundidade z da camada compressível. Os acréscimos de pressão Δp e, consequentemente, os recalques poderão ser estimados em várias posições do prédio, a saber:

- *Centro do prédio*

$$\Delta p = 4 \cdot p \cdot \sigma_{z,1} \left(\sigma_{z,1} \text{ determinado para } m = \frac{b}{z} \text{ e } n = \frac{a}{z} \right) \qquad (6.4)$$

- *Ponto médio do comprimento*

$$\Delta p = 2 \cdot p \cdot \sigma_{z,2} \left(\sigma_{z,2} \text{ determinado para } m = \frac{a}{z} \text{ e } n = \frac{2b}{z} \right) \qquad (6.5)$$

- *Ponto médio da largura*

$$\Delta p = 2 \cdot p \cdot \sigma_{z,3} \left(\sigma_{z,3} \text{ determinado para } m = \frac{b}{z} \text{ e } n = \frac{2a}{z} \right) \qquad (6.6)$$

- *Cantos do prédio*

$$\Delta p = p \cdot \sigma_{z,4} \left(\sigma_{z,4} \text{ determinado para } m = \frac{2b}{z} \text{ e } n = \frac{2a}{z} \right) \qquad (6.7)$$

Os citados gráficos de Newmark permitem a determinação de σ_z para placas de formato retangular ou circular. Os coeficientes de distribuição de pressão poderão ser estabelecidos para sapatas isoladas ou para radiers. Caso a soma das áreas das sapatas e a profundidade da camada compressível sejam relativamente grandes, a fundação poderá ser admitida como sendo um radier.

6.2.4 Recalques em tubulões

Os recalques em tubulões poderão ser calculados de maneira idêntica àquela apresentada para sapatas, desconsiderando-se, nesse caso, o atrito lateral desenvolvido e superestimando-se, consequentemente, os recalques. A estimação mais real do recalque pode ser alcançada, todavia, em função das envoltórias de resistência obtidas em ensaios triaxiais, supondo-se que o máximo atrito lateral desenvolva-se para recalques entre 5 mm e 10 mm e que a ruptura ocorra no solo, e não na interface tubulão/solo. Tomlinson, citado por Mello (1975b), dá indicações dos máximos atritos laterais desenvolvidos em tubulões concretados em argilas, em função de sua coesão; tais indicações são apresentadas na Tab. 6.2.

Tab. 6.2 Atrito lateral em tubulões concretados em argilas, sem camisa, segundo Tomlinson

Coesão da argila (kPa)	Máximo atrito lateral desenvolvido (kPa)
0-37	0-34
37-75	34-50
75-147	50-64

Fonte: Mello (1975b).

6.2.5 Recalques em estacas

Para a previsão de recalques em estaca, Poulos e Davis (1980) desenvolveram um modelo baseado no módulo de deformação do material constituinte da estaca, no módulo de deformação do solo e na geometria da seção transversal da estaca, calculando assim o recalque básico (ΔH_o) de uma estaca isolada em semiespaço infinito, perfeitamente elástico, com coeficiente de Poisson $\mu = 0,5$. A partir do recalque básico, os autores desenvolveram extensa formulação, adotando fatores de correção para as diversas variáveis envolvidas (coeficiente de Poisson real, camada finita de solo, resistência de ponta da estaca etc.).

A partir do recalque calculado para a estaca individual, Poulos e Davis (1980) elaboraram um método iterativo de cálculo para a determinação da influência que estacas vizinhas exercem umas sobre as outras, produzindo-se assim formulação bastante eficiente para a predição do recalque de estacas agrupadas; a extensão dessa metodologia, baseada num número muito grande de ábacos, impede sua apresentação neste trabalho.

6.2.6 Estimativa dos parâmetros elásticos do solo

Como já se pôde notar, todos os modelos analíticos desenvolvidos baseiam-se nas propriedades elásticas do solo (E_s e μ), de difícil quantificação. O método que parece estimar com maior precisão o valor do módulo de deformação do solo é aquele que se baseia no ensaio triaxial em amostras indeformadas e que conduz, segundo Bowles (1982), a valores que podem ser 1 a 1,5 vez inferiores ao valor real do módulo de deformação do solo. O autor fornece ainda a ordem de grandeza do módulo de deformação e do coeficiente de Poisson de diferentes solos, conforme a Tab. 6.3.

Tab. 6.3 Módulo de deformação e coeficiente de Poisson para diferentes solos

Módulo de deformação E_s (MPa)		Coeficiente de Poisson μ	
Argila			
Muito mole	2-15	Saturada	0,4-0,5
Mole	5-25	Não saturada	0,1-0,3
Média	15-50	Arenosa	0,2-0,3
Dura	50-100	Siltosa	0,3-0,35
Arenosa	25-250	–	–
Areia			
Siltosa	7-21	Densa	0,2-0,4
Fofa	10-24	Fofa* e grossa	0,15
Compacta	48-81	Fofa* e fina	0,25
Areia/pedregulho		Rochas	
Fofa	48-144	Varia apenas em função do tipo de rocha	0,1-0,4
Compacta	96-192		

*Índice de vazios compreendido entre 0,4 e 0,7.
Fonte: Bowles (1982).

Em virtude da inexatidão dos valores obtidos através do ensaio triaxial, e também porque o custo desse ensaio é relativamente elevado, vem-se tentando estabelecer o módulo de deformação dos solos a partir de correlações com valores obtidos em ensaios de penetração dinâmica (SPT) ou ensaios de penetração de cone (R_p – *deepsounding*). Bowles (1982) dá indicações de algumas dessas correlações, apresentadas na Tab. 6.4.

Tab. 6.4 Módulo de deformação do solo, em função de SPT ou R_p

Tipo de solo	Módulo de deformação do solo (E_s)	
	$E_s = f$ (SPT): em kPa	$E_s = f(R_p)$: na unidade de R_p
Areia	$E_s = 500$ (SPT + 15)	$E_s = 2$ a $4\, R_p$
	$E_s^* = 18.000 + 750$ SPT	$E_s^{**} = 2\,(1 + D_r^2)\, R_p$
Areia argilosa	$E_s = 320$ (SPT + 15)	$E_s = 3$ a $6\, R_p$
Areia siltosa	$E_s = 300$ (SPT + 6)	$E_s = 1$ a $2\, R_p$
Areia/pedregulho	$E_s = 1.200$ (SPT + 6)	–
Argila mole	–	$E_s = 6$ a $8\, R_p$

*Segundo Vesic.
**Segundo D'Appolonia.
Fonte: Bowles (1982).

O emprego dessas correlações deve ser efetuado com cuidado, verificando-se, em função de dados locais, qual produz melhor ajuste. Mello (1975a) considera bastante promissor o emprego de R_p para estimativa do módulo de deformação do solo, advertindo, contudo, sobre o perigo de empregarem-se "pseudocorrelações".

Outra maneira de estimar o valor do módulo de deformação do solo é a partir do coeficiente de reação K_s, obtido em prova de carga direta. Nessa circunstância, pela teoria da elasticidade, E_s seria expresso por:

$$E_s = K_s \cdot D\left(1 - \mu^2\right) \cdot C_d \tag{6.8}$$

em que:
E_s = módulo de deformação do solo;
K_s = coeficiente de reação do solo;
μ = coeficiente de Poisson (estimado);
D = diâmetro da placa de ensaio;
C_d = coeficiente de forma e rigidez da placa de ensaio (valores apresentados na Tab. 6.1).

6.2.7 Estimativa dos recalques a partir de prova de carga

Os recalques dos componentes de fundação poderão ainda ser estimados diretamente a partir do recalque obtido na prova de carga, devendo-se nesse caso considerar a relação entre a dimensão da placa de ensaio e a dimensão real do componente de fundação; um ajuste comumente empregado é o seguinte:

$$\Delta H = \Delta H_p \left(\frac{2B}{B+B_p} \right)^2 \quad (6.9)$$

em que:
ΔH = recalque do componente de fundação;
ΔH_p = recalque da placa;
B = largura do componente de fundação;
B_p = largura da placa (normalmente 0,3 m).

Outros autores sugerem ajustes distintos do anteriormente indicado, que normalmente subestima o valor do recalque real, sobretudo quando é grande a relação B/B_p. Bond, citado por Bowles (1982), propõe a seguinte equação para cálculo do recalque real a partir da prova de carga:

$$\Delta H = \Delta H_p \cdot \left(\frac{B}{B_p} \right)^{n+1} \quad (6.10)$$

em que:
ΔH, ΔH_p, B e B_p são os mesmos símbolos da Eq. 6.9;
n = coeficiente que depende do tipo de solo; na falta de dados locais, podem ser assumidos os seguintes valores:

n = 0,03 a 0,05 (argila);
n = 0,08 a 0,10 (argila arenosa);
n = 0,40 a 0,50 (areia compacta);
n = 0,25 a 0,35 (areia medianamente compacta);
n = 0,20 a 0,25 (areia fofa).

A norma brasileira NBR 6122 (ABNT, 2019) não especifica limites de recalques absolutos nem diferenciais, e também não indica formulações para a estimativa dos recalques. No seus itens 5.5 e 9.1, a norma observa que a deformabilidade das fundações pode influenciar a distribuição de esforços da superestrutura, devendo-se estudar a interação solo-estrutura, e que o desempenho das fundações deve ser verificado por meio de, pelo menos, monitoramento dos recalques medidos na estrutura, sendo obrigatório nos seguintes casos:
  a) estruturas nas quais a carga variável é significativa em relação à carga total, tais como silos e reservatórios;

b) estruturas com mais de 50,0 m de altura do piso do térreo até a laje de cobertura do último piso habitável;
c) relação altura/largura (menor dimensão) superior a quatro;
d) fundações ou estruturas não convencionais.

A exemplo do que ocorre com a NBR 6118, a NBR 6122, versão de 2019, exige que seja efetuada a avaliação técnica do projeto, obrigatória nos casos "a" a "d", a ser realizada por profissional ou empresa sem vínculo com o projetista de fundações nem com o proprietário da obra em questão.

Embora sem indicar os limites aceitáveis, a norma estabelece, de forma qualitativa, que, nas verificações relativas aos estados-limites de serviço, devem ser considerados:
a) recalques excessivos;
b) levantamentos excessivos decorrentes, por exemplo, de expansão do solo ou outras causas;
c) vibrações inaceitáveis.

Esclarece ainda que "a definição dos valores-limites para deslocamentos e deformações deve considerar":
a) a confiabilidade com a qual os valores de deslocamentos aceitáveis podem ser estabelecidos;
b) velocidade dos recalques e movimentos do terreno de fundação;
c) tipo de estrutura e material de construção;
d) tipo de fundação;
e) natureza do solo;
f) finalidade da obra;
g) influência nas estruturas, utilidades e edificações vizinhas.

6.3 Configurações típicas de trincas causadas por recalques de fundação

Estudos de fissuras em alvenarias, estruturas e outros elementos, decorrentes de acomodações das fundações, têm sido conduzidos com bastante competência por diversos autores brasileiros, podendo-se dentre eles destacar Jarbas Milititsky, Nilo Cesar Consoli e Fernando Schnaid (2015), assim como Ivan Joppert Jr. (2007), com publicações de livros e artigos que se aprofundam bastante no tema.

Fissuras e rupturas localizadas em elementos de fundação, incluindo vigas alavanca, sapatas, blocos de coroamento, tubulões e estacas, entre outros, não acontecem com muita frequência, sendo normalmente pesquisadas apenas em caso de desarranjos

Trincas em edifícios

da superestrutura, das alvenarias ou de outros elementos da obra. Tais desarranjos não serão aqui estudados, ilustrando-se apenas um caso importante de fissuração da cabeça de estaca pré-moldada (Fig. 6.7), conforme estudo de Joppert Jr. (2007).

De maneira geral, as fissuras provocadas por recalques diferenciados são inclinadas, confundindo-se às vezes com as fissuras provocadas por flexão de componentes estruturais. Em relação às primeiras, contudo, apresentam aberturas geralmente maiores, "deitando-se" em direção ao ponto onde ocorreu o maior recalque. Outra característica das fissuras provocadas por recalques é a frequente presença de esmagamentos localizados, em forma de escamas, dando indícios das tensões de cisalhamento que as provocaram; além disso, quando os recalques são acentuados, observa-se nitidamente uma variação na abertura da fissura.

Fig. 6.7 *Fissuração importante em cabeça de estaca pré-moldada de concreto, possivelmente em razão do desaprumo da estaca*
Fonte: *Joppert Jr. (2007).*

Os recalques diferenciados podem provir de carregamentos desbalanceados; nesse caso, conforme o Instituto Eduardo Torroja (1971), as trincas apresentarão as configurações indicadas nas Figs. 6.8 e 6.9. A situação teórica ilustrada na Fig. 6.9 não é facilmente encontrada

Fig. 6.8 *Fundações contínuas solicitadas por carregamentos desbalanceados: o trecho mais carregado apresenta maior recalque, originando-se trincas de cisalhamento no painel*

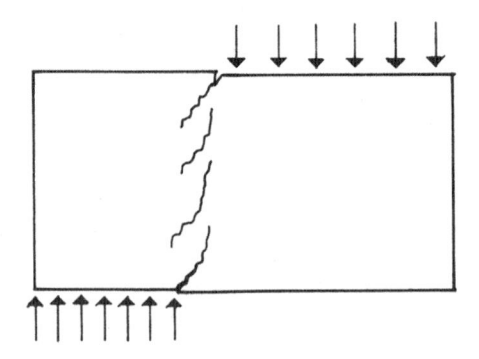

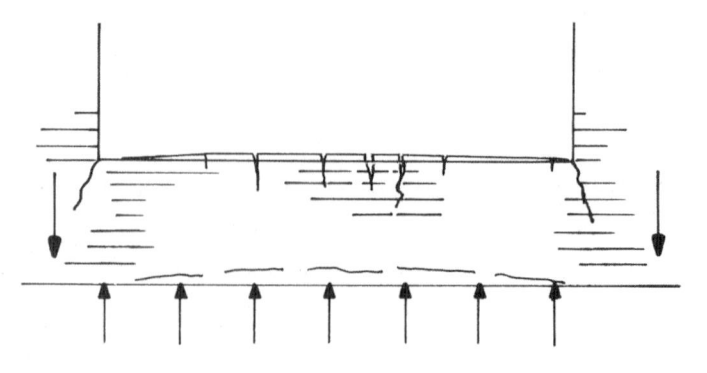

Fig. 6.9 *Fundações contínuas solicitadas por carregamentos desbalanceados: sob as aberturas surgem trincas de flexão*

na prática; em alguns casos, no entanto, pode-se identificar perfeitamente as fissuras de flexão partindo do peitoril da janela, aproximadamente a meio comprimento da abertura, como mostrado na Fig. 6.10.

Para edifícios uniformemente carregados, o Centre Scientifique et Technique de la Construction (CSTC, 1983) aponta diversos fatores que podem conduzir aos recalques diferenciados e, consequentemente, à fissuração do edifício. Nas Figs. 6.11 a 6.15 são ilustrados alguns desses casos.

Fig. 6.10 *Fissuras de flexão na alvenaria provocadas pelos recalques mais acentuados da sapata corrida nas regiões vizinhas à janela (regiões mais carregadas)*

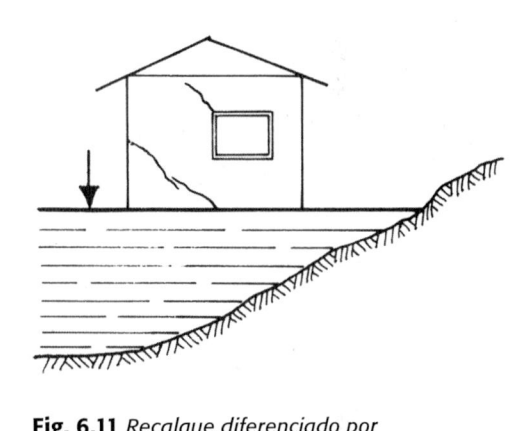

Fig. 6.11 *Recalque diferenciado por consolidações distintas do aterro carregado*

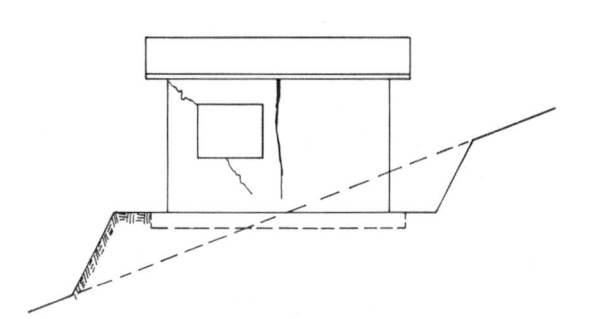

Fig. 6.12 *Fundações assentadas sobre seções de corte e aterro, com trincas de cisalhamento nas alvenarias*

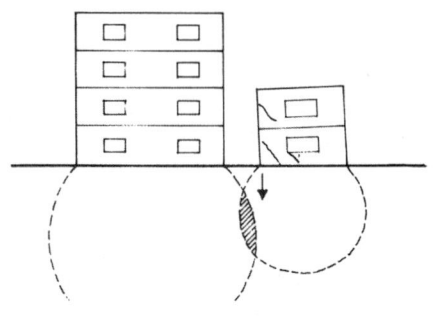

Fig. 6.13 *Recalque diferenciado no edifício menor pela interferência no seu bulbo de tensões provocada pela construção do edifício maior*

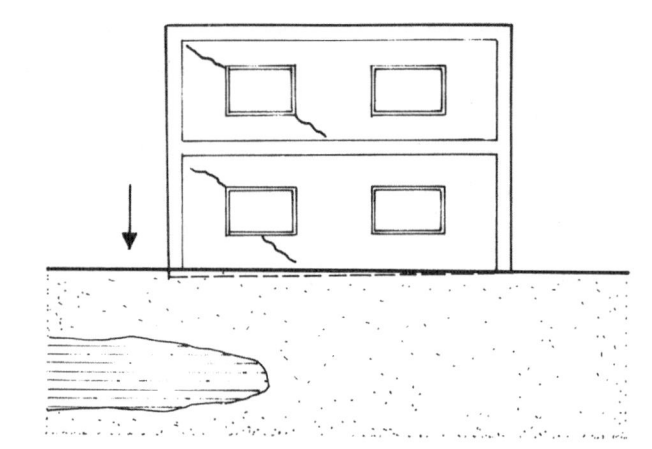

Fig. 6.14 *Recalque diferenciado por falta de homogeneidade do solo*

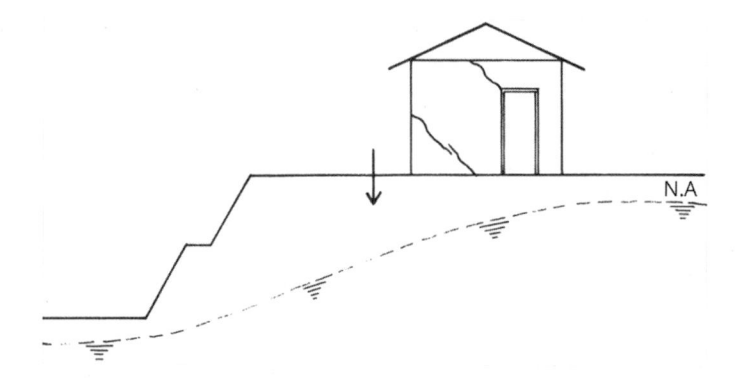

Fig. 6.15 *Recalque diferenciado por rebaixamento do lençol freático; foi cortado o terreno à esquerda do edifício*

A construção de edifícios dotados de um corpo principal (mais carregado) e de um corpo secundário (menos carregado) com um mesmo sistema de fundação invariavelmente conduz a recalques diferenciados entre as duas partes, surgindo fissuras verticais entre elas e, não raras vezes, fissuras inclinadas no corpo menos carregado. A adoção de sistemas diferentes de fundação numa mesma obra, conforme representado na Fig. 6.16, provoca o mesmo problema.

Em edifícios com estrutura reticulada, os recalques diferenciados da fundação podem induzir a fissuração por tração diagonal das paredes de vedação; as trincas inclinam-se na direção do pilar que sofreu maior recalque, como indicado na Fig. 6.17.

As variações de umidade do solo, principalmente no caso de argilas, provocam alterações volumétricas e modificações no seu módulo de deformação, com possibilidade de ocorrência de recalques localizados. Segundo o BRE (1977c), esses recalques, bastante comuns por causa da saturação do solo pela penetração de água de chuva nas vizinhanças da fundação, podem também ocorrer pela absorção de água por vegetação localizada próximo à obra.

6 # Fissuras causadas por recalques de fundação...

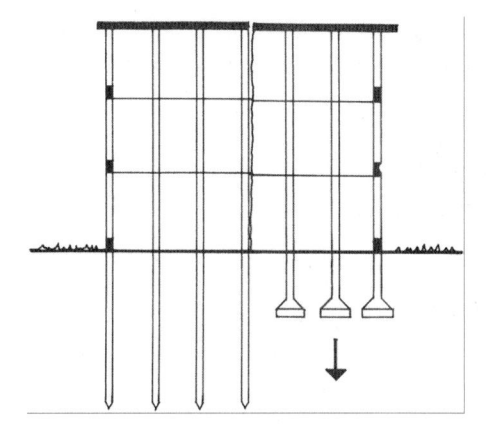

Fig. 6.16 *Diferentes sistemas de fundação na mesma construção: recalques diferenciados entre os sistemas, com a presença de trincas de cisalhamento no corpo da obra*

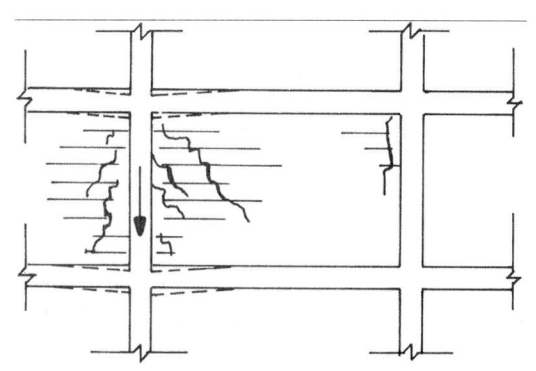

Fig. 6.17 *Recalques diferenciados entre pilares: surgem trincas inclinadas na direção do pilar que sofreu maior recalque*

Além das fissurações anteriormente tipificadas, recalques diferenciados poderão provocar fissuras com outras configurações, em função de diversas variáveis: geometria das edificações e/ou do componente, tamanho e localização de aberturas, grau de enrijecimento da construção (emprego de cintamentos, vergas e contravergas), eventual presença de juntas no edifício etc. Na Fig. 6.18 representa-se a fissuração da alvenaria em consequência do recalque desenvolvido pela retirada de água do solo por parte de vegetação de porte razoável.

Como visto anteriormente, a evolução dos recalques em solos argilosos saturados costuma ocorrer lentamente, sendo que as fissuras podem começar a ocorrer até cerca de quatro ou cinco anos após a conclusão da obra. Todavia, há casos em que recalques de grande intensidade se desenvolvem ainda na fase de construção, conforme ilustrado nas Figs. 6.19 e 6.20, problemas normalmente decorrentes de falhas nos levantamentos geotécnicos (número insuficiente de sondagens, por exemplo), nos projetos (inadequada avaliação dos recalques diferenciais entre tipos diferentes de fundação na mesma obra, por exemplo) ou na própria execução das fundações (estacas com falsa nega etc.).

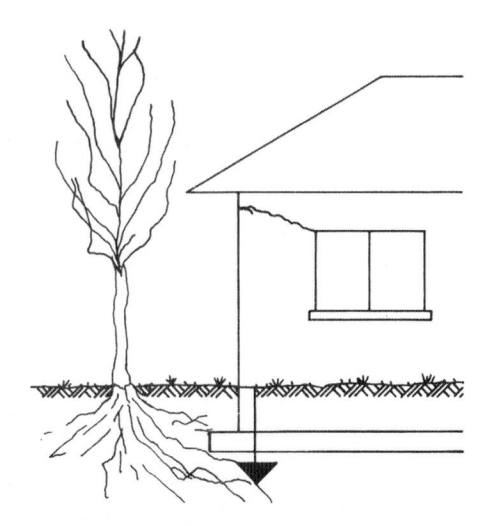

Fig. 6.18 *Trinca provocada por recalque advindo da contração do solo, devida à retirada de água por vegetação próxima*

Fig. 6.19 Fissuras decorrentes de recalques das fundações em prédio com estrutura reticulada de concreto armado, ocorridas ainda na fase de execução da obra

Fig. 6.20 Fissuras pronunciadas a partir dos vãos – prédio em alvenaria estrutural em fase de execução, com a ocorrência de importantes recalques das fundações

Em função de deficiente compactação de aterros, perda de água de tubulações para o solo (rompimentos, vazamentos etc.), inundações, presença de solos colapsíveis ou expansíveis, rebaixamento do lençol pela construção de subsolos em prédio vizinho, perfurações subterrâneas (obras de metrô, por exemplo), concentração de cargas e outros fenômenos do tipo, podem ocorrer movimentações das fundações que levam à formação de fissuras ou outros desarranjos, conforme mostrado nas Figs. 6.21 a 6.24.

Como regra geral, as aberturas das fissuras provocadas por recalques serão diretamente proporcionais à sua intensidade; a estruturação do edifício e todas as demais condições de contorno, entretanto, têm influência também direta na dimensão da fissura e na extensão do problema. No caso dos sobrados considerados

6 # Fissuras causadas por recalques de fundação...

Fig. 6.21 *Forte fissuração de alvenarias em obra construída sobre aterro em fase de consolidação*

Fig. 6.22 *Afundamento de piso em obra construída sobre aterro em fase de consolidação*

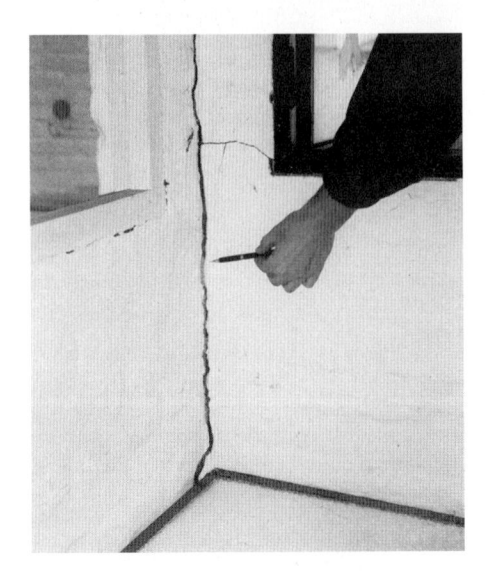

Fig. 6.23 *Fissura de recalque vertical: as partes seccionadas da construção comportaram-se individualmente como corpos rígidos*

Fig. 6.24 *Fissura de recalque horizontal logo abaixo do beiral: ocorreu praticamente ruptura da fundação do pilar localizado entre as duas aberturas pela concentração de carga na sapata corrida*

nas Figs. 6.25 e 6.26, ocorreram recalques muito pronunciados e fissuras que prejudicaram a segurança estrutural, levando à necessidade de reforço das fundações e/ou das próprias estruturas.

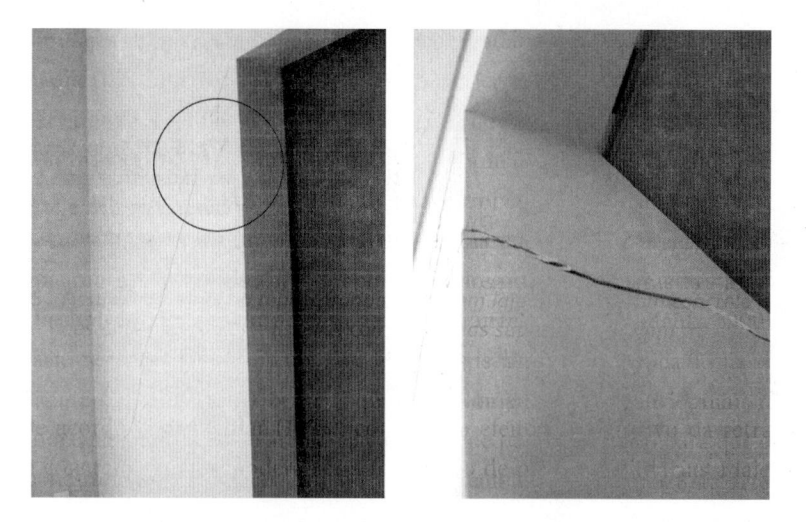

Fig. 6.25 *Fissura com abertura bastante pronunciada, ocorrendo ainda seccionamento do pilarete grauteado ao lado da porta*

Fig. 6.26 *Fissura com abertura bastante pronunciada em sobrado com necessidade de reforço das fundações e da própria estrutura*

Recalques das fundações em solos moles podem atingir valores bastante elevados, chegando mesmo a superar 1 m ou 2 m, como se tem verificado na cidade do México e, em escala um pouco menor, em construções no litoral brasileiro, onde camadas importantes de argila marinha compõem o subsolo. Grandes deformações de solos colapsíveis, argilas orgânicas e outras têm provocado adernamentos importantes, ruptura de fundações e tombamento de construções, como ilustrado nas Figs. 6.27 e 6.28.

Fig. 6.27 *Edificação no litoral norte de São Paulo, com importante desaprumo causado pelo adensamento de camada de argila marinha, gerando tensões horizontais que provocaram a ruptura de estacas – efeito Tschebotarioff*
Fonte: *Souza (2003).*

Fig. 6.28 *Reservatórios tombados em razão de amolecimento do solo por vazamento de água, conjugado com ação do vento*

Além de todos os fatores geotécnicos anteriormente apontados como prováveis causadores de recalques diferenciais (consolidações distintas de aterros, interferência em bulbo de tensões etc.), pode-se acrescentar um fenômeno geológico que, se não muito importante, é pelo menos muito curioso. Trata-se de afundamentos localizados do terreno ("dolinas", de acordo com os geólogos), que em geral vão se processando lentamente com o passar dos anos, causados por falhas no subsolo (cavernas, oriundas regularmente da lixiviação de calcário localizado em camadas profundas). Nas regiões sujeitas a esse tipo de fenômeno, podem ocorrer fissurações generalizadas das edificações, além de outros fatos característicos, como a inclinação de postes e torres em direção ao epicentro da dolina.

Com um certo ineditismo, aconteceu no município paulista de Cajamar no ano de 1987 o total rompimento de uma grande caverna, localizada aproximadamente 40 m abaixo da superfície do terreno; a camada de argila acima da de calcário foi em parte tragada pela caverna, resultando num grande buraco ("buraco de Cajamar") que, por sua vez, tragou para o seu interior um sobrado completo (Fig. 6.29).

A equipe do IPT que acompanhou o acontecimento (o buraco foi aumentando de tamanho ao longo de quase quatro meses) pôde constatar, em diferentes localidades do sítio atingido, ocorrências bastante originais de recalques e respectivos estados de fissuração das edificações atingidas. Uma dessas ocorrências, que aliás comprova inteiramente, em verdadeira grandeza, um dos modelos teóricos anteriormente apresentados, é ilustrada na Fig. 6.30.

Fig. 6.29 *"Recalque" do sobrado para o interior do "buraco de Cajamar"*

Fig. 6.30 *Posição do recalque claramente indicada pelas fiadas de tijolos: a fissura principal que se desenvolveu na parede da casa sobre o muro inclina-se em direção ao ponto de maior recalque*

Fissuras causadas pela retração de produtos à base de cimento: mecanismos de formação e configurações típicas

7.1 Mecanismos da retração

A hidratação do cimento consiste na transformação de compostos anidros mais solúveis em compostos hidratados praticamente insolúveis, ocorrendo na hidratação a formação de uma camada de gel em torno dos grãos dos compostos anidros. De acordo com Helene (1992), para que aconteça a reação química completa (estequiométrica) entre a água e os compostos anidros, é preciso de aproximadamente 22% a 32% de água em relação à massa do cimento. Para a constituição do gel, é necessária uma quantidade adicional em torno de 15% a 25%. Em média, uma relação água/cimento de cerca de 0,40 é suficiente para que o cimento se hidrate completamente.

Em razão da trabalhabilidade necessária, os concretos e argamassas normalmente são preparados com água em excesso, o que vem acentuar a retração. Na realidade, é importante distinguir as três formas de retração que ocorrem num produto preparado com cimento, ou seja:

- *retração química ou autógena*: a reação química entre o cimento e a água se dá com redução de volume; devido às grandes forças interiores de coesão, a água combinada quimicamente (22% a 32%) sofre importante contração em relação ao seu volume original;
- *retração de secagem*: a quantidade excedente de água empregada na preparação do concreto ou argamassa permanece livre no interior da massa, evaporando-se posteriormente; tal evaporação gera forças capilares equivalentes a uma compressão isotrópica da massa, de fora para dentro, produzindo a redução do seu volume;
- *retração por carbonatação*: a cal hidratada liberada nas reações de hidratação do cimento reage com o gás carbônico presente no ar, formando carbonato de cálcio + água livre; com a evaporação da água livre, ocorre a chamada retração por carbonatação.

Os três tipos de retração analisados acontecem com o produto endurecido, ou em processo de endurecimento, em períodos de tempo relativamente longos. Johnson (1965) refere-se ainda a um quarto tipo de retração, que ocorre com a massa no estado plástico e que provém da evaporação da água durante a pega ou da sua percolação de regiões mais pressionadas para regiões menos pressionadas. Essa retração plástica explica o adensamento das juntas de argamassa de uma alvenaria recém-construída e a exsudação de água num concreto recém-vibrado.

Inúmeros fatores intervêm na retração de um produto à base de cimento, sendo os principais (Joisel, 1975):

- *composição química e finura do cimento*: a retração aumenta com a finura do cimento e com o seu conteúdo de álcalis (NaOH, KOH);
- *quantidade de cimento adicionada à mistura*: quanto maior o consumo de cimento, maior a retração;
- *natureza dos agregados*: quanto menor o módulo de deformação do agregado, maior sua suscetibilidade à compressão isotrópica anteriormente mencionada e, portanto, maior a retração; maior retração também para os agregados com maior poder de absorção de água (basalto e agregados leves, por exemplo);
- *granulometria dos agregados*: quanto maior a finura dos agregados, maior a quantidade necessária de pasta de cimento para recobri-los e, portanto, maior a retração;
- *quantidade de água na mistura*: quanto maior a relação água/cimento, maior a retração de secagem;
- *condições de cura*: se a evaporação da água iniciar-se antes do término da pega do aglomerante, isto é, antes de começarem os primeiros enlaces entre os cristais desenvolvidos com a hidratação, a retração pode ser acentuadamente aumentada.

Desses seis fatores distinguidos como principais, para os concretos convencionais (resistência característica da ordem de até 40 MPa) a relação água/cimento é sem dúvida o que mais influencia a retração de um produto constituído por cimento, sobrepujando inclusive a própria influência do seu consumo. A Fig. 7.1 ilustra a importância relativa do consumo de cimento e do consumo de água na retração de concretos, conforme estudos efetuados pelo LNEC e citados por Helene (1992).

A natureza, a finura e a quantidade das adições ao cimento Portland comum (calcário moído, material pozolânico, escória de alto-forno) também influenciam bastante a retração final dos concretos. Para uma determinada marca/fabricante de cimento, verificou-se um tempo atrás a ordem de grandeza da retração representada na Fig. 7.2.

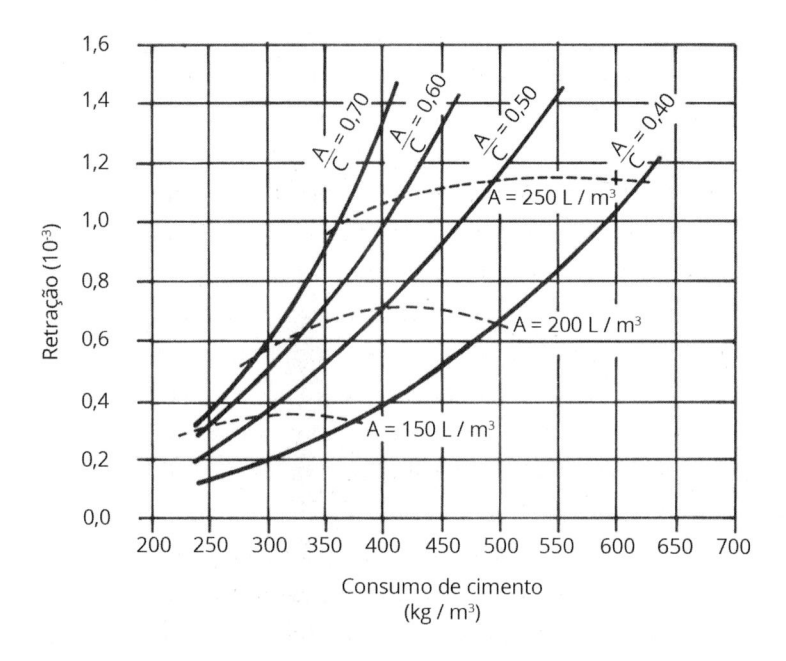

Fig. 7.1 Retração do concreto em função do consumo de cimento e da relação água/cimento (LNEC)
Fonte: Helene (1992).

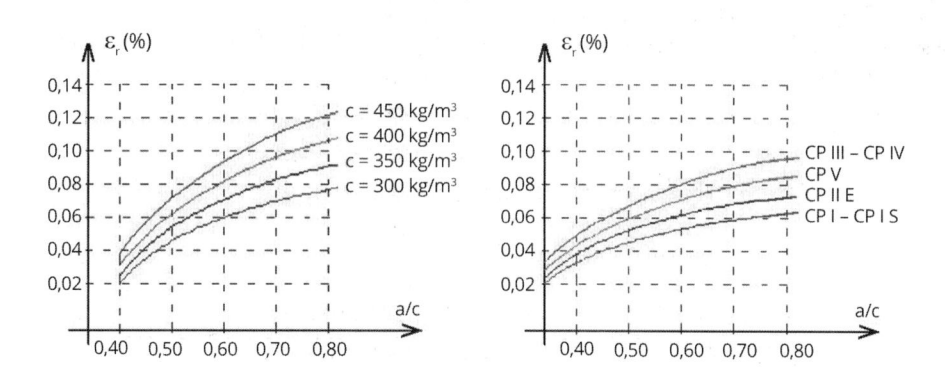

Fig. 7.2 Retração aos 28 dias – concretos preparados com diferentes relações a/c, diferentes consumos de cimento e diferentes tipos de cimento (gráfico à direita, consumo de 350 kg/m³)

Outro fator fundamental na magnitude da retração desenvolvida é a umidade relativa do ar (UR) do local em que a peça concretada ficará exposta. Em relação à umidade relativa de 50%, normalmente adotada para a determinação em laboratório da retração de concretos e argamassas, o BRS (1970) faz a projeção indicada na Fig. 7.3 para retrações desenvolvidas em concretos.

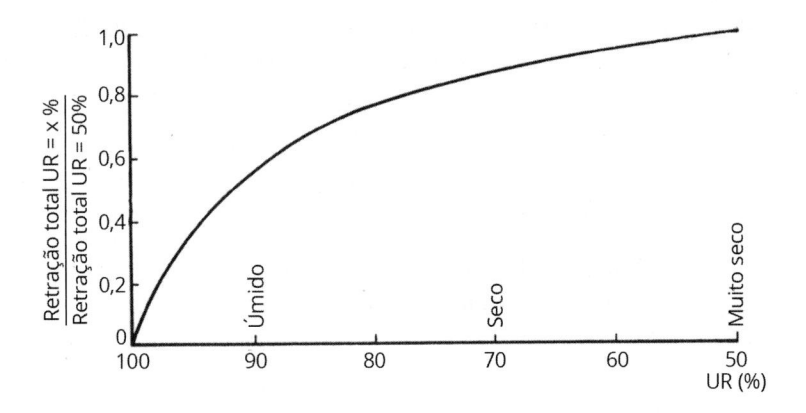

Fig. 7.3 *Retração de concretos em função da umidade relativa do ar*
Fonte: *BRS (1970).*

A retração de um concreto ou argamassa, mantida constante a umidade relativa do ar, é bem mais acelerada nas primeiras idades, atingindo-se cerca de 50% da retração total com apenas sete ou dez dias de condicionamento. Além dos fatores internos à massa (relação água/cimento, granulometria do agregado etc.) e das condições ambientais, de acordo com o BRS (1970), a forma geométrica da peça influi decisivamente na grandeza da retração; assim é que, quanto maior a relação área exposta da peça/volume da peça, maior a retração a ser desenvolvida.

Considerando todos os fatores intervenientes na retração e tomando por base resultados de experiências laboratoriais, Joisel (1975) estabeleceu a seguinte formulação analítica para a determinação aproximada da retração de concretos e argamassas:

$$\varepsilon_r = 2\varepsilon_o \frac{(1-UR)^{0,7}}{D^n}\left[1-\frac{1}{\left(1+\alpha^2 \cdot t\right)^{0,2} \times 1,03^{2\alpha t}}\right] \quad (7.1)$$

em que:

ε_r = retração na peça após t dias;

ε_o = retração em corpo de prova de argamassa normal (traço 1:3 em peso, relação a/c = 0,5), medida em laboratório com UR = 50%, no mínimo após 90 dias de exposição;

t = tempo em dias;

$\alpha = \dfrac{v_o \cdot s}{s_o \cdot v}$;

v_o e s_o = volume e área exposta do corpo de prova (normalmente 4 cm × 4 cm × 16 cm);

v e s = volume e área exposta da peça para a qual se deseja estabelecer a retração;

UR = umidade relativa do ar no local de exposição da peça (UR variando entre 0 e 1);
D = diâmetro máximo característico do agregado empregado na produção da peça (em mm);
n = fator que depende da distribuição granulométrica dos agregados, podendo-se adotar:

$n = 0{,}4$ para uma boa distribuição granulométrica;
$n = 0{,}3$ para composição média;
$n = 0{,}2$ para composição com muitos vazios.

Como indica a Eq. 7.1, para um tempo t muito grande ($t \to \infty$), a retração final ε_∞ independe das dimensões da peça, obtendo-se, desse modo, a seguinte expressão:

$$\varepsilon_\infty = 2\varepsilon_o \frac{(1-UR)^{0,7}}{D^n} \qquad (7.2)$$

De acordo com Meseguer (1985), os alongamentos de ruptura por tração (f_{ct}/E_{ct}) verificados para os concretos normalmente dosados atingem cerca de 0,03% a 0,04% para carregamentos lentos e cerca de 0,01% a 0,015% para carregamentos instantâneos, como é o caso da retração. As fissuras de retração, portanto, começarão a surgir no concreto sempre que for atingida a relação:

$$\varepsilon_r = \frac{f_{ct}}{E_{ct}} \qquad (7.3)$$

em que:
ε_r = retração do concreto;
f_{ct} = resistência à tração do concreto (normalmente admitida como a décima parte da resistência à compressão);
E_{ct} = módulo de deformação do concreto à tração (normalmente admitido como a metade do módulo de deformação à compressão).

A introdução de armaduras no concreto, representando vínculos internos que se opõem à livre retração, poderão reduzi-la em níveis variáveis, desde uns 10% (para baixa densidade de armaduras) até aproximadamente 50% (para altas taxas de armadura). Segundo Joisel (1975), a retração desenvolvida numa peça de concreto armado pode ser expressa por:

$$\varepsilon_{cs} = \frac{\varepsilon_r}{1 + \dfrac{E_s}{E_{ct}} \cdot \dfrac{A_s}{A_{c,ef}}} \qquad (7.4)$$

em que:

ε_{cs} = retração do concreto armado;

ε_r = retração do concreto simples;

E_s = módulo de deformação do aço;

E_{ct} = módulo de deformação do concreto à tração;

A_s = área da armadura;

$A_{c,ef}$ = área de concreto interessada na fissuração (área cobaricêntrica ao CG da armadura).

A retração diferenciada numa peça de concreto armado, promovida pela presença de armadura, tende a provocar flexão da peça, já que regiões menos armadas ou sem a presença de armaduras apresentarão maiores encurtamentos; para peças fissuradas, calculadas portanto no Estádio III, o CEB (1981) dá a seguinte indicação para o cálculo da flecha desenvolvida:

$$f_r = \alpha_1 \cdot \varepsilon_r \cdot \frac{\ell^2}{d} \left[0,25 + 7 \cdot \frac{E_s}{E_c} \cdot \rho_r \left(1,2 - \frac{\rho'_r}{\rho_r} \right) \right] \qquad (7.5)$$

em que:

f_r = flecha provocada pela retração do concreto;

ε_r = retração do concreto (em módulo);

ℓ = vão teórico da peça;

d = altura útil;

E_s = módulo de deformação do aço;

E_c = módulo de deformação do concreto;

ρ_r = taxa geométrica da armadura de tração;

ρ'_r = taxa geométrica da armadura de compressão;

α_1 = coeficiente que depende do tipo de apoio:

$\quad \alpha_1 = 1/8$ para peças biapoiadas;

$\quad \alpha_1 = 1/16$ para peças biengastadas;

$\quad \alpha_1 = 1/2$ para peças em balanço.

Além da retração devida a fenômenos higroscópicos, os concretos podem ainda apresentar problemas de fissuração decorrentes da retração térmica, mais importante nos concretos compostos por cimentos com altos teores de C_3A e de C_3S, exercendo também papel importante a própria finura do cimento (quanto menor o tamanho dos grãos, mais rápidas as reações de hidratação e maior a quantidade de calor gerada nas reações exotérmicas do cimento).

Eduardo Thomaz (2008) chama atenção para o acentuado aumento da retração autógena dos cimentos atuais, com muito maior finura (superfície específica até da

7 # Fissuras causadas pela retração de produtos...

ordem de 400 m²/kg contra 250 m²/kg dos cimentos de antigamente) e com muito maior teor de C_3S na composição, em função de requerer-se cada vez mais acréscimo da resistência dos concretos nas primeiras idades. Acrescentaríamos que o problema se torna ainda mais relevante nos concretos autoadensáveis e nos concretos de alto desempenho, onde o consumo de cimento gira normalmente na casa dos 400 kg/m³ aos 500 kg/m³, contra os 300 kg/m³ que normalmente ocorriam no passado. Na Fig. 7.4 pode-se observar fissuras de retração na cabeça de pilar recém-concretado ($f_{cj} \approx 80$ Pa, $C = 425$ kg/m³), onde a cura com água entrou imediatamente após a concretagem.

Fig. 7.4 *Fissuração da cabeça de pilar logo após a concretagem, devida à retração autógena do concreto com alto consumo de cimento*

O professor Eduardo Thomaz (2020a, 2020b), uma das maiores autoridades mundiais no que concerne às obras de concreto armado e concreto protendido, apresenta análises muito aprofundadas quanto à fissuração do concreto por efeitos da retração, do cisalhamento, da flexão e, enfim, das diversas formas de solicitação das peças em concreto armado (vigas, lajes, paredes, costados de reservatórios etc.).

A norma australiana AS 3600 (Australian Standards, 2009), sem levar em conta as condições ambientais, as diferentes composições dos concretos e as diferentes características dos cimentos, considera como parâmetro básico da retração do concreto o valor $\varepsilon_{cs,b} = 850 \times 10^{-6}$, podendo-se estimar o valor da retração de um concreto qualquer pela fórmula a seguir:

$$\varepsilon_{cs} = k_1 \cdot \varepsilon_{cs,b} \tag{7.6}$$

em que:

ε_{cs} = retração do concreto que se está estudando;

$\varepsilon_{cs,b} = 850 \times 10^{-6}$;

k_1 = coeficiente que depende do tempo transcorrido desde o início da secagem do concreto (término da cura úmida) e de uma espessura hipotética $t_h = 2A/u_e$, em que A é a área da seção transversal da peça e u_e é o perímetro da peça exposto à atmosfera, podendo-se obter k_1 do gráfico apresentado na Fig. 7.5.

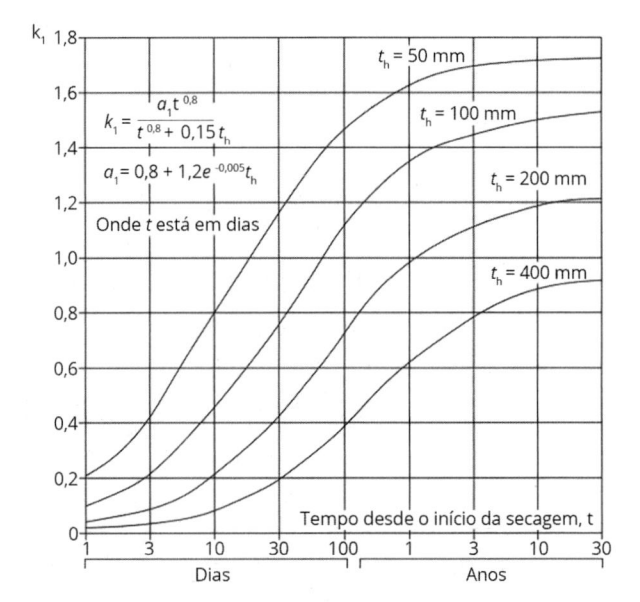

Fig. 7.5 Valores de k_1 a serem empregados na Eq. 7.6 para estimativa da retração de um concreto ao longo do tempo
Fonte: Australian Standards (2009).

Considerando os "concretos normais" e os concretos de alto desempenho modernos, onde o consumo de cimento e a retração autógena passam a ter importância fundamental, Gilbert (2001) efetuou profunda análise sobre os efeitos da retração no concreto simples ou armado, tanto em termos do risco de ocorrência de fissuras como em termos dos encurvamentos das peças provocados pela retração do material. O pesquisador propõe a subdivisão da retração total (ε_{cs}) em retração endógena (ε_{cse}) e retração de secagem (ε_{csd}), conforme a seguinte formulação:

- *Retração endógena*

$$\varepsilon_{cse} = \varepsilon^*_{cse}(1 - e^{-0,1t}), \text{ com } t \text{ em dias} \qquad (7.7)$$

sendo ε^*_{cse} a retração endógena final, estimada por:

$$\varepsilon^*_{cse} = \left(3f'_c - 50\right) \times 10^{-6}, \text{ com } f'_c \text{ em MPa} \qquad (7.8)$$

- *Retração de secagem*

$$\varepsilon_{csd} = k_1 \cdot \varepsilon^*_{csd} \qquad (7.9)$$

sendo ε^*_{csd} a retração básica, estimada por:

$$\varepsilon^*_{csd} = \left(1.100 - 8 f_c'\right) \times 10^{-6} \geq 250 \times 10^{-6}, \text{ com } f_c' \text{ em MPa} \qquad (7.10)$$

$$k_1 = \frac{k_4\ k_5\ t^{0,8}}{t^{0,8} + \left(t_h/7\right)} \qquad (7.11)$$

$$k_4 = 0,8 + 1,2\ e^{-0,005 \cdot t_h} \qquad (7.12)$$

k_5 = 0,7 para atmosferas com UR baixa
 0,6 para clima temperado
 0,5 para clima tropical e zonas litorâneas
 0,65 para ambientes internos

- *Retração total*

$$\varepsilon_{cs} = \varepsilon_{cse} + \varepsilon_{csd} \qquad (7.13)$$

Sem distinguir a forma de retração, a norma brasileira NBR 6118 (ABNT, 2014a) trata mais especificamente do tema no seu item 8.2.11 (fluência e retração), propondo valores que levam em conta a umidade relativa do ar, a espessura efetiva da peça e a idade t_0 – idade da peça quando colocada em serviço (importante para o caso da fluência) ou idade em que se iniciou a dessecação do concreto (importante para o caso da retração). Os valores propostos encontram-se transcritos na Tab. 5.3 da presente publicação.

A formação de fissuras pode ainda ser intensificada pela temperatura do concreto no seu lançamento, problema agravado no caso de concretagens em clima quente e concretos com elevado consumo de cimento. Retiradas as fôrmas, inicia-se a evaporação de água e a consequente retração de secagem do concreto, verificando-se relação direta entre a taxa de evaporação e o risco de formação de fissuras. Nesse particular, Cánovas (1988) considera diferentes graus de risco de formação de fissuras, conforme o gráfico de evaporação apresentado na Fig. 7.6.

Condições de fissuração

Velocidade de evaporação 1/m²/h	Formação de fissuras
0 – 0,5	Nenhuma
0,5 – 1,4	Alguma
≥ 1,5	100%

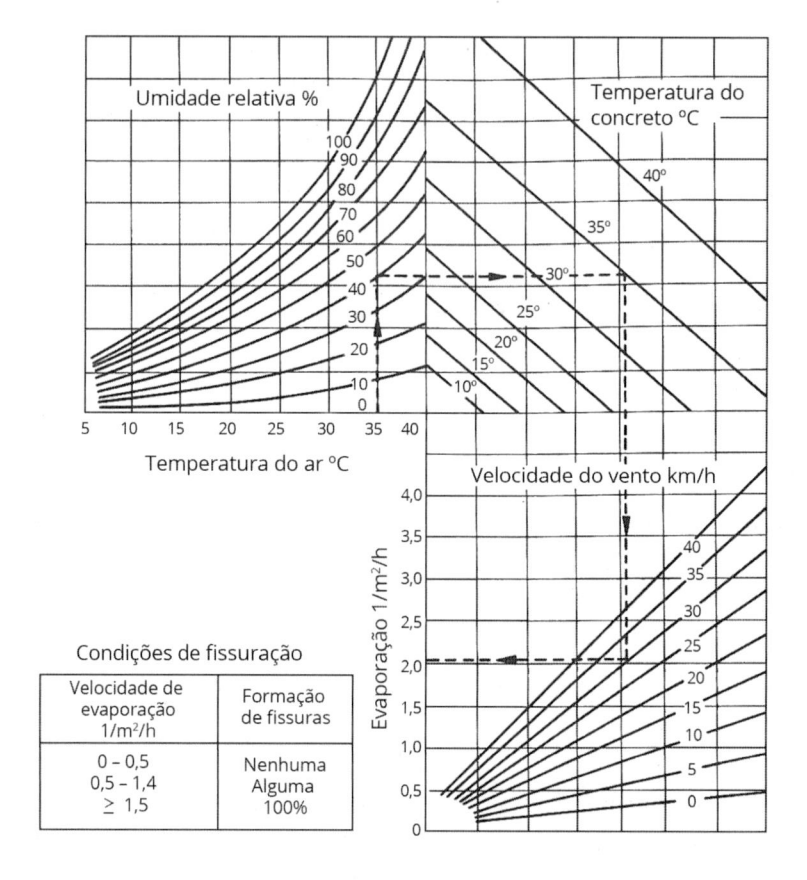

Fig. 7.6 *Risco de formação de fissuras em função da temperatura de lançamento do concreto e da velocidade de evaporação da água*
Fonte: *Cánovas (1988).*

7.2 Mecanismos de formação e configurações de fissuras provocadas por retração

7.2.1 Retração de vigas e pilares de concreto armado

As peças de uma estrutura reticulada de concreto armado poderão ser solicitadas por elevadas tensões provenientes da retração do concreto. Em estruturas aporticadas, a retração das vigas superiores poderá induzir a fissuração horizontal dos pilares mais extremos, conforme mostrado na Fig. 7.7.

Fig. 7.7 *Fissuras horizontais nos pilares devidas à retração do concreto das vigas superiores*

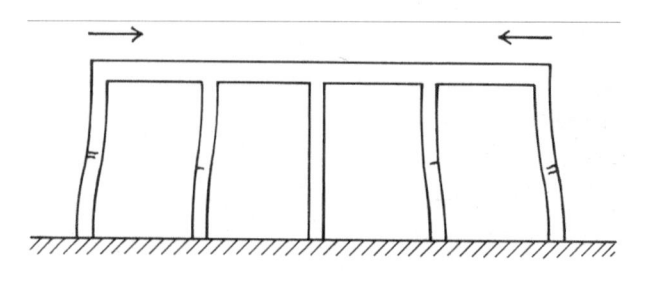

A ocorrência de fissuras de retração numa viga de concreto armado dependerá da dosagem do concreto (principalmente da relação água/cimento), das condições de adensamento (quanto mais adensado, menor a retração) e das condições de cura (a evaporação precoce da água aumentará substancialmente a retração). Dependerá ainda, de acordo com Johnson (1965), das dimensões da peça, da rigidez dos pórticos, da taxa de armaduras e da própria distribuição de armaduras ao longo

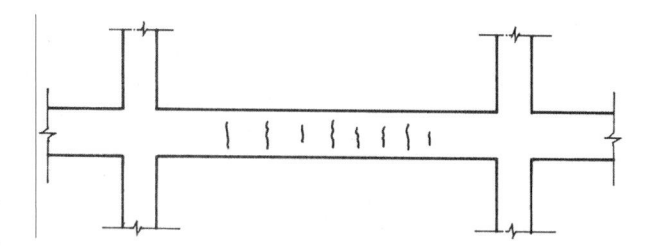

Fig. 7.8 *Fissuras de retração numa viga alta de concreto armado com deficiente armadura de pele*

de sua seção transversal. Nas vigas altas, com inexistência ou insuficiência de armadura de pele, as fissuras ocorrerão preferencialmente no terço médio da altura da viga, sendo retas e regularmente espaçadas, como ilustrado na Fig. 7.8.

Consumos de água excepcionalmente altos, identificados pela coloração esbranquiçada que assume o concreto após a secagem, produzirão fissuras com diferentes configurações, inclusive fissuras mapeadas (Fig. 7.9) similares àquelas que ocorrem com maior frequência nas argamassas de revestimento.

A retração de pilares de concreto armado, somada às deformações elásticas provenientes das solicitações externas, pode introduzir elevadas tensões de compressão nas alvenarias de fechamento, chegando-se a produzir o seu arqueamento. Assim, poderão surgir na parede fissuras típicas de sobrecarregamento, conforme analisado no Cap. 3, e fissuras horizontais características da solicitação de flexocompressão. Em casos extremos (BRE, 1977a), o arqueamento pode provocar a fissuração de peças intermediárias da estrutura que se oponham a esse movimento.

Em concretos com elevado consumo de cimento, podem ocorrer fissuras de retração em seções localizadas de vigas, observáveis logo após a desenforma,

Fig. 7.9 *Fissuras de retração em viga de concreto armado causadas pela elevada relação água/cimento do concreto*

conforme ilustrado nas Figs. 7.10 a 7.12. Pode-se observar que a presença de furos nas vigas, para a passagem de tubulações, propicia concentração de tensões, onde preferencialmente se desenvolvem as fissuras provocadas pela retração do concreto.

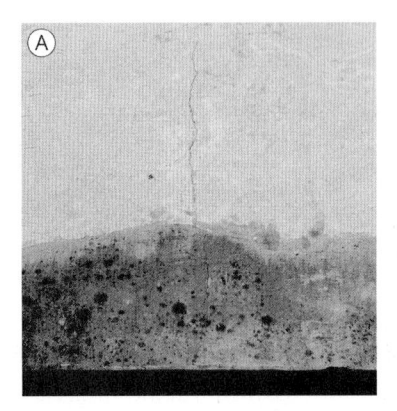

Fig. 7.10 *Fissuras de retração (A) em viga alta (1,20 m) e (B) em viga com altura de 70 cm (fissura observada logo após a desenforma, concreto com consumo elevado de cimento)*

Fig. 7.11 *Fissuras de retração em viga, presentes na seção enfraquecida pela passagem do tirante*

Fig. 7.12 *Fissura de retração em viga, desenvolvida na seção enfraquecida pela presença de furo de passagem e que se propaga até a laje*

7.2.2 Retração de lajes de concreto armado

A retração de lajes poderá provocar a compressão de pisos cerâmicos, somando-se a esse inconveniente a flexão promovida pela retração diferenciada do concreto entre as regiões armadas e não armadas da laje. Em situações muito desfavoráveis, poderão surgir fissuras no piso ou mesmo o destacamento do revestimento cerâmico. Tal retração poderá provocar também a compressão de forros falsos, caso estes se encontrem rigidamente vinculados às paredes.

A retração do concreto poderá ainda incidir no aparecimento de fissuras na própria laje, com configuração mapeada e distribuição regular, de maneira semelhante àquela que se verifica em argamassas de revestimento, ou com fissuras localizadas, conforme ilustrado nas Figs. 7.13 a 7.15.

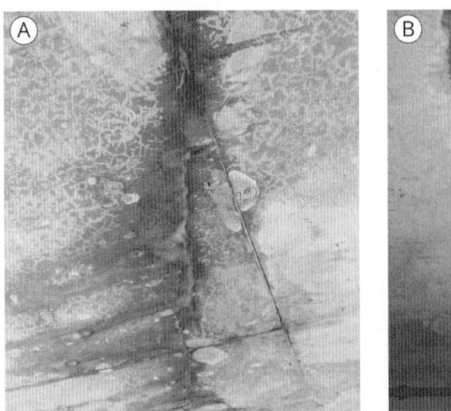

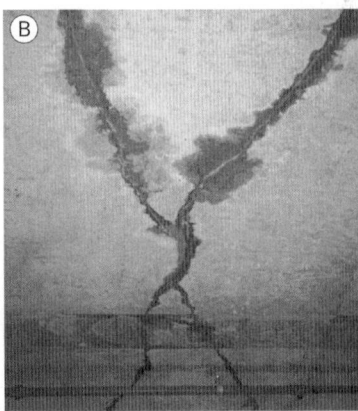

Fig. 7.13 *Fissuras de retração em laje com elevado consumo de cimento. Em (A), microfissuras mapeadas caracterizam bem a intensidade da retração*

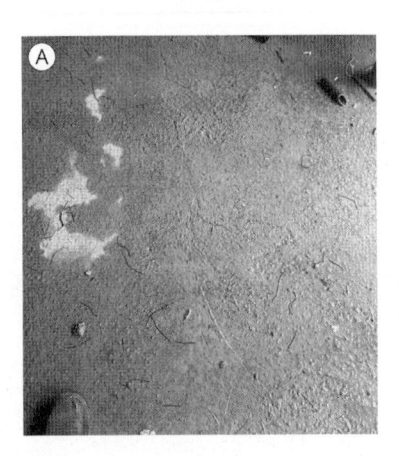

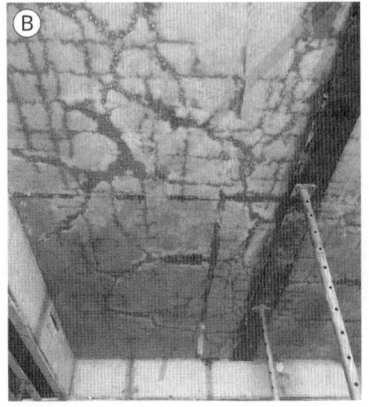

Fig. 7.14 *Fissuras de retração em laje com elevado consumo de cimento ocorridas ainda sob o processo de cura: (A) topo da laje e (B) base da mesma laje*

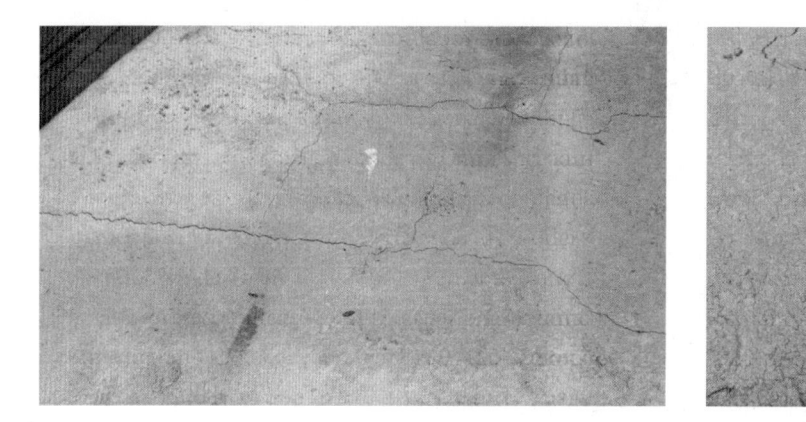

Fig. 7.15 *Fissuras de retração muito pronunciadas em laje moldada com concreto de alto desempenho (CAD) – fissuras com aberturas superiores a 1 mm*

De acordo com Eichler (1973), contudo, o efeito mais nocivo da retração de lajes de concreto armado poderá ser a fissuração de paredes solidárias à laje, como representado na Fig. 7.16.

Estudos desenvolvidos na Suécia, mencionados por Sahlin (1971), indicam que fissuras horizontais, oriundas da retração de lajes, poderão aparecer também em paredes de andares intermediários de edifícios constituídos por alvenaria estrutural; nesse caso, as fissuras poderão surgir imediatamente abaixo da laje ou nos cantos superiores de vãos de janelas ou portas, conforme mostrado na Fig. 7.17.

Fissuras de retração no capeamento de lajes integradas por painéis pré-fabricados também podem surgir nos encontros entre as peças. Tratando-se de lajes de

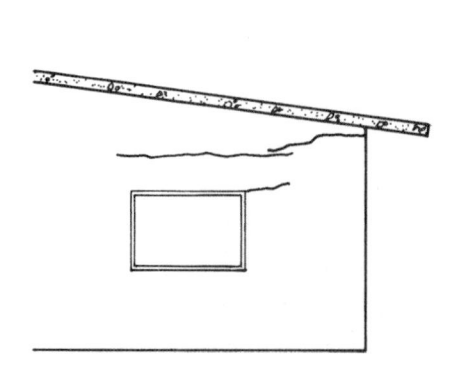

Fig. 7.16 *Fissuras em parede externa promovidas pela retração da laje de cobertura*

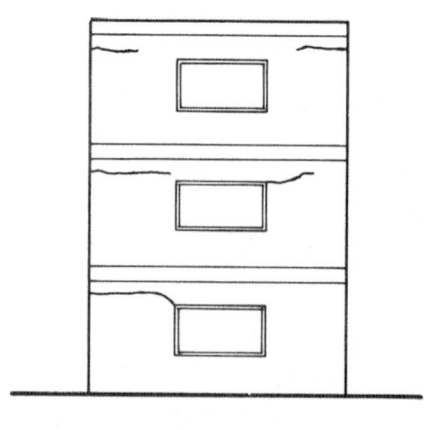

Fig. 7.17 *Fissuras em parede externa causadas pela retração de lajes intermediárias em edifício em alvenaria estrutural*

cobertura, caso não tenha sido providenciado detalhe adequado no projeto de impermeabilização (ponte na seção da fissura), podem ocorrer infiltrações de água importantes, conforme ilustra a Fig. 7.18.

Fig. 7.18 *Fissura de retração no capeamento da laje pré-fabricada facilita infiltração de água, lixiviação da cal e formação de carbonato de cálcio, sendo que o sal está originando a corrosão da tubulação de incêndio (caso típico onde uma patologia provoca outra patologia)*

7.2.3 Retração de paredes e muros

A retração de paredes e muros como um todo, e mesmo a retração diferenciada entre componentes de alvenaria e argamassa de assentamento, pode provocar fissuras e destacamentos semelhantes aos casos analisados nos Caps. 1 e 2, ou seja, o mecanismo de formação das fissuras é idêntico àquele verificado para contrações provocadas por variações de temperatura e de umidade.

As Figs. 1.13, 1.19, 1.20, 1.21, 2.9 e 2.12 ilustram bem os problemas que podem se manifestar em função da retração da parede e/ou de seus componentes isolados.

Problema bastante significativo, decorrente da retração de argamassa de assentamento de alvenarias ou da própria retração de secagem de blocos vazados de concreto, é o de destacamento e microfissuras que se propagam para o revestimento, induzindo infiltrações de água e a formação de manchas de umidade, bolor, lixiviação etc. Esse problema, que pode também ser gerado pela adoção de "juntas verticais secas" e pela inadequada execução do serviço (reposicionamento de blocos após o assentamento, pouco "aperto" da massa nos encontros entre blocos etc.), é ilustrado na Fig. 7.19.

O recalque plástico do concreto, conforme exposto por Johnson (1965), pode provocar o aparecimento de fissuras internas ao concreto, imediatamente abaixo de seções densamente armadas. O recalque plástico da argamassa de assentamento pode resultar no abatimento da alvenaria recém-construída; caso o encunhamento da parede com o componente estrutural superior tenha sido executado de maneira precoce, ocorrerá o destacamento entre a alvenaria e o componente superior (viga ou laje), conforme representado na Fig. 7.20.

Fig. 7.19 *Destacamentos entre blocos de concreto e argamassa de assentamento, e também fissuras de retração na alvenaria como um todo, provocando infiltrações de água e formação de bolor*

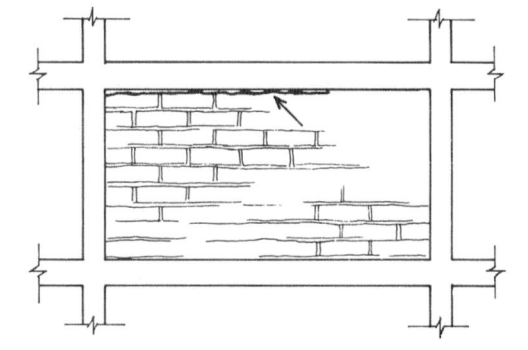

Fig. 7.20 *Destacamento provocado pelo encunhamento precoce da alvenaria*

Destacamentos entre alvenarias e fundos de vigas ou de lajes ocorrem com certa frequência por falhas de execução, pela inadequação do material de encunhamento ou pelas duas razões em conjunto. No caso ilustrado nas Figs. 7.21 e 7.22, o material foi aplicado com bisnaga (a plasticidade necessária para a extrusão foi obtida com muita adição de água), e em alguns locais nem chegou a encostar no fundo do componente estrutural.

Fig. 7.21 *Destacamento provocado por falhas de execução e inadequação do material de encunhamento*

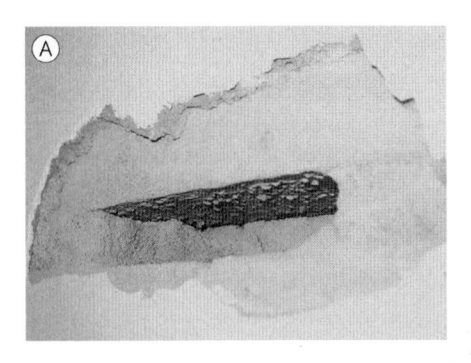

Fig. 7.22 *Material de encunhamento sem encostar no chapisco rolado aplicado no fundo da viga. Em (B), argamassa de "encunhamento" retirada com a mão*

A retração final de uma alvenaria depende de inúmeros fatores; experiências realizadas pela Portland Cement Association (PCA – Hedstrom et al., 1968) com blocos vazados de concreto revelam que a qualidade dos blocos e da argamassa de assentamento, além do grau de restrição imposto à parede, exerce grande influência nas acomodações finais dos componentes de alvenaria. A Fig. 7.23 ilustra um caso de paredes constituídas por blocos curados a vapor, assentados com argamassa mista de cimento, cal e areia.

Por meio de experiências desenvolvidas pela PCA, concluiu-se também que as alvenarias executadas com argamassas mais pobres em cimento, a despeito da maior retração, apresentam melhor comportamento global, caracterizando-se essas argamassas pelo grande poder de acomodar deformações e redistribuir tensões.

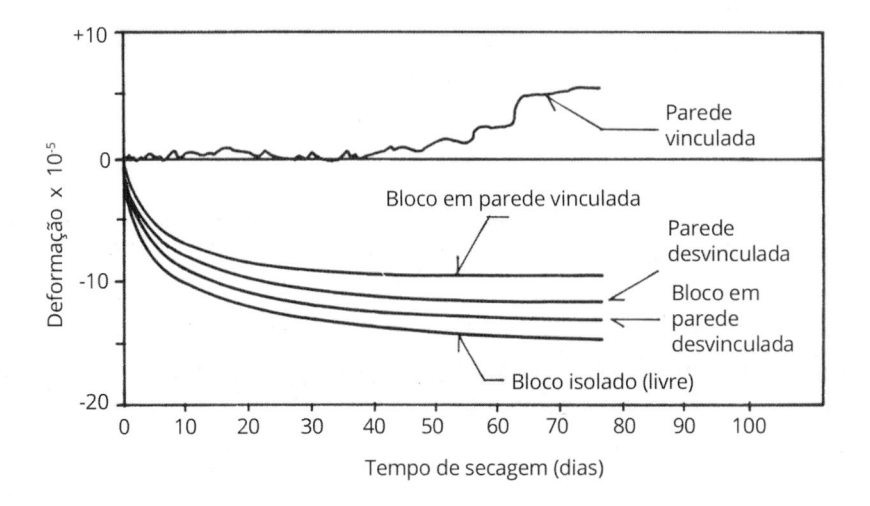

Fig. 7.23 *Retração de paredes e de blocos de concreto em função da idade e da vinculação*
Fonte: *Hedstrom et al. (1968).*

As retrações desenvolvidas tanto nos blocos quanto nas paredes são muito influenciadas pela qualidade da argamassa, conforme ilustra a Fig. 7.24.

A retração de alvenarias, além de destacamentos nas regiões de ligação com componentes estruturais, induzirá a formação de fissuras no próprio corpo da parede; estas poderão ocorrer nos encontros entre paredes, no terço médio de paredes muito extensas, em regiões com abrupta mudança na altura ou na largura da parede ou mesmo em seções enfraquecidas pela presença de tubulações.

Em casos excepcionais, onde se verifiquem a um só tempo acentuada retração dos próprios componentes de alvenaria (blocos mal curados, por exemplo) e grande incidência de aberturas na parede, haverá a possibilidade de ocorrência de fissuração generalizada (Fig. 7.25).

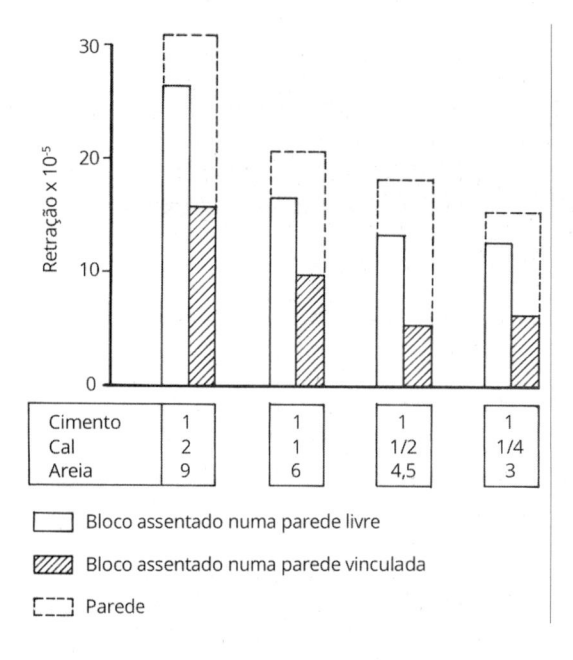

Fig. 7.24 *Retração de blocos de concreto assentados com diferentes tipos de argamassa*
Fonte: *Hedstrom et al. (1968).*

Em paredes constituídas por painéis de concreto pré-fabricados, rejuntados com argamassa rígida, a retração da argamassa e/ou dos painéis, caso esteja se processando, provocará destacamentos entre painéis adjacentes, como mostrado na Fig. 7.26; tais destacamentos ocorrerão segundo linhas bem regulares, diferenciando-se dos destacamentos gerados por deflexão do suporte, onde existirão evidências de cisalhamento (fissuras escamadas).

Um caso particularmente importante de fissuração provocada por retração é aquele que se tem verificado em edificações constituídas por paredes monolíticas de concreto, moldadas *in loco*, com o emprego de fôrmas metálicas (sistemas Outinord, Precise etc.).

Pelas características do concreto empregado ("autoadensável", com relação água/cimento às vezes bastante elevada), pela grande relação verificada entre a área exposta e a seção transversal das paredes, pelas baixas taxas de armadura empregadas e pela inobservância de detalhes construtivos apropriados (juntas de controle), essas paredes são bastante suscetíveis à fissuração pela retração do concreto, com comprometimento da estanqueidade do edifício quando as fissuras se desenvolvem nas paredes de fachada.

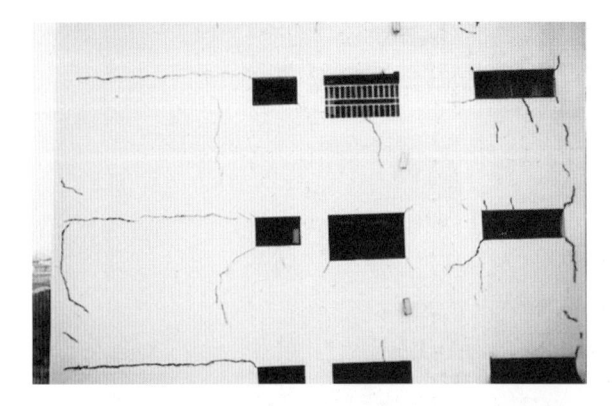

Fig. 7.25 *Fissuração generalizada causada pela retração dos componentes de alvenaria e pelo grande número de janelas na parede*

Fig. 7.26 *Destacamentos entre painéis pré-moldados de concreto pelas movimentações térmicas da obra e pela retração da argamassa de cimento e areia traço 1:3 empregada no rejuntamento*

Nesses casos, as fissuras de retração geralmente ocorrem em seções enfraquecidas pela presença de aberturas de portas e janelas (Figs. 7.27 e 7.28). Poderão também ocorrer fissuras em paredes cegas relativamente extensas (Fig. 7.29) e destacamentos entre a parede e a laje de fundação, pelo "deslizamento" da parede sobre a laje, com possibilidade de penetração de água para o interior da edificação (Fig. 7.30).

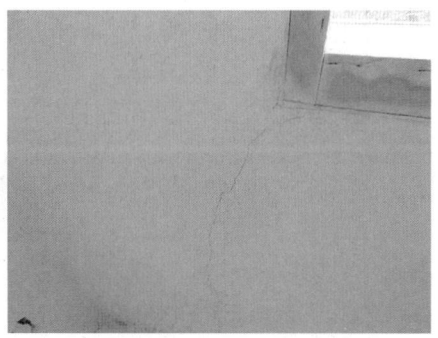

Fig. 7.27 *Fissuras de retração em parede monolítica de concreto, na seção enfraquecida pela presença de vãos de janelas*

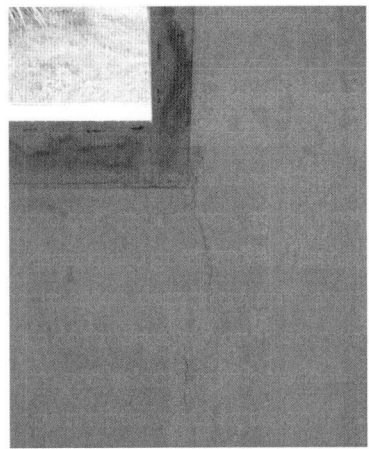

Fig. 7.28 *Fissura de retração em parede monolítica de concreto, na seção enfraquecida pela presença de vão de janela*

Fig. 7.29 *Fissura em parede monolítica relativamente extensa provocada pela retração do concreto*

Fig. 7.30 *Destacamento na região de contato parede monolítica de concreto/radier de fundação, com penetração de umidade para o interior da edificação*

7.2.4 Retração de argamassas de revestimento de paredes e tetos

A retração das argamassas aumenta com o consumo de aglomerante, com a porcentagem de finos existente na mistura e com o teor da água de amassamento. Além desses fatores intrínsecos, diversos outros influenciam a formação ou não de fissuras de retração nas argamassas de revestimento: aderência com a base, número de camadas aplicadas, espessura das camadas, tempo decorrido entre a aplicação de uma e outra camada, capacidade de retenção de água da argamassa, capilaridade/poder de absorção de água da base, rápida perda de água durante o endurecimento por ação intensiva de ventilação e/ou insolação etc.

7 # Fissuras causadas pela retração de produtos...

As fissuras desenvolvidas por retração das argamassas de revestimento apresentam em geral distribuição uniforme, com linhas mapeadas que se cruzam formando ângulos bastante próximos de 90°. De acordo com Joisel (1975), se duas fissuras cruzarem-se com ângulos muito distintos de 90°, pelo menos uma delas não terá sido causada por retração. A Fig. 7.31 ilustra um fissuramento típico de revestimento de argamassa provocado pela retração de secagem, devendo-se observar que a falta de aderência com a base tem interferência direta na formação das fissuras documentadas.

As fissuras das argamassas de revestimento por retração em geral são microscópicas (capilares), com pequeno espaçamento entre elas, podendo ser observadas às vezes só com pequena aspersão de água. Dependendo do potencial de retração, da espessura da camada, da aderência com a base e da velocidade com que ocorre o processo de retração, podem se desenvolver fissuras com aberturas e distanciamentos bem maiores, conforme ilustrado na Fig. 7.32.

Fig. 7.31 *Fissuras de retração no revestimento em argamassa, podendo--se observar que no trecho fissurado praticamente não houve aderência com a base*

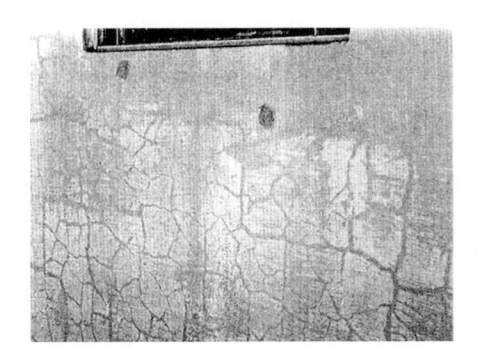

Fig. 7.32 *Fissuras de retração em argamassas de revestimento: podem ocorrer desde microfissuras até fissuras com aberturas da ordem de 0,2 mm a 0,4 mm*

Considerando-se a argamassa de revestimento aplicada sobre base indeformável, de acordo com Joisel (1975) sua retração provocará o aparecimento de fissuras com abertura ω e com distanciamento s_r, respectivamente expressos por:

$$\omega = \varepsilon_r - \frac{f_t}{E_t}\left[\frac{(2\,a\,4)f_t}{\tau} + \frac{(1+\nu)f_t}{E_t}\right]e \qquad (7.14)$$

$$s_r = (2\,a\,4)\frac{f_t}{\tau}\cdot e \qquad (7.15)$$

em que:
ω = abertura da fissura;
s_r = distância entre duas fissuras adjacentes;
ε_r = índice de retração da argamassa;
f_t = resistência à tração da argamassa;
E_t = módulo de deformação à tração da argamassa;
ν = coeficiente de Poisson;
τ = tensão de aderência entre a argamassa e a base;
e = espessura do revestimento.

Por meio das equações apresentadas, pode-se depreender que o nível de fissuração da argamassa de revestimento será:
- diretamente proporcional ao seu índice de retração, ao seu módulo de deformação e à espessura da camada;
- inversamente proporcional à sua resistência à tração e ao seu poder de aderência com a base.

Em outras palavras, portanto, as Eqs. 7.14 e 7.15 indicam que, quanto maior o consumo de cimento na argamassa, embora ocorram aumentos na resistência à tração e na resistência de aderência, maior a potencialidade de formação de fissuras de retração no revestimento.

7.2.5 Retração de argamassas de pisos e contrapisos

Pelas mesmas razões apontadas anteriormente na seção 7.2.4 (seção transversal reduzida e grande área exposta), argamassas de revestimento de pisos – "pisos cimentados", acabamento desempenado ou em "cimento queimado" – têm probabilidade muito grande de apresentarem estados inaceitáveis de fissuração, como mostrado na Fig. 7.33. No caso de contrapisos acústicos (mantas de material resiliente, protegidas por lona plástica), também há considerável risco de formação de fissuras caso não

7 # Fissuras causadas pela retração de produtos...

sejam tomados os cuidados cabíveis (traços corretos, reforço das camadas com telas e/ou fibras, adequado processo de cura etc.). A Fig. 7.33 também ilustra essa situação.

Camadas de proteção de sistemas de impermeabilização também são bastante suscetíveis à formação de fissuras por retração da argamassa, conforme ilustrado na Fig. 7.34.

Fig. 7.33 *Fissuras de retração em piso cimentado e em contrapiso acústico*

Fig. 7.34 *Fissuras de retração acentuadas na camada de proteção da impermeabilização da piscina*

7.2.6 Retração de argamassas de assentamento de azulejos

Os azulejos são peças cerâmicas esmaltadas, com espessuras bastante reduzidas, e que devem ser assentadas com argamassas com boa deformabilidade e moderado índice de retração.

No caso de argamassas muito rígidas e com elevada retração, o encurtamento resultante da secagem provocará tensões de cisalhamento importantes, que poderão levar ao descolamento das peças.

Essa retração poderá ainda provocar abaulamento (Santos, 1968; Bento, 2010) dos azulejos, ou seja, suas faces de assentamento serão solicitadas à compressão e as faces esmaltadas, à tração, conforme ilustrado na Fig. 7.35. Em função da intensidade dessas solicitações, as faces tracionadas poderão apresentar microfissuras ou gretamento, problema que também pode ser provocado pela expansão higroscópica (EPU) do corpo cerâmico.

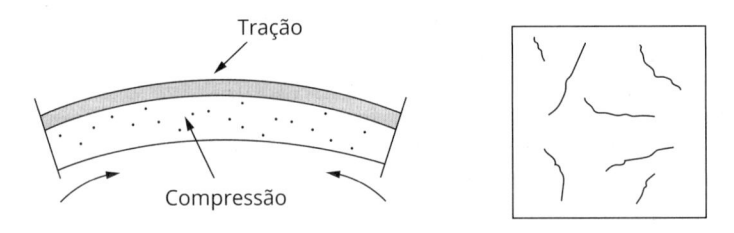

Fig. 7.35 *Gretamento de azulejos provocado pela retração da argamassa de assentamento e/ou pela própria expansão higroscópica do corpo cerâmico*

8 Fissuras causadas por alterações químicas dos materiais de construção: mecanismos de formação e configurações típicas

Os materiais de construção são suscetíveis de deterioração pela ação de substâncias químicas, principalmente as soluções ácidas e alguns tipos de álcool. Assim, edifícios que abrigam fábricas de laticínios, cerveja, álcool e açúcar, celulose e produtos químicos em geral podem ter seus materiais e componentes seriamente avariados por essas substâncias. Pela especificidade do tema, e também porque a patologia nesses casos manifesta-se muito mais na forma de lixiviação, e não na formação de fissuras, essas deteriorações não serão aqui tratadas.

Também não serão consideradas alterações nas cadeias poliméricas de tintas e plásticos expostos à radiação solar, onde a ação do ultravioleta, ao longo do tempo, provoca a microfissuração da película de pintura ou do componente plástico. O problema está muito mais voltado para envelhecimento natural e durabilidade, conforme abordado por Flauzino (1983).

Independentemente da presença de meios fortemente agressivos, como as atmosferas com alta concentração de poluentes e os ambientes industriais, os materiais de construção podem sofrer alterações químicas indesejáveis que redundam, entre outras coisas, na fissuração do componente. Não aprofundando muito no tema "degenerações químicas de argamassas de revestimento", assunto profundamente estudado por Cincotto (1975, 1983), serão enfocados a seguir quatro tipos de alterações químicas que se manifestam com relativa frequência.

8.1 Hidratação retardada de cales

Uma cal bem hidratada praticamente não apresenta óxidos livres de cal e magnésio; em contrapartida, as cales mal hidratadas podem apresentar teores bastante elevados desses óxidos, que sempre estarão ávidos por água. No caso da produção de argamassas com cales mal hidratadas, se por qualquer motivo ocorrer uma umidificação do material ao longo de sua vida útil, haverá a tendência de que os óxidos livres venham a hidratar-se, apresentando, em consequência, um aumento do volume da ordem de 100% (Cincotto, 1975).

Em função da intensidade da expansão, poderão surgir fissuras e outras avarias, em tudo semelhantes àquelas analisadas para o caso das dilatações térmicas (Cap. 1) ou higroscópicas (Cap. 2). Em argamassas de assentamento, por exemplo, a sua expansão pode provocar fissuras horizontais no revestimento, acompanhando as juntas de assentamento da alvenaria. Essas fissuras ocorrerão preferencialmente nas proximidades do topo da parede, onde são menores os esforços de compressão oriundos do seu peso próprio, conforme ilustrado na Fig. 8.1.

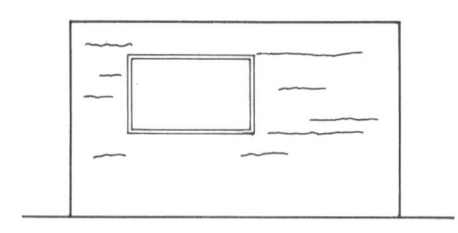

Fig. 8.1 *Fissuras horizontais no revestimento provocadas pela expansão da argamassa de assentamento*

O efeito mais nocivo da hidratação retardada de cales manifesta-se, entretanto, nos revestimentos em argamassa, cuja expansão decorrente tende a produzir danos generalizados no revestimento (além de fissuras, descolamento, desagregações e pulverulências). Em locais com a presença de grânulos isolados de óxidos ativos, a expansão e a posterior desagregação do óxido resultarão em pequenos buracos no revestimento (Fig. 8.2).

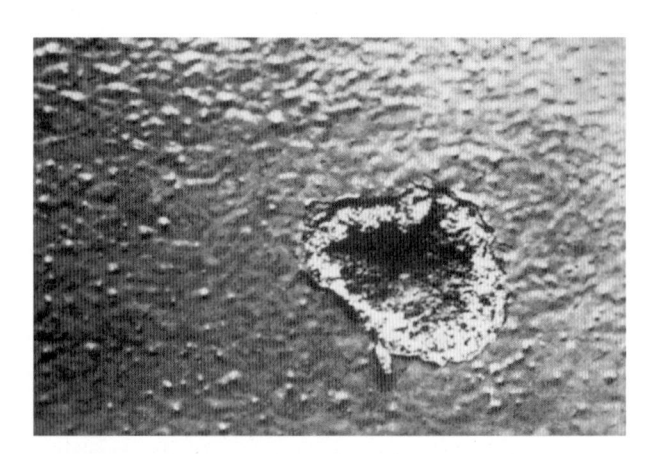

Fig. 8.2 *Pequeno buraco ("pite") no revestimento em argamassa, resultante de hidratação retardada de óxidos livres presentes na cal*

8.2 Ataque por sulfatos

O aluminato tricálcico (C_3S), um constituinte normal dos cimentos, pode reagir com sulfatos em solução, formando um composto denominado sulfoaluminato tricálcico ou etringita, sendo que essa reação é acompanhada de grande expansão (CEB, 1982). Portanto, para que a reação ocorra, é necessária a presença de cimento, de água e de sulfatos solúveis; por esse motivo, deve ser terminantemente vedada a utilização conjunta de cimento e gesso.

Os sulfatos poderão provir de diversas fontes, como o solo, águas contaminadas ou mesmo componentes cerâmicos constituídos por argilas com altos teores de sais solúveis. A água, por sua vez, poderá ter acesso aos componentes através de diferentes formas: pela penetração de água de chuva em superfícies mal impermeabilizadas, por vazamentos dos sistemas hidráulicos, pela condensação de umidade do ar ou pela própria absorção da umidade resultante da ocupação da edificação (lavagem de pisos, asseio corporal etc.).

No caso da expansão de argamassas de assentamento, por exemplo, há inicialmente uma expansão geral da alvenaria, sendo que em casos mais extremos poderá ocorrer uma progressiva desintegração das juntas de argamassa (BRE, 1975). No caso de alvenarias revestidas, as trincas serão semelhantes àquelas que ocorrem pela retração da argamassa de revestimento, diferindo-se destas, entretanto, em três aspectos fundamentais: apresentam aberturas mais pronunciadas, acompanham aproximadamente as juntas de assentamento horizontais e verticais e aparecem quase sempre acompanhadas de eflorescências.

Conforme ilustrado na Fig. 8.3, na presença de umidade podem ocorrer nas juntas de assentamento das alvenarias reações entre o aluminato tricálcico do cimento e sulfatos presentes nos tijolos (oriundos de contaminações da jazida de argila ou de combustíveis fósseis na queima dos tijolos), originando desagregações localizadas e fissuras bem pronunciadas.

Como já se falou anteriormente, o emprego conjunto de cimento e gesso reúne as condições essenciais para a formação de etringita, com grande poder de expansão. Numa experiência realizada na década de 1980 na cidade de São Paulo, repetida infelizmente em centenas de unidades habitacionais financiadas pelo poder público, pretendeu-se desenvolver um sistema construtivo à base de painéis pré-fabricados constituídos essencialmente por cimento e gesso. A despeito dos diversos aditivos empregados na fabricação dos painéis, exatamente na tentativa de inibir a reação

Fig. 8.3 *Fissuras na alvenaria provenientes da reação entre o aluminato tricálcico do cimento e sulfatos presentes nos tijolos*

sulfato × aluminato, a experiência fracassou, redundando inclusive na necessidade de demolição de unidades que nem sequer haviam sido entregues. A experiência, que teve um custo elevadíssimo para comprovar-se na prática o que já apontava a teoria, é ilustrada nas Figs. 8.4 e 8.5.

Fig. 8.4 *Painéis pré-fabricados constituídos por cimento e gesso: a ação da umidade desencadeia a reação de formação da etringita, com grande poder expansivo*

Fig. 8.5 *Fissuras na base de pilar provocadas pelas reações de expansão C_3A + sulfatos, comprometendo irreversivelmente a segurança e a durabilidade*

De acordo com Johnson (1965), o efeito expansivo numa massa de concreto provoca fendilhamentos generalizados e fissuras que vão aumentando tanto na abertura quanto na profundidade, até que fragmentos de concreto relativamente grandes sejam destacados. Onde a expansão não encontra vínculos resistentes (muros de arrimo, parapeitos etc.), as trincas configuram-se ao acaso; quando a expansão encontra resistência ao longo de um ou mais eixos (pilares, por exemplo), as trincas ocorrem como uma série de aberturas paralelas ao eixo vinculado, com expansão lateral do concreto, conforme mostrado na Fig. 8.5.

Em razão de teores consideráveis de sulfatos presentes na água salgada, as estruturas marinhas de concreto armado são bastante suscetíveis a esse ataque, particularmente as peças sujeitas ao refluxo da maré, submetidas a constantes ciclos de umedecimento e secagem.

8.3 Reação álcali-agregado (RAA)

Expansão importante também pode acontecer em concretos ou argamassas resultante das reações entre sílica amorfa presente em alguns minerais constituintes dos agregados e hidróxidos alcalinos liberados nas reações de hidratação do cimento. Desde meados da década de 1960, diversos trabalhos foram elaborados sobre o tema, que é relativamente complexo, inclusive no Brasil, considerando-se bastante completo, dentre outros, o estudo desenvolvido por Hasparyk (2005).

Para que as reações expansivas ocorram, é sempre necessária a presença de umidade, o que leva a provocar maiores problemas em fundações, particularmente aquelas presentes em solos saturados. No Brasil, os problemas mais sérios e mais recorrentes têm acontecido em cidades do Nordeste, sendo alguns deles tratados no trabalho de Gomes e Oliveira (2009), do qual "emprestamos" a Fig. 8.6.

Fig. 8.6 *Intensa fissuração devida à RAA de bloco de fundação de prédio comercial no bairro de Boa Vista, Recife (PE)*
Fonte: *Gomes e Oliveira (2009).*

8.4 Corrosão de armaduras

De forma deliberada, as armaduras das peças de concreto armado são quase que invariavelmente colocadas nas proximidades de suas superfícies; no caso de cobrimentos insuficientes ou de concretos mal adensados, as armaduras ficarão sujeitas à presença de água e de ar, podendo-se desencadear então um processo de corrosão, que tende a abranger toda a extensão mal protegida da armadura. De acordo com Cánovas (1988), a corrosão de armaduras nas estruturas de concreto é decorrente, preponderantemente, de processos eletroquímicos, característicos de corrosão em meio úmido, intensificando-se com a presença de elementos agressivos e com o aumento das heterogeneidades da estrutura, tais como aeração diferencial da peça, variações na espessura do cobrimento de concreto e heterogeneidades do aço ou mesmo das tensões a que está submetido.

Em termos de meios agressivos, destacam-se os ambientes marinhos (ricos em íons cloro), os solos com elevado teor de matéria orgânica em decomposição (presença de ácido carbônico), os solos contaminados, as atmosferas poluídas de grandes cidades (íons enxofre provenientes da queima de combustíveis de motores a explosão) e diversas atmosferas industriais (refinarias de petróleo, indústrias de papel e celulose, de cerveja etc.). Também as paredes de galerias de esgotos domésticos são bastante suscetíveis de ataque, particularmente acima do nível do efluente; nesse caso, o gás sulfídrico que se desprende do esgoto combina-se com o hidrogênio do ar, transformando-se sucessivamente em ácido sulfuroso e ácido sulfúrico.

Os mecanismos de desenvolvimento da corrosão não são simples, neles interferindo diversos fatores, como a permeabilidade do concreto à água e a gases, o grau de carbonatação atingido pelo concreto, a composição química do aço, o estado de fissuração da peça e as características do ambiente, principalmente no que tange à umidade relativa do ar e, conforme já foi dito, à eventual presença de íons agressivos. Neste último caso, segundo Helene (1983) e Figueiredo e Meira (2013), os íons cloreto têm capacidade de romper a camada de passivação das armaduras (hidróxidos de cálcio, sódio e magnésio basicamente), podendo causar incisões localizadas, sem que se tenha quantidade considerável de produtos de corrosão que propiciem a identificação de problemas na estrutura.

Além dos componentes em concreto armado, diversos outros estão sujeitos aos efeitos da corrosão. No caso de painéis pré-fabricados de concreto celular autoclavado, se forem armados, especial atenção deverá ser dada à proteção anticorrosiva da tela metálica, já que a porosidade do concreto celular favorece sobremaneira a circulação de umidade e de ar nas vizinhanças da armadura; nessa circunstância, após iniciado, o processo de corrosão é praticamente irreversível.

As reações de corrosão, independentemente de sua natureza, produzem óxido de ferro, cujo volume é algumas vezes maior do que o original do metal são (alguns falam em três vezes, outros em cinco). Essa expansão provoca o fissuramento e o lascamento (*spalling*) do concreto nas regiões próximas às armaduras, conforme ilustrado nas Figs. 8.7 a 8.10.

Fig. 8.7 Fissuras em pilares de concreto armado causadas pela expansão de armaduras em processo de corrosão

8 # Fissuras causadas por alterações químicas...

Fig. 8.8 *Lascamento/expulsão do concreto em razão do processo de corrosão da armadura*

Fig. 8.9 *Fissuras e lascamentos em viga de concreto armado, particularmente nas posições dos estribos (armaduras com cobrimentos insuficientes ou inexistentes)*

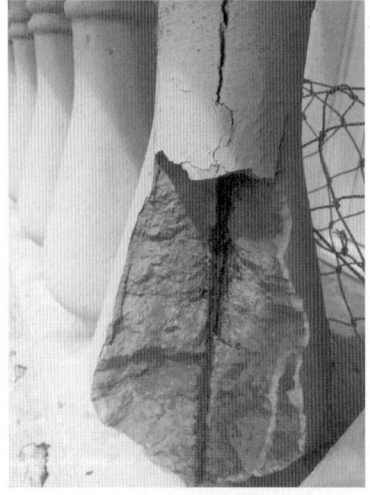

Fig. 8.10 *Fissuras, lascamento e expulsão do concreto constituinte de balaústres, em consequência do processo de corrosão das armaduras*

9 Prevenção de fissuras nos edifícios

A prevenção de fissuras nos edifícios, como não poderia deixar de ser, passa obrigatoriamente por todas as regras de bem planejar, bem projetar e bem construir. Mais ainda, exige um controle sistemático e eficiente da qualidade dos materiais e dos serviços, uma perfeita harmonia entre os diversos projetos executivos, estocagem e manuseio corretos dos materiais e componentes no canteiro de obras, e utilização e manutenção corretas do edifício.

De acordo com Francis Bacon, citado por Joisel (1975), "saber, na realidade, é conhecer as causas". Nos capítulos anteriores tentou-se analisar as principais causas de formação de fissuras nos edifícios, pois somente através do seu perfeito entendimento é que poderão ser tomadas medidas eficientes que culminem na prevenção dos problemas.

É muito extensa a relação de medidas preventivas que podem ser consideradas, algumas delas não implicando praticamente a oneração do custo do edifício; pode-se argumentar que a maioria das medidas preventivas são demasiadamente caras, incompatíveis com o poder de compra dos nossos consumidores de edificações. Pode-se contra-argumentar, entretanto, que o custo de um edifício não se restringe ao seu custo inicial, mas também ao seu custo de operação e manutenção, e que não prevenir a ocorrência de trincas ou outras patologias é uma medida puramente financeira e/ou comercial, nem técnica e nem econômica. Os usuários de edifícios, infortunadamente, quase sempre não sabem disso; os engenheiros e arquitetos, lamentavelmente, nem sempre se recordam desse detalhe.

As recomendações de cálculo, os cuidados a serem tomados nos diversos projetos, os detalhes construtivos mais eficientes, as propriedades dos materiais de construção, os métodos de organização e planejamento de obras, enfim, todas as boas regras da "Ciência das Edificações" estão contidas na normalização nacional e estrangeira, nos bons livros técnicos, nas revistas especializadas, nos anais de congressos e seminários, nos bons manuais de construção.

Como já foi dito, a série de medidas preventivas é muito extensa: faltam espaço e competência para relacioná-las. Todavia, considerando os problemas mais comuns que se tem verificado em nossos edifícios, apresentam-se nas seções subsequentes alguns cuidados básicos que poderão reduzir sensivelmente o problema, sem onerar demasiadamente o custo da obra.

9.1 Fundações

Para prevenir danos às fundações e à superestrutura e evitar a fissuração de alvenarias e revestimentos em razão de recalques diferenciados, o projeto das fundações deve respaldar-se num conhecimento mínimo sobre as propriedades do solo, o que poderá ser conseguido, por exemplo, com um programa de sondagens de simples reconhecimento. A partir dos resultados dessas sondagens, pode-se optar pelo melhor tipo de fundação e pelas exigências do seu dimensionamento ou concluir pela necessidade de estudos mais aprofundados (ensaios edométricos, provas de carga etc.).

Como foi citado por Mello (1975a), no projeto das fundações poderá prevalecer o critério dos recalques admissíveis, em função da rigidez da superestrutura e dos demais componentes do edifício. Portanto, não basta projetar a fundação tendo como única informação do projetista da superestrutura a planta de carga dos pilares ou das paredes portantes e, do arquiteto, a função destinada ao edifício.

A consideração do intertravamento entre componentes isolados da fundação, da possibilidade de flutuação do nível freático, do adensamento de aterros, da falta de homogeneidade do solo, de carregamentos muito diferenciados, do atrito lateral que realmente poderá ser mobilizado, da interferência com fundações de edifícios vizinhos e da possibilidade de ocorrência de recalques profundos é essencial para projetar a fundação de maneira a limitar os recalques diferenciados. Quanto ao último aspecto citado, especial atenção deverá ser dada à existência de sapatas muito próximas ou de estacarias muito densas, que induzirão no solo bulbos de pressão muito mais profundos do que aqueles que resultariam da ação de um componente isolado.

Diversos estudos de campo já foram desenvolvidos para aquilatar o grau de dano promovido aos edifícios pela ocorrência de recalques diferenciados. Em função de estudos dessa natureza, Bjerrum (1967) considera, para diferentes distorções angulares, diferentes possibilidades de danos, como registrado na Tab. 9.1. Já o instituto belga de construção (CSTC, 1983) apresenta valores bem mais conservadores em relação aos recalques admitidos para alvenarias, conforme os valores transcritos na Tab. 9.2.

No Brasil, a norma NBR 6122 (ABNT, 2019) não especifica limites de recalques e também não indica formulações para a estimativa dos recalques, observando que "a deformabilidade das fundações pode influenciar na distribuição de esforços da superestrutura, devendo-se estudar a interação solo-estrutura". Da mesma forma,

Tab. 9.1 Danos causados aos edifícios pela ocorrência de recalques diferenciados das fundações

Distorção* angular	Ocorrências previstas
$\dfrac{1}{600}$	• Possibilidade de trincas em estruturas contraventadas por peças diagonais
$\dfrac{1}{500}$	• Limite de segurança para obras que não podem apresentar trincas
$\dfrac{1}{300}$	• Possibilidade de ocorrência das primeiras trincas em alvenarias e paredes em geral • Início de problemas com operação de pontes rolantes
$\dfrac{1}{250}$	• Limite a partir do qual a inclinação de prédios altos, por efeito dos recalques, começa a ser visível
$\dfrac{1}{150}$	• Trincas com grandes aberturas começam a surgir em paredes e alvenarias • Surgimento de danos nas peças estruturais

*Relação entre o recalque diferenciado e a distância entre dois pontos adjacentes que estão sendo considerados.
Fonte: Bjerrum (1967).

Tab. 9.2 Recalques admitidos pelo Centre Scientifique et Technique de la Construction (CSTC)

Tipo de estrutura	Solo	Máxima distorção angular	Máximo recalque absoluto (mm)	
			Componentes isolados	Radiers
Estruturas reticuladas	Argilas	$\dfrac{1}{300}$	75	75 a 110
	Areias	$\dfrac{1}{300}$	50	50 a 75
Alvenarias portantes	Argilas	$\dfrac{1}{1.000}$	25	25 a 40
	Areias	$\dfrac{1}{1.000}$	15	15 a 25

Fonte: CSTC (1983).

sem especificar limites, a norma NBR 6118 (ABNT, 2014a), no seu item 11.3.3, indica que "os deslocamentos de apoio só devem ser considerados quando gerarem esforços significativos em relação ao conjunto das outras ações, isto é, quando a estrutura for hiperestática e muito rígida", ou seja, praticamente em quase todos os casos dos edifícios multipiso.

Tentando suprir a ausência de balizamentos da normalização técnica nacional, diversos autores brasileiros (Alonso, 1991; Teixeira; Godoy, 1998; Velloso; Lopes, 2011) têm proposto limites de recalques em função do tipo de solo e do tipo de fundação, entre outros, mas sempre indicando que os parâmetros são sempre orientativos, cabendo ao projetista de fundações estabelecer, em cada local e cada obra, o limite que deve ser obedecido. Na Fig. 9.1 são apresentados os limites propostos por Bjerrum e complementados por Vargas e Silva, segundo Velloso e Lopes (2011).

A despeito das limitações ainda hoje existentes no conhecimento sobre a propagação de pressões e a real deformabilidade dos solos, predições suficientemente satisfatórias de recalques poderão ser feitas empregando-se os diversos modelos

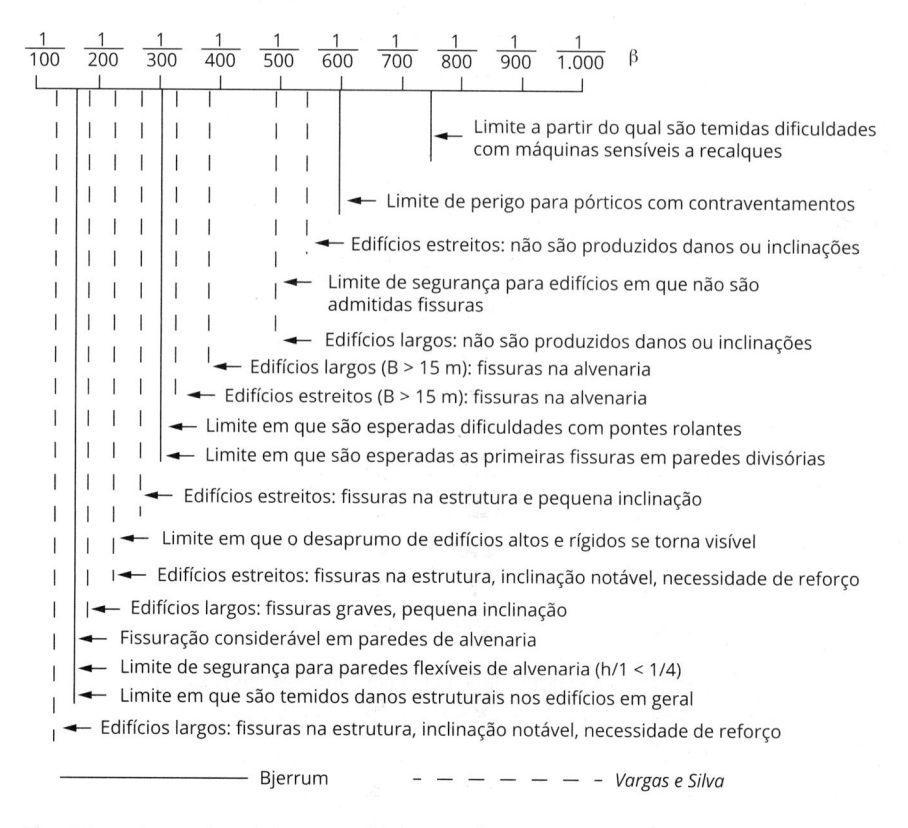

Fig. 9.1 *Limites de recalques propostos por Bjerrum e por Vargas e Silva*
Fonte: *Velloso e Lopes (2011).*

matemáticos já desenvolvidos, alguns deles citados no Cap. 6 (Terzaghi, Schmertmann, Newmark, Poulos e Davis etc.).

A estimativa dos parâmetros elásticos do solo através de ensaios de penetração estática (SPT) ou dinâmica (*deepsounding*), e até mesmo a adoção de valores em função da correta identificação do tipo de solo e da estratificação das camadas, poderá dar ao projetista importantes elementos, mesmo que qualitativos, para a previsão do funcionamento da fundação. É desnecessário dizer que o grau de erro dessa previsão, em razão até mesmo da limitação dos conhecimentos, dependerá substancialmente da sensibilidade e da experiência do engenheiro de fundações, o que de certa maneira o torna, dentro do atual mundo cibernético, um profissional privilegiado.

Verificada pelo projetista das fundações a possibilidade de ocorrência de recalques diferenciados perigosos, adota-se uma "superfundação", antieconômica, ou discutem-se com o calculista e com o arquiteto medidas que possam aumentar a flexibilidade do edifício (juntas na estrutura, desvinculação de paredes etc.). Nesse sentido, diversas fontes (Bowles, 1982; MacLeod; Abu-El-Magd, 1980; CSTC, 1983; Crawford, 1976) recomendam a adoção de juntas de movimentação no corpo do edifício, sempre que se verificarem situações potencialmente perigosas, como aquelas ilustradas na Fig. 9.2.

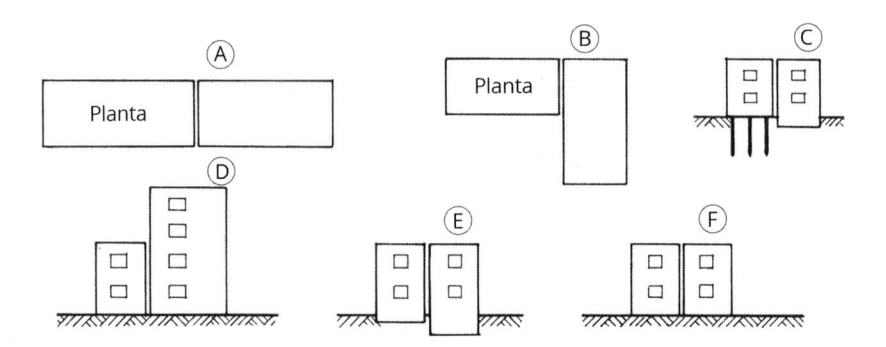

Fig. 9.2 *Juntas na estrutura para evitar a ocorrência de danos por recalques diferenciados das fundações: (A) edifícios muito longos; (B) edifícios com geometria irregular; (C) sistemas de fundação diferentes; (D) carregamentos diferentes; (E) cotas de apoio diferentes; (F) diferentes fases de construção*

Nos pequenos edifícios residenciais ou comerciais, com dois ou três pavimentos, é bastante comum o emprego de brocas de concreto com cerca de 3 m de comprimento, verificando-se na prática a ocorrência de fissuras em alvenarias não tanto pelo recalque diferenciado das brocas, mas sobretudo pela falta de rigidez das vigas de fundação. No tocante a brocas não armadas, em função do seu diâmetro, Borges (1972) recomenda as seguintes capacidades de carga:

- ∅ 20 cm: capacidade de carga de 4 tf a 5 tf;
- ∅ 25 cm: capacidade de carga de 7 tf a 8 tf.

Também com frequência nesses pequenos edifícios são empregadas sapatas corridas de concreto armado. Nesse caso, os recalques devem ser calculados considerando-se o componente suportado por apoio elástico, podendo-se empregar as fórmulas apresentadas por Timoshenko e Woinowsky (1959) ou Roark e Young (1975). Tanto para as vigas de fundação quanto para as sapatas corridas, recomenda-se que as flechas desenvolvidas não excedam os valores que serão analisados na seção 9.2.

De acordo com Crawford (1976),

> movimentos da fundação sempre vão existir: o importante é salientar que o comportamento em serviço da fundação pode ser satisfatoriamente previsto, tendo o projetista o compromisso de aliar seu desejo de recalque nulo com o desejo do proprietário da obra de que a fundação seja a mais barata possível.

Continuando, Crawford cita que

> em certos casos é vantajoso aceitar maiores recalques, projetando-se juntas de acomodação na superestrutura, devendo-se considerar ainda que juntas projetadas no edifício com outras finalidades poderão absorver pequenas movimentações do sistema de fundação. Uma vez entendida a interação entre o solo e o edifício começam a ficar óbvias as vantagens do trabalho conjunto entre o engenheiro de fundações, o calculista da estrutura e o arquiteto.

Em relação ao monitoramento de recalques, previsto para os casos indicados nos itens 5.5 e 9.1 da norma NBR 6122, pode-se recorrer à instrumentação do maciço com a introdução de tassômetros (avaliação de recalques profundos) e inclinômetros, instalação de pinos de recalque e outros recursos. Os recalques devem ser medidos com base em referencial profundo (*benchmark*), instalado fora da área de influência das movimentações, sendo o controle executado por meio de topografia de precisão. As Figs. 9.3 a 9.5 ilustram a instrumentação exemplificada e também um gráfico de recalques.

No caso da presença de fissuras, a verificação da progressão dos problemas poderá ser feita com medições das respectivas aberturas e a instalação de selos de gesso (internamente) ou argamassa (externamente), conforme ilustrado na Fig. 9.6. No caso da presença de aterros, principalmente quando forem taludados, a observação cuidadosa do terreno poderá indicar se está sendo iniciado processo de deslizamento ou mesmo ruptura do talude, como mostrado na Fig. 9.7.

Fig. 9.3 *(A) Posicionamento de régua para a leitura de recalque e (B) detalhe de um pino de recalque*

Fig. 9.4 *(A) Tubos-guia de tassômetros e inclinômetros e (B) detalhe da introdução do sensor móvel digital (torpedo) do inclinômetro*

Para prevenir danos às construções pela ocorrência de recalques, são necessárias estimativas coerentes dos deslocamentos, podendo-se recorrer a alguns dos modelos propostos na seção 6.2, adequado estudo das interações fundações/superestrutura e outros recursos. Deve-se ter muito cuidado nas obras com sistemas distintos de fundações, onde em certos casos a compatibilização de recalques é tarefa praticamente impossível.

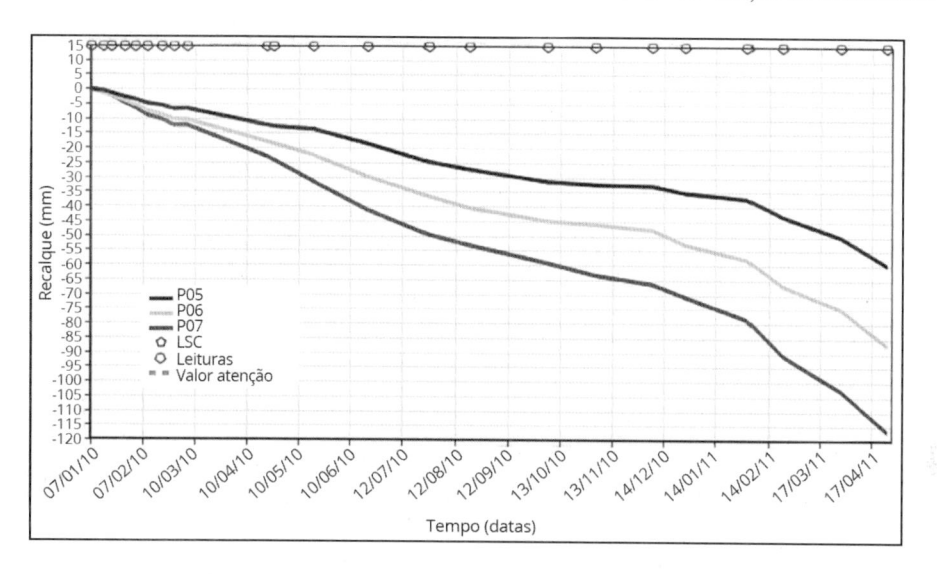

Fig. 9.5 Exemplo de gráfico de evolução de recalques

Fig. 9.6 Selo de argamassa instalado no exterior da obra indicando importante evolução do recalque

Fig. 9.7 Presença de fissura importante na crista do talude de aterro, indicando instabilização e risco de ruptura

Por fim, é desnecessário dizer dos cuidados necessários na própria execução das fundações, havendo vasta relação de normas e bibliografia sobre o tema: NBR 6122, Milititsky, Consoli e Schnaid (2015), Joppert Jr. (2007), Alonso (1991), Teixeira e Godoy (1998) e Velloso e Lopes (2011), entre outros. É muito interessante também consultar o Cap. 9

do livro *Fundações: teoria e prática* (Hachich et al., 2019), com diversos autores e diversos tipos de fundação.

Nas situações previstas na norma NBR 6122, ou sempre que a obra nos seus estágios iniciais de carregamento já indicar alguns problemas, é muito importante o acompanhamento dos recalques o mais cedo possível, propiciando ações antes que a superestrutura, as alvenarias e outros elementos venham a sofrer danos irreversíveis. O monitoramento proverá ainda indicações sobre a segurança da estrutura, que em algumas situações poderá também estar sendo comprometida ou operando abaixo dos limites previstos nas correspondentes normas técnicas.

9.2 Estruturas de concreto armado

Como foi mencionado anteriormente, as estruturas de concreto armado podem apresentar deformações que em nada afetarão o comportamento em serviço de seus componentes, mas que poderão comprometer o desempenho de outros elementos da construção (vedações, pisos, caixilhos etc.).

Os esforços e as deformações introduzidos nos componentes estruturais pelas cargas de serviço e pelas deformações impostas (recalques de fundação, movimentações térmicas etc.) poderão ser calculados com razoável precisão empregando-se modelos da teoria da elasticidade e as regulamentações técnicas desenvolvidas (ABNT, 2014a; CEB; FIP, 1978; etc.).

O Comité Euro-International du Béton (CEB, 1985), por exemplo, no seu boletim 167 apresenta trabalho bastante bom sobre efeitos produzidos em estruturas de concreto pela ação de movimentações térmicas.

Existem muitas divergências sobre o espaçamento a ser observado entre juntas de dilatação numa estrutura de concreto armado e também sobre a necessidade das juntas: há recomendações variando entre 40 m e 80 m, sendo que códigos de estrutura anteriores, inclusive a NB1/1960, indicavam o valor-limite de 50 m. Em função da natureza dos componentes de fechamento e das condições de exposição do edifício, ou até mesmo em função de movimentos das fundações, conforme enfocado na seção 9.1, grandes espaçamentos poderão provocar sérios danos aos componentes não estruturais do edifício.

Na realidade, a distância entre juntas de dilatação dependerá muito mais de fatores extrínsecos à estrutura, sendo que, do ponto de vista eminentemente estrutural, alguns autores consideram até mesmo dispensável o emprego dessas juntas. Fintel (1974), levando em conta o comportamento global do edifício, considera necessárias não só as juntas na direção do comprimento do prédio, como também recomenda a adoção de juntas na direção da sua altura. Assim sendo, a cada dois ou três pavimentos seriam criadas juntas de movimentação entre o topo das paredes e a estrutura, visando acomodar deformações do concreto oriundas de variações térmicas, retração etc.

Do ponto de vista da fissuração dos componentes estruturais de concreto armado, de acordo com o que foi apresentado no Cap. 3, pode-se prever com mínima margem de erro o nível de fissuração das peças. Tendo em vista a durabilidade da estrutura, os códigos de concreto armado (ABNT, 2014a; CEB; FIP, 1978; CEB, 1981; etc.) apresentam limitações nas aberturas das fissuras e as mínimas taxas de armadura a serem empregadas nos componentes estruturais, a fim de que não seja atingido o estado de fissuração inaceitável. Para solicitações de flexão ou tração pura, por exemplo, a taxa mínima de armadura pode ser determinada por:

$$\rho_{r,mín} = \frac{f_{ct} \cdot \phi}{4 f_{bu} \cdot s_{rm}} \quad (9.1)$$

em que:

$\rho_{r,mín}$ = taxa geométrica mínima para que não ocorra o estado inaceitável de fissuração da peça;
f_{ct} = resistência à tração do concreto;
ϕ = diâmetro da armadura tracionada;
f_{bu} = resistência do concreto ao cisalhamento;

$$s_{rm} = \frac{\omega_{máx}}{1,7(\varepsilon_{sm,r} - \varepsilon_{cs})};$$

$\omega_{máx}$ = abertura máxima admitida para as fissuras;
$\varepsilon_{sm,r}$ = alongamento médio da armadura tracionada;
ε_{cs} = retração do concreto.

Para limitar a abertura ou inibir a formação de fissuras por deformações impostas (caso da retração do concreto e da dissipação do calor de hidratação, por exemplo), na falta de um método mais rigoroso de avaliação dos esforços gerados pela restrição de deformações impostas, a norma NBR 6118 apresenta no seu item 17.3.5.2.2 a formulação para o cálculo das armaduras transcrita a seguir:

$$A_S = k \cdot k_c \cdot f_{ct,ef} \cdot A_{ct}/\sigma_s \quad (9.2)$$

em que:

A_S = área de armadura na zona tracionada;
A_{ct} = área de concreto na zona tracionada;
σ_s = tensão máxima permitida na armadura logo após a formação da fissura, sendo recomendável obedecer aos limites indicados na Tab. 3.3;

$f_{ct,ef}$ = resistência média à tração efetiva do concreto nas primeiras idades, podendo-se adotar, na falta de ensaios, o valor de 3 MPa ou aqueles estimados pelas fórmulas:

- para concretos de classe até C50: $f_{ct,m} = 0{,}3(f_{ck})^{2/3}$
- para concretos de classe C55 até C90: $f_{ct,m} = 2{,}12\ln(1+0{,}11 f_{ck})$

k = coeficiente que considera os mecanismos de geração de tensões de tração:
- no caso de deformações impostas intrínsecas:
  - no caso geral de forma de seção: $k = 0{,}8$;
  - em seções retangulares: $k = 0{,}8$ para $h \leq 0{,}3$ m
    $k = 0{,}5$ para $h \geq 0{,}8$ m
    (interpolar linearmente os valores de k para valores de h entre 0,3 m e 0,8 m)
- no caso de deformações impostas extrínsecas: $k = 1{,}0$.

k_c = coeficiente que considera a natureza da distribuição de tensões na seção, imediatamente antes da fissuração, com os seguintes valores:
- $k_c = 1{,}0$ para tração pura;
- $k_c = 0{,}4$ para flexão simples;
- $k_c = 0{,}4$ para as nervuras de elementos estruturais protendidos ou sob flexão composta, em seções vazadas (celular ou caixão);
- $k_c = 0{,}8$ para a mesa tracionada de elementos estruturais protendidos ou sob flexão composta, em seções vazadas (celular ou caixão);
- o valor de k_c pode ser interpolado entre 0,4 (correspondente ao caso de flexão simples) e zero, quando a altura da zona tracionada, calculada no Estádio II sob os esforços que conduzem ao início da fissuração, não exceder o menor dos dois valores: $h/2$ e 0,5 m.

Relativamente à armadura de pele, a norma NBR 6118 estabelece no seu item 17.3.5.2.3 que

> A mínima armadura lateral deve ser 0,10% $A_{c,alma}$ em cada face da alma da viga e composta por barras de CA-50 ou CA-60, com espaçamento não maior que 20 cm e devidamente ancorada nos apoios, respeitado o disposto em 17.3.3.2, não sendo necessária uma armadura superior a 5 cm²/m por face. [...]
> As armaduras principais de tração e de compressão não podem ser computadas no cálculo da armadura de pele.

A norma estabelece ainda que "em vigas com altura igual ou inferior a 60 cm, pode ser dispensada a utilização da armadura de pele", sendo que mesmo nesses casos é possível surgirem fissuras em razão do emprego de concretos muito retráteis.

Relativamente às armaduras de pele, ou quaisquer outras de combate à retração, há de se considerar que elas terão pouca efetividade nas primeiras idades das peças, onde a resistência de aderência entre o concreto e as armaduras é ainda muito pequena. Dessa forma, para evitar fissuras de retração em lajes ou no corpo de vigas moldadas com concretos com elevado consumo de cimento ($C \geq 350$ kg/m³, por exemplo), deve-se recorrer obrigatoriamente a maiores cuidados na cura úmida, emprego de aditivos compensadores de retração (à base de glicol, calcário supercalcinado ou outros), amassamento do concreto substituindo-se parte da água por gelo etc.

A cura úmida deve sempre ser iniciada assim que termine o tempo de pega do cimento (em torno de 3 h), podendo o concreto antes disso já ir recebendo leve nebulização com água. Nas lajes que receberão desempenamento mecânico (com "bambolê", "helicóptero"), ocorre importante contradição: a máquina só pode ter acesso à superfície do concreto depois do fim da pega, obrigando a postergar-se o início da cura para depois de 6 h ou 7 h, ou muitas vezes até mais do que isso. Nessa circunstância, muitas vezes a cura úmida é iniciada apenas depois de já terem se desenvolvido fissuras de retração ou fissuras decorrentes da contração térmica do concreto, situação ilustrada nas Figs. 7.11 a 7.13.

Ao longo da vida, as estruturas apresentarão distorções de diversas ordens. Conforme representado na Fig. 9.8, três situações poderão ocorrer.

No geral, as deformações globais da estrutura devem ser limitadas, principalmente para que não sejam introduzidas elevadas tensões de cisalhamento nas paredes de fechamento. O CSTC (1980), por exemplo, limita essas distorções aos seguintes valores:

- $\Delta V < L/300$ (ΔV pode ser provocado por recalque diferenciado, deformação lenta do concreto, temperatura etc.);

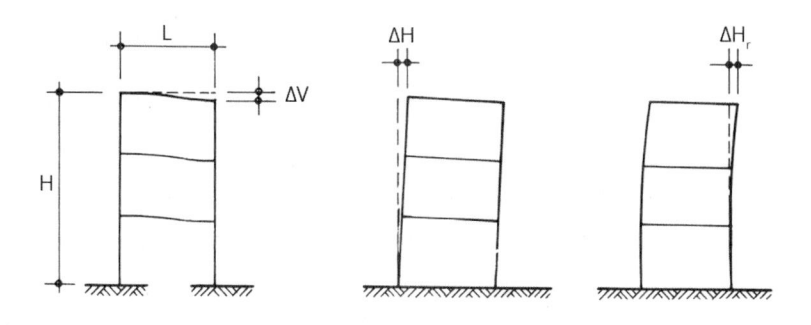

Fig. 9.8 *Distorções angulares num edifício com estrutura reticulada*

- $\Delta H < H/500$ (ΔH = deslocamento horizontal provocado pela ocorrência de ΔV, comportando-se o edifício como um corpo rígido);
- $\Delta H_r < 4$ mm (ΔH_r = deslocamento relativo entre dois estágios distintos de carregamento, por exemplo, atuação e não atuação do vento).

Considerando a ação do vento para combinação frequente ($\Psi_1 = 0{,}30$) e levando em conta os efeitos decorrentes para as paredes, a norma brasileira NBR 6118, no seu item 13.3, Tab. 13.3, limita o deslocamento do topo dos edifícios a $H/1.700$, onde H é a altura total da estrutura, e também a $H_i/850$, onde H_i é o deslocamento horizontal máximo entre a base e o topo do pavimento considerado. Relativamente aos forros sob efeito de ações térmicas, a norma limita os deslocamentos relativos a $H_i/500$.

Os efeitos mais nefastos de deformações da estrutura, contudo, são aqueles advindos da flexão de vigas e lajes. Tais flexões podem assumir valores bastante significativos, principalmente pela deformação lenta e pela fissuração do concreto na região tracionada da peça, conforme foi analisado no Cap. 5. Para prevenir tais efeitos, as flechas dos componentes estruturais devem ser limitadas e/ou detalhes construtivos apropriados devem ser previstos, sendo que alguns desses detalhes serão analisados nas seções seguintes.

Em termos de limitação dos deslocamentos, o CSTC (1980) faz exigências distintas em função da natureza do componente apoiado sobre viga ou laje, considerando a flecha f_b que se manifesta após a instalação do componente (montagem da parede, assentamento do piso etc.); as flechas máximas f_b estipuladas por esse instituto de pesquisa, considerando inclusive a parcela resultante da deformação lenta do concreto, são apresentadas na Tab. 9.3.

A versão de 2014 da NBR 6118 (item 13.3) também passou a considerar as parcelas de flechas que se desenvolvem após a instalação das cargas, conforme indicado na Tab. 5.1. No caso das paredes, por exemplo, a parcela da flecha que interessará à fissuração é aquela que se desenvolverá pela deformação lenta decorrente do seu peso próprio, da flecha inicial e da parcela da deformação lenta decorrente das demais cargas na área de influência da parede (revestimentos, contrapisos e outros). Nesse ponto, há que se observar que as contraflechas previstas na NBR 6118 (limite máximo de $L/350$, conforme o item 13.3) têm efeito apenas sensorial ou de funcionalidade (vigas-calha, por exemplo), em nada contribuindo para a prevenção de fissuras em alvenarias ou pisos. Em outras palavras, o que tem importância é a flecha que se desenvolve após a execução da parede, não importando se os deslocamentos ocorreram a partir da barra reta ou da barra ligeiramente arqueada para cima ("contraflecha").

Tab. 9.3 Flechas máximas admitidas pelo CSTC após a instalação do componente

Natureza do componente		$F_{b,máx'}$
Alvenaria ou painéis pré-fabricados apoiados sobre viga ou laje	Parede com aberturas	1/1.000
	Parede sem aberturas	1/500
	Parede com aberturas, com detalhes apropriados	1/500
Caixilhos envidraçados sob viga ou laje	Sem possibilidade de movimento	1/1.000
	Com possibilidade de movimento	1/500
Revestimento de piso assentado sobre laje	Piso rígido (cerâmica, rochas etc.)	1/500
	Piso flexível (carpete, plástico etc.)	1/250
Revestimento de forro	Argamassa rígida	1/350
	Revestimento flexível, forro falso	1/250
Lajes de cobertura		1/250
Vigas suportando pontes rolantes		1/500

Fonte: CSTC (1980).

Pfeffermann et al. (1967) fazem uma análise da normalização de diversos países no tocante às flechas de longa duração admitidas, verificando que os limites chegam a diferir bastante de um país para outro e que normalmente não se leva em conta a natureza do componente apoiado sobre a viga ou a laje; os valores estipulados por algumas dessas normas são:

- França (BA-60): $f_\infty/L \leq 1/500$;
- Estados Unidos (ACI 318): $f_\infty/L \leq 1/360$;
- Países Baixos (GBV 62):
  ◊ $f_\infty/L < 1/250$ (sobrecarga de ocupação inferior ao peso próprio);
  ◊ $f_\infty/L < 1/500$ (sobrecarga de ocupação superior ao peso próprio).
- Romênia:

  ◊ Lajes nervuradas ou vigas $\begin{cases} -f_\infty/L < 1/200 & (L < 5 \text{ m}) \\ -f_\infty/L < 1/300 & (5 \text{ m} \leq L < 7 \text{ m}) \\ -f_\infty/L < 1/400 & (L \geq 7 \text{ m}) \end{cases}$

  ◊ Lajes maciças $\begin{cases} -f_\infty/L < 1/200 & (L < 7 \text{ m}) \\ -f_\infty/L < 1/300 & (L \geq 7 \text{ m}) \end{cases}$

Além da limitação da flecha, cujo cálculo inclui uma série de fatores de quantificação relativamente difícil, as normas estrangeiras sobre cálculo e execução de estruturas de concreto armado normalmente estipulam um limite mínimo para a relação h/L, sendo h a altura da viga ou da laje e L o vão teórico do componente. Pfeffermann et al. (1967) analisam exigências de diversas normas a esse respeito, concluindo que:

- para vigas, os limites recomendados são bastante divergentes, variando de 1/20 a 1/27 (biapoiadas) e de 1/25 a 1/37 (contínuas), excetuando-se a França, com limites muito mais severos;
- *idem* para lajes maciças, onde os limites variam de 1/20 a 1/35;
- para lajes tipo cogumelo, os valores recomendados são bastante próximos, em média 1/35.

Conforme publicação do International Council for Research and Innovation in Building and Construction (CIB, 2014), o Eurocode 2 (ano 2005) limita a flecha máxima a $L/500$ para que não ocorram danos a paredes ou outros elementos, observando que "outros valores deverão ser considerados no caso de elementos mais suscetíveis à fissuração". Informa ainda que a norma francesa (DTU P 18-702/2000) é mais rigorosa, especificando que, para vãos estruturais acima de 5 m, a flecha deve ser limitada a ($L/1.000 + 5$ mm), ou seja, quanto maior vai ficando o vão, mais rigorosa vai ficando a exigência.

A mesma publicação cita ainda que a norma britânica (BS 5628 – partes 1 e 2) estabelece como limites o menor de dois valores, $L/500$ ou 20 mm, e que a normalização americana (ACI 530/ASCE 5/TMS 402 e ACI 530.1/ASCE 6/TMS 602) estabelece o limite de $L/600$, considerando todos os efeitos de retração, fluência, temperatura e outros fatores que possam intervir no acréscimo de flechas.

Como resumo das considerações, a publicação do CIB (2014) propõe que sejam atendidos:

- paredes sem aberturas: $f_b \leq L/500$;
- paredes com aberturas: $f_b \leq L/1.000$;
- paredes com aberturas, mas com recursos especiais para evitar fissuras: $f_b \leq L/500$.

Sendo L o vão estrutural e f_b a flecha desenvolvida após a montagem da parede.

Em função desse quadro, portanto, pode-se extrapolar a recomendação de Vitor Mello (1975a), direcionada ao projeto das fundações, para o cálculo da estrutura, ou seja, muitas vezes o dimensionamento da viga ou da laje deverá ser condicionado pelo critério da flecha admissível, e não pelo critério de ruína. O CEB (1981) cita que "a princípio, o calculista deverá escolher os limites de flechas que acredita serem apropriados, levando em conta o tipo de estrutura e a destinação do edifício; códigos, normas técnicas ou outras regulamentações não podem oferecer mais do que diretrizes gerais".

Além de um projeto estrutural adequado, o desempenho da estrutura de concreto armado dependerá substancialmente da qualidade da execução, que em princípio deverá seguir a norma NBR 14931 (ABNT, 2004). Vale lembrar que, na passagem do projeto para a obra real, negativos poderão ser deslocados durante as concretagens, estribos poderão ser cortados ou retirados no processo de armação, desbitolamentos de seções e aberturas de fôrmas poderão ocorrer. É importante salientar que resultados de f_{ck} devidamente comprovados por ensaios de laboratório não significarão bom adensamento do concreto na estrutura real, que poderá apresentar ninhos de concretagem e porosidade incompatíveis com a resistência e o módulo de deformação do concreto assumidos no projeto estrutural.

Assim é que, desde o planejamento da logística da obra até os processos finais de desenforma e descimbramento, passando pelos planos de concretagem e execução da cura, a estrutura de concreto deverá merecer cuidados muito especiais, alguns deles abordados por Thomaz (2005). Especial atenção deve ser dada à cura úmida do concreto, que, sendo mal executada, repercutirá em fissuração excessiva (produzindo o "amolecimento" da estrutura e o acréscimo das flechas), fluência superior àquela admitida no projeto, maior risco de corrosão de armaduras etc. No caso de lajes que receberão desempenamento mecânico, o que obrigará o início retardado do processo de cura, conforme abordado anteriormente, obras bem coordenadas adotam sistema de nebulização por aspersores de irrigação logo após o desempenamento do concreto, como ilustrado na Fig. 9.9.

Tão importantes quanto o concreto e o aço, os sistemas de fôrmas e cimbramentos têm influência direta no desempenho final da estrutura, tendo-se exemplificado na Fig. 3.16 um estado inaceitável de fissuração em decorrência de falhas no cimbramento. Para evitar o desenvolvimento de fissuras térmicas, particularmente no atual estágio de emprego de concretos com considerável consumo de cimento, é importante também controlar a temperatura das fôrmas e de lançamento do concreto, lembrando que a temperatura da massa poderá atingir valores bastante altos, conforme ilustrado na Fig. 9.10.

Fig. 9.9 *Sistema de cura úmida – aspersão de água logo após desempenamento e iminência do fim de pega do cimento*

9.3 Ligações entre estrutura e paredes de vedação

As movimentações higrotérmicas da obra, as acomodações do solo e as flechas desenvolvidas em vigas e lajes introduzirão tensões nas paredes de vedação que, em função

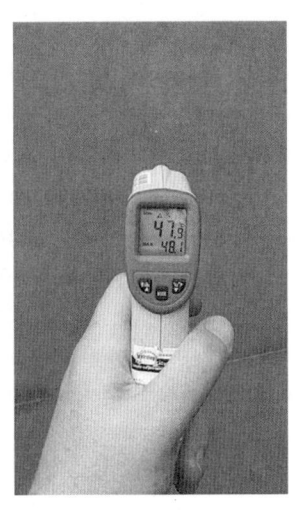

Fig. 9.10 *Temperatura de 70,5 °C da fôrma (totalmente indevida), 23,2 °C do concreto no lançamento (um pouco acima do desejável) e 47,9 °C no concreto de um pilar, logo após a desenforma*

da natureza do seu material constituinte e da própria intensidade da movimentação, poderão ser absorvidas. Sempre que houver, entretanto, incompatibilidade entre as deformações impostas e as admitidas pela parede, cuidados devem ser tomados no sentido de evitar sua fissuração ou seu destacamento em relação ao componente estrutural, principalmente no caso de fachadas onde, através da fissura ou do destacamento, poderá ocorrer a infiltração de água para o interior do edifício.

Um dos problemas mais sérios que se apresentam para as paredes de vedação é a flexão de vigas e lajes. Nesse sentido, muito poderá ser feito retardando-se ao máximo a montagem das paredes. Para que os deslocamentos dos andares superiores não sejam transmitidos aos andares inferiores, é recomendável que a montagem das paredes seja feita do topo para a base do prédio, conforme mostrado na Fig. 9.11; quando isso for impossível, o encunhamento/fixação das paredes deverá ser realizado *a posteriori* ou, como sugerem Pfeffermann et al. (1967), os fechamentos deverão ser inicialmente efetuados em pavimentos alternados (Fig. 9.12).

Fig. 9.11 *Sequência de execução das alvenarias do topo para a base do edifício (prática em desuso, decorrente da eterna refrega entre qualidade e prazos apertados de execução)*

9 # Prevenção de fissuras nos edifícios

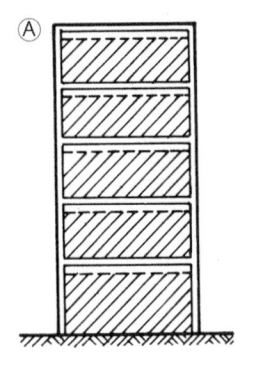

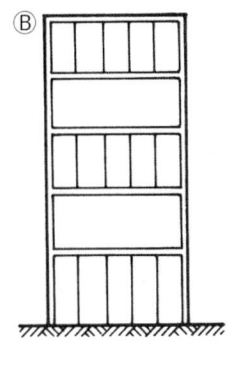

Fig. 9.12 *Montagem recomendada para as paredes de vedação: (A) encunhamento a posteriori (indicado para alvenarias) e (B) montagem em pavimentos alternados (painéis)*

No caso de estruturas muito flexíveis e/ou de paredes muito rígidas, o CSTC (1980) recomenda a introdução de material deformável (neoprene, poliuretano expandido, feltro betumado, estiropor etc.) na base da parede. Diversas outras fontes (Pfeffermann et al., 1967; Eichler, 1973; Fisher, 1976; CEB, 1978) recomendam a inclusão desse material deformável no topo da parede, como indicado na Fig. 9.13.

No caso do emprego dessas juntas, o contraventamento lateral da parede poderá ser garantido por outras paredes transversais ou, em situações adversas, por ganchos de aço chumbados respectivamente na parede e no componente estrutural superior. O acabamento da junta poderá ser efetuado com moldura de gesso ou, conforme ilustrado na Fig. 9.14, com selante flexível à base de resina acrílica, poliuretano, silicone etc.

Conforme explanado no Cap. 5 (Figs. 5.20 a 5.22), um problema recorrente que tem acontecido em nossos edifícios em consequência da adoção de encunhamentos flexíveis é a ruptura de blocos cerâmicos com furos na horizontal e a expulsão do

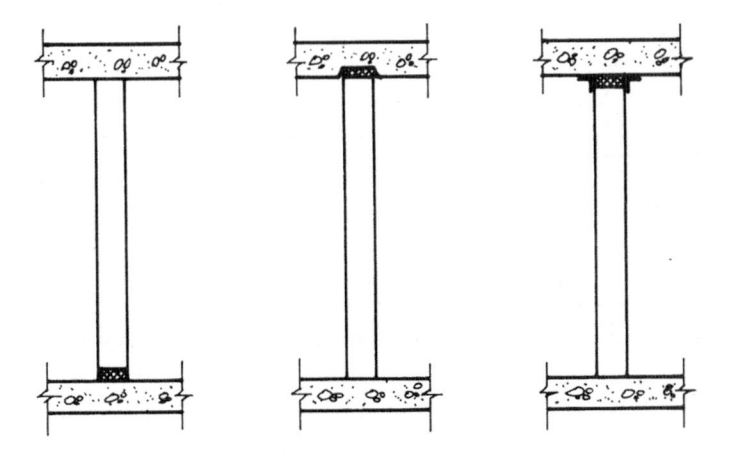

Fig. 9.13 *Junta de dessolidarização entre a parede e a estrutura, com o emprego de material deformável*

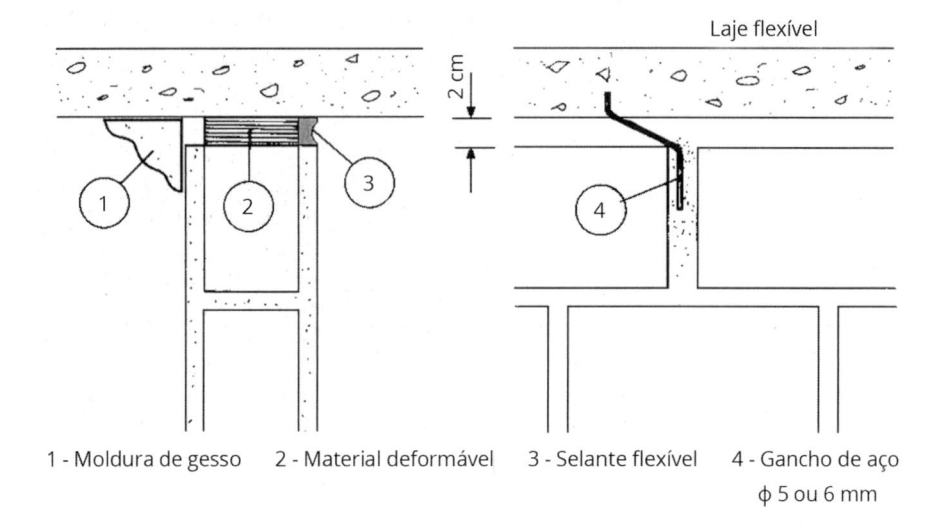

1 - Moldura de gesso   2 - Material deformável   3 - Selante flexível   4 - Gancho de aço
ϕ 5 ou 6 mm

Fig. 9.14 *Acabamento de juntas com selante flexível ou rodateto colado apenas na laje*

revestimento em argamassa, sendo essa expulsão agravada pela face muito lisa dos blocos e pelo emprego de chapisco rolado de forma equivocada.

França e Freitas (2019) procuraram modelar o comportamento conjunto estrutura × alvenaria, considerando o encurtamento de pilares pelas mais diversas razões (retração do concreto, fluência, encurtamento elástico) e o desenvolvimento de flechas toleradas pela normalização em vigas ou lajes, propondo como solução alternativa a fabricação de componentes que possam apresentar resistência à compressão perante as deformações impostas pela estrutura.

Orientado nos resultados dos estudos de França e Freitas (2019), Santos (2019) coordenou junto a algumas indústrias cerâmicas um trabalho de desenvolvimento de componentes com maior resistência mecânica visando evitar os problemas relatados nas regiões de encunhamento, resultando em componentes mais robustos, como aqueles apresentados na Fig. 9.15. A adoção desses componentes pode evitar danos localizados nos encunhamentos, mas, no caso de estruturas muito flexíveis, pode vir a provocar a ruptura global de paredes. Nesse sentido, Santos (2019) chama atenção para as demais necessidades, quais sejam: projeto e execução adequados da estrutura, adequação do módulo de deformação das argamassas de assentamento e da forma de execução das paredes, espessura das juntas de argamassa, disposição de vergas e contravergas etc.

Em estruturas acentuadamente flexíveis, onde as deformações impostas podem conduzir à ruptura da alvenaria de blocos cerâmicos, recomenda-se a execução de encunhamento flexível, com argamassa constituída por pérolas de isopor e resina

Fig. 9.15 *Componentes especiais para a região do encunhamento de alvenarias compostas por blocos cerâmicos*
Fonte: *Santos (2019).*

acrílica ou PVA, adotando-se para o revestimento das paredes os detalhes representados nas Figs. 9.16 e 9.17. No caso da Fig. 9.16, os frisos podem permanecer abertos (encontros com lajes) ou ser obturados com selante flexível base acrílico, por exemplo. No caso da Fig. 9.17, a argamassa deve ser preparada unicamente com areia fina lavada e resina acrílica ou PVA, recebendo posterior acabamento com massa corrida e pintura.

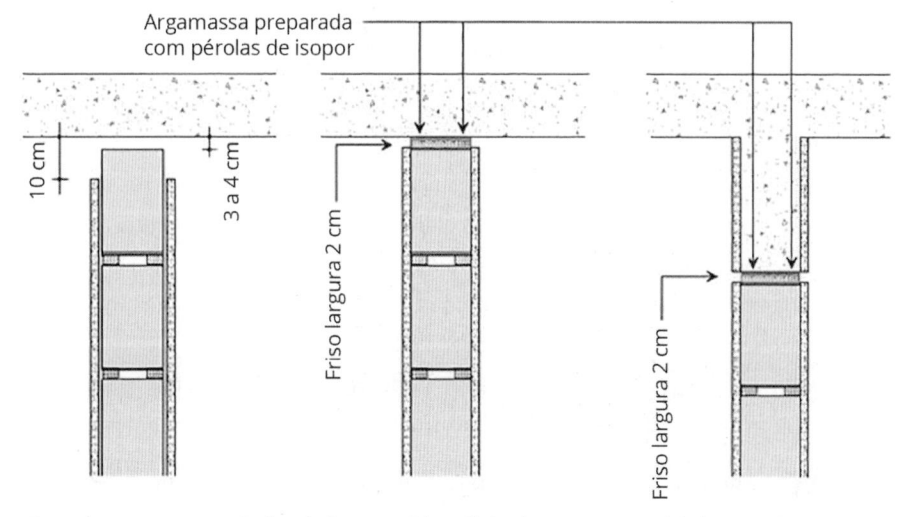

Encunhamento com pérolas de isopor e friso alinhado com o material de encunhamento

Fig. 9.16 *Encunhamento flexível e introdução de frisos nos encontros com lajes ou vigas*

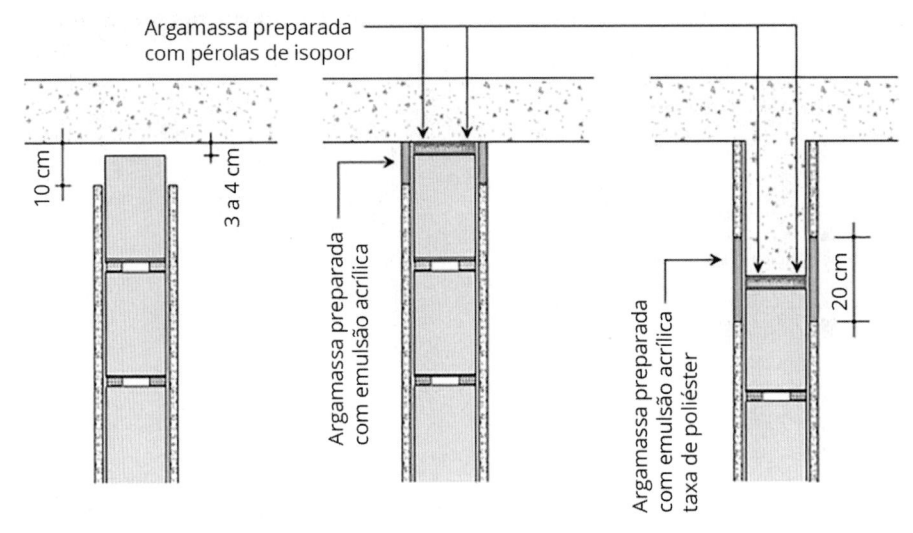

Encunhamento com pérolas de isopor e faixa de revestimento com argamassa acrílica

Fig. 9.17 *Encunhamento flexível e introdução de faixa de argamassa composta somente por areia e resina acrílica ou PVA nos encontros com lajes ou vigas*

Outro problema que se tem verificado nas interações referidas é o do destacamento entre paredes e pilares; nossa prática construtiva, baseada no emprego de alvenaria de tijolos de barro ou blocos cerâmicos, com paredes revestidas, sempre considerou essa ligação somente com o uso de argamassa, tomando-se o cuidado de chapiscar previamente o pilar e, algumas vezes, chumbando-se nele alguns ferros de espera. Essa ligação funcionava bem porque as estruturas eram mais rígidas, porque o revestimento à base de cal hidratada acabava absorvendo parcialmente as movimentações ocorridas e também porque, como já foi visto, há uma tendência do material cerâmico de permanecer estável ou expandir-se, sendo muito raro o caso de retração da alvenaria como um todo.

Essa prática de ligação foi simplesmente transposta para outros materiais (blocos de concreto, sílica-cal, concreto celular etc.), outros componentes (painéis), outros sistemas construtivos (Outinord etc.) e outras condições de acabamento (alvenaria aparente), sem considerar devidamente fatores muito importantes como retração, rigidez dos componentes da parede etc.

Assim sendo, a ligação tradicional pode ser mantida apenas para estruturas razoavelmente rígidas, paredes não muito extensas e componentes que não apresentem considerável retração de secagem ou movimentações higrotérmicas muito pronunciadas.

Quando tais condições não forem verificadas, e principalmente para fachadas não revestidas, cuidados especiais devem ser tomados nas ligações parede/pilar, empregando-se sempre materiais flexíveis, providência também recomendada nos encontros com pilares metálicos. No caso de painéis pré-fabricados, existem diversas indicações (CSTC, 1979a; BSI, 1981; Martin, 1977) para a execução das uniões entre painéis adjacentes e entre estes e os pilares, mediante o emprego de selantes flexíveis, perfis extrudados de PVC e outros, conforme ilustrado na Fig. 9.18.

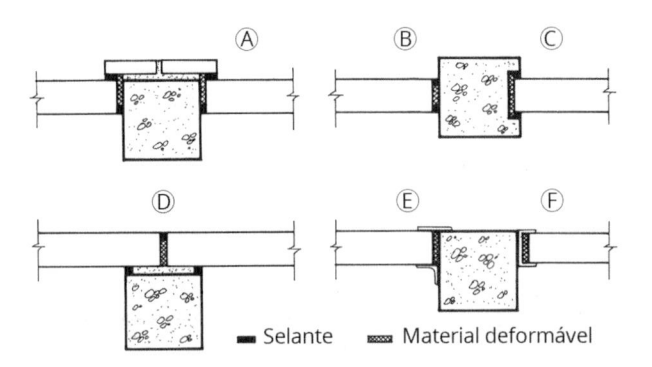

Fig. 9.18 *Juntas de acomodação entre paredes e pilares: (A) pilar revestido com tijolos cerâmicos; (B) junta aparente na borda do pilar; (C) junta não aparente, parede encaixada no pilar; (D) junta aparente no corpo da parede; (E) mata-juntas fixados aos pilares; (F) perfil de alumínio fixado ao pilar*

No caso das alvenarias correntes, para as paredes internas as ligações com os pilares poderão ser executadas com telas eletrossoldadas galvanizadas ou mesmo telas de metal expandido, sendo as telas dobradas a 90° e fixadas na estrutura com pinos de aço a cada duas fiadas, como mostrado na Fig. 9.19; para revestimentos em argamassa, a tela metálica poderá tomar toda a largura do bloco, e para revestimentos com gesso a tela de poliéster ou de fibra de vidro deverá ter largura 1 cm ou 2 cm inferior à largura dos blocos.

Para alvenarias das fachadas, ou mesmo paredes internas muito longas ou posicionadas em regiões muito deformáveis da estrutura, recomendam-se ligações a cada duas fiadas com ferros de espera ("ferros-cabelo") fixados com adesivo epóxi ou poliéster em furos inseridos nos pilares (profundidade de 7 cm ou 8 cm). No caso de

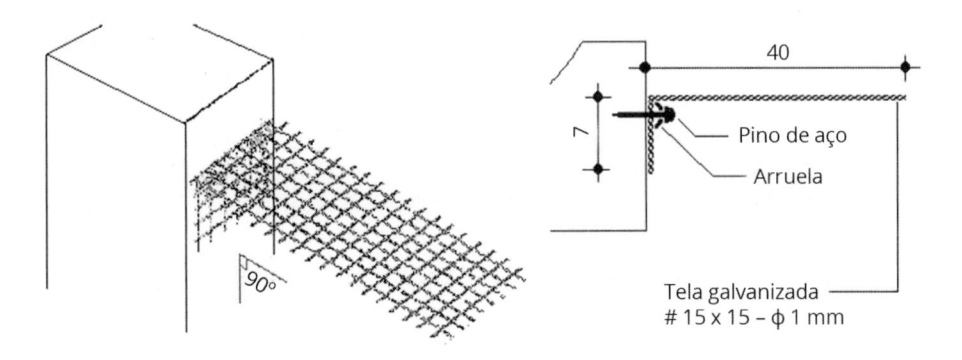

Fig. 9.19 *Ligação entre alvenaria e pilar com tela metálica eletrossoldada galvanizada*

blocos com furos na horizontal ou blocos com fundo (furos na vertical), o ferro-cabelo deve ser introduzido na junta de assentamento, conforme indicado na Fig. 9.20. No caso de blocos com furos na vertical (sem fundo), os ferros-cabelo devem ser introduzidos em blocos tipo canaleta ou constituir ganchos penetrando nos furos dos blocos (Fig. 9.21), sendo essas armaduras ancoradas em graute nos dois casos.

Tanto as telas como os ferros-cabelo devem ser posicionados exatamente na posição das juntas horizontais de assentamento, recorrendo-se sempre ao auxílio de escantilhões. No caso das telas, os pinos de aço fixados por percussão no concreto devem posicionar-se exatamente na dobra da tela, formando um ângulo precisamente

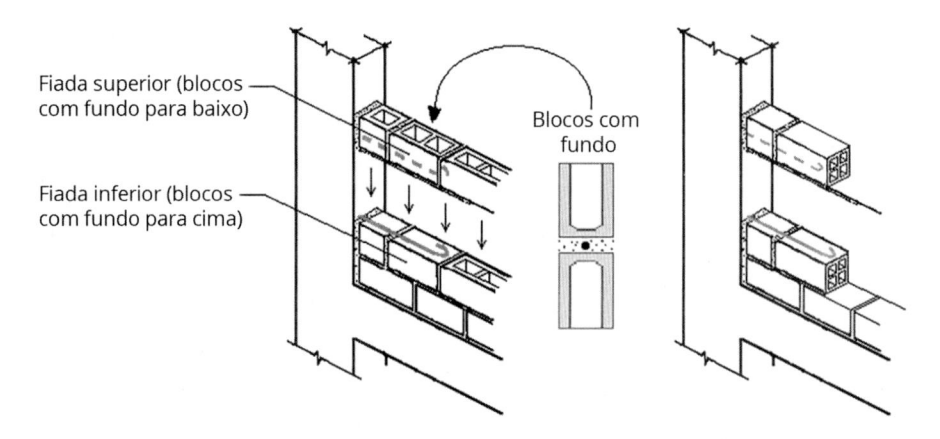

Fig. 9.20 *Ligação pilar × alvenaria com ferros-cabelo: blocos com furo na horizontal ou blocos com furos na vertical e com fundo*

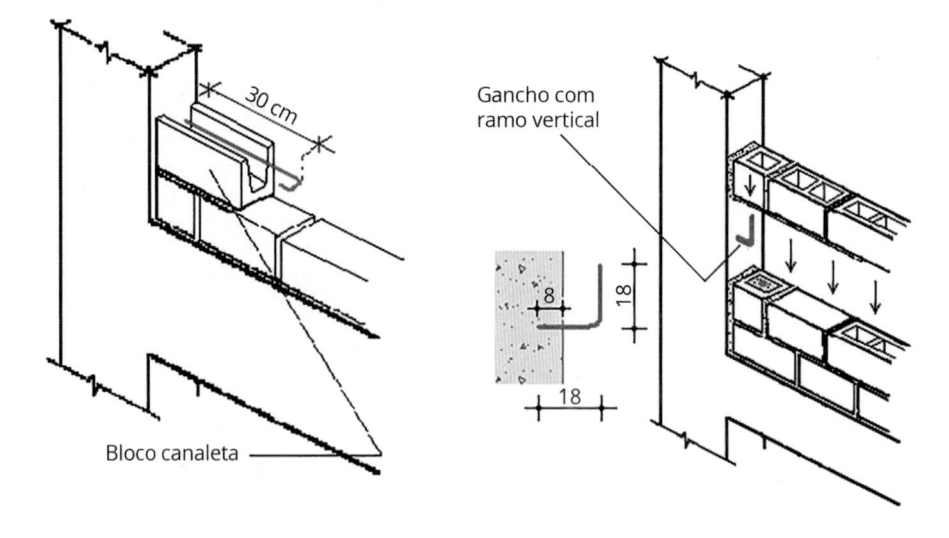

Fig. 9.21 *Ligação pilar × alvenaria com ferros-cabelo embutidos em blocos tipo canaleta ou formando ganchos inseridos nos furos verticais dos blocos*

de 90°. Nas ligações com telas ou com ferros-cabelo, os blocos devem ter as cabeças totalmente preenchidas com argamassa.

9.4 Alvenarias

As alvenarias, portantes ou não, apresentam em geral bom comportamento às solicitações de compressão axial, o mesmo não ocorrendo com os outros tipos de esforços (tração, tração na flexão e cisalhamento); portanto, sempre que possível, as cargas excêntricas deverão ser evitadas, as concentradas deverão ser distribuídas por meio de coxins, e as concentrações de tensões nas aberturas deverão ser absorvidas por vergas, contravergas, cintas de amarração e outros recursos.

Também deve ser evitada a presença de água na alvenaria acabada, o que pode provocar movimentações higroscópicas acentuadas, manifestação de eflorescências, expansão pela eventual presença de sulfatos ou até mesmo dissolução de compostos da argamassa de assentamento. Particularmente para as alvenarias de blocos cerâmicos, o CIB (2014) chama atenção para a ocorrência de expansão por umidade (EPU), realçando que essa expansão, com capacidade de provocar desarranjos nas paredes, desenvolve aproximadamente 50% do valor total já nos primeiros cinco ou seis meses após o umedecimento, conforme ilustrado na Fig. 9.22.

Informa ainda que o Eurocode relata que os valores de EPU de blocos cerâmicos podem atingir até 1 mm/m, enquanto as normas norte-americanas fixam um valor único: 0,3 mm/m. Ainda nos Estados Unidos, a Masonry Society e o Council for Masonry Research (TMS; CMR, 2005) estabelecem que a EPU pode variar de 0,2 mm/m a 0,9 mm/m. No Brasil, conforme já foi dito, o assunto vem sendo estudado por pesquisadores da Universidade de Caxias do Sul (Cruz et al., 2013), além de outras instituições (UFRN etc.).

No sentido de evitar desarranjos por expansão de quaisquer materiais, entre eles os materiais cerâmicos, podem ser tomadas providências como: boa

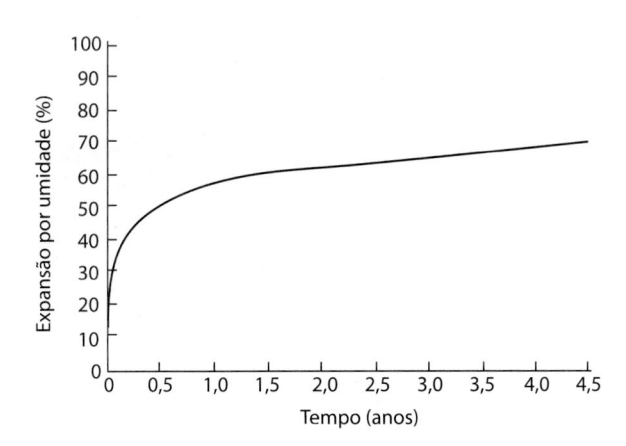

Fig. 9.22 *Acréscimo da expansão por umidade de blocos cerâmicos com o passar do tempo*
Fonte: *CIB (2014).*

impermeabilização da fundação, adoção de detalhes arquitetônicos que façam com que a água de chuva descole da fachada, revestimento da parede com película impermeável ou hidrofugante, presença de telhados e lajes de cobertura verdadeiramente estanques, proteções do topo de muros e platibandas, peitoris em vãos de janelas, construção mais elevada que a cota do terreno e medidas que evitem o empoçamento de água nas bases das paredes.

Sendo muito sensíveis às distorções e flexões, as alvenarias exigem cuidados especiais no projeto das fundações e no cálculo da estrutura; alvenarias portantes em edifício com pilotis, por exemplo, significam normalmente a necessidade de projetar vigas de transição com elevada rigidez. Os limites de flechas previstos na NBR 6118, parcialmente transcritos na Tab. 5.1, devem ser criteriosamente respeitados.

As alvenarias apresentam razoável poder de redistribuir tensões, diminuindo, portanto, o risco de fissuração, sempre que os blocos ou tijolos forem assentados com juntas em amarração. Para tanto, respeitando a modulação horizontal das fiadas, devem ser empregados blocos especiais para os encontros em L, em T ou em cruz, como representado na Fig. 9.23.

Independentemente da intensidade das movimentações da fundação ou da estrutura, as alvenarias estarão sujeitas a movimentações próprias, causadas por fenômenos higrotérmicos, pela expansão por umidade (blocos cerâmicos), pela retração dos componentes de alvenaria (blocos de concreto, concreto celular e sílico-calcários) e/ou pela retração da argamassa de assentamento. Para evitar a fissuração das paredes, as tensões provenientes dessas movimentações deverão ser

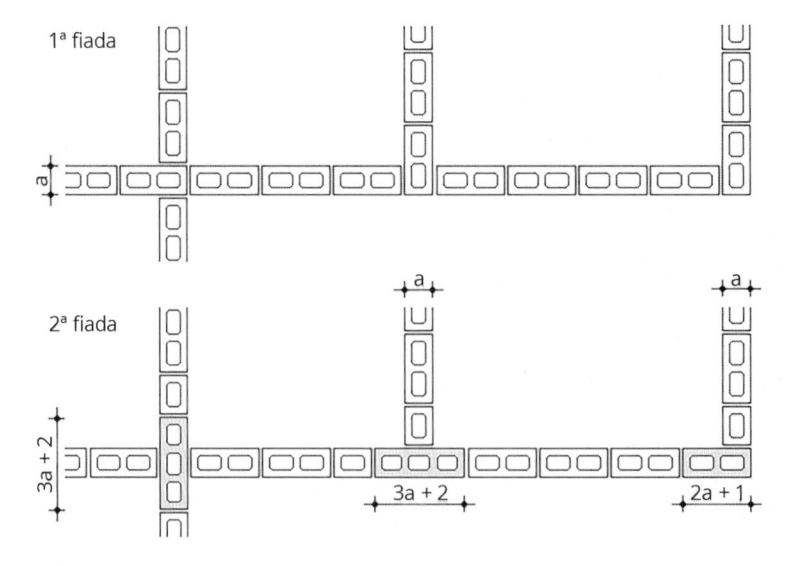

Fig. 9.23 *Blocos com comprimentos diferenciados, para manter a modulação horizontal e a correta amarração entre paredes*

aliviadas pela introdução de juntas de controle, normalmente localizadas nas seções onde ocorre concentração de tensões (mudança brusca na altura ou na espessura da parede etc.).

Juntas de controle deverão ser previstas também em paredes muito longas ou em paredes muito enfraquecidas pela presença de aberturas de portas e janelas. Para alvenarias com juntas em amarração, com desempenho bastante superior àquelas com juntas a prumo, o CSTC (1980) limita o comprimento da parede ou a distância entre juntas de controle em função da presença de aberturas, da largura da parede (b) e da contração específica (ε) esperada para a alvenaria (decorrente da retração e/ou de movimentações higrotérmicas). Os valores recomendados por esse instituto de pesquisa encontram-se apresentados na Tab. 9.4.

Tab. 9.4 Comprimento máximo da parede ou distância máxima entre juntas de controle em alvenarias com juntas em amarração, segundo o CSTC

Intensidade da contração esperada para a alvenaria (%)	Comprimento máximo da parede ou distância máxima entre juntas de controle (m)*			
	Paredes sem aberturas		Paredes com aberturas	
	$b \geq 14$ cm	$b < 14$ cm	$b \geq 14$ cm	$b < 14$ cm
$\varepsilon \leq 0{,}01$	30	30	30	30
$0{,}01 < \varepsilon \leq 0{,}04$	12	8	8	6
$0{,}04 < \varepsilon \leq 0{,}06$	8	6	6	5

*Se as paredes forem dotadas de armaduras contínuas, os valores indicados poderão ser majorados em 50%.
Fonte: CSTC (1980).

Relativamente às juntas de controle em paredes compostas por blocos cerâmicos, o IPT e a USP (2009) recomendam valores próximos àqueles preconizados pelo CSTC, conforme indicado na Tab. 9.5.

Tab. 9.5 Comprimento máximo da parede ou distância máxima entre juntas de controle em alvenarias com juntas em amarração, segundo o IPT e a USP

Largura do bloco (cm)	Distância máxima entre juntas (m)	
	Parede sem aberturas (parede cega)	Parede com vãos de portas e/ou janelas
9	10,00	7,50
14	14,00	10,50

Fonte: IPT e USP (2009).

Para diferentes tipos de blocos, o Eurocode 6 (CEN, 2006), no item 2.3.4 da parte 2, propõe para alvenarias de vedação os valores transcritos na Tab. 9.6. Entretanto, não são indicados valores para paredes com função estrutural.

Tab. 9.6 Comprimento máximo da parede ou distância máxima entre juntas de controle em alvenarias de vedação com juntas em amarração, segundo o Eurocode 6

Tipo de alvenaria	Distância máxima entre juntas (m)
Blocos cerâmicos	12
Blocos sílico-calcários	8
Blocos de concreto	6
Blocos de concreto celular	6
Alvenaria de rochas naturais	12

Fonte: CEN (2006).

No caso de alvenarias não portantes, segundo Pfeffermann e Baty (1978), as prescrições americanas estabelecem, como mínimo, a colocação nas juntas de assentamento de armaduras com 4 mm de diâmetro, com espaçamento não superior a 40 cm. De acordo com esses autores, a Federal Housing Administration (EUA) estabelece, conforme a Tab. 9.7, a distância máxima entre juntas de controle em função da presença ou não de armaduras nas paredes, do índice de retração ε_r dos componentes de alvenaria e da localização da parede.

Tab. 9.7 Distância máxima entre juntas de controle em alvenarias (m), segundo a Federal Housing Administration (EUA)

Localização da parede	Retração do componente de alvenaria (%)	Parede não armada	Parede armada	
			Armaduras a cada duas juntas	Armaduras em todas as juntas
Externa	$\varepsilon_r \approx 0{,}065$	7,5	9	10,5
	$\varepsilon_r \leq 0{,}03$* $\varepsilon_r \leq 0{,}04$**	9	12	13,5
Interna	$\varepsilon_r \approx 0{,}065$	7,5	10,5	13,5
	$\varepsilon_r \leq 0{,}03$* $\varepsilon_r \leq 0{,}04$**	10,5	13,5	16,5

*Material com massa específica aparente superior a 2 kg/dm³.
**Material com massa específica aparente inferior a 2 kg/dm³.
Fonte: Pfeffermann e Baty (1978).

O projeto de norma NBR 16868-1 ("Alvenaria estrutural – parte 1: projeto") (ABNT, 2020), que se encontrava em fase de consulta pública por ocasião da revisão do presente livro, prevê "a necessidade da colocação de juntas verticais de controle de fissuração em elementos de alvenaria, com a finalidade de prevenir o aparecimento de fissuras provocadas por variação de temperatura, retração, expansão, variação brusca de carregamento e variação da altura ou da espessura da parede". Na ausência de uma avaliação precisa das condições específicas do painel, recomenda dispor as juntas como indicado na Tab. 9.8.

Tab. 9.8 Comprimento máximo da parede ou distância máxima entre juntas de controle em alvenarias estruturais com juntas em amarração, segundo a ABNT (reprodução da Tab. 10, item 10.2.3, do projeto de norma NBR 16868-1)

Material	Localização do elemento	Limite M			
		Alvenaria sem armadura horizontal		Alvenaria com taxa de armadura horizontal maior ou igual a 0,04 da seção transversal (altura × espessura)	
		$t \geq 14$ cm	$t < 14$ cm	$t \geq 14$ cm	$t < 14$ cm
Cerâmica	Externa	10	8	12	9
	Interna	12	10	15	12
Concreto	Externa	7	6	9	8
	Interna	12	10	15	12

Nota 1 Os limites acima são reduzidos em 15%, caso a parede tenha abertura.
Nota 2 No caso de paredes executadas com blocos de concreto não curados a vapor, os limites são reduzidos em 20%, caso a parede não tenha abertura.
Nota 3 No caso de paredes executadas com blocos de concreto não curados a vapor, os limites são reduzidos em 30%, caso a parede tenha abertura.

Fonte: ABNT (2020).

É consenso que as armaduras melhoram substancialmente o comportamento da alvenaria quanto à fissuração, contrabalanceando sua deficiência natural de absorver tensões de tração e cisalhamento. Por essa razão, todas as especificações sobre cálculo e execução de alvenarias armadas estabelecem limites mínimos de armaduras nas paredes, variando as taxas geométricas mínimas entre 0,04% e 0,2%.

As alvenarias poderão ser armadas por cintas de concreto, por grauteamento vertical executado nos furos dos blocos vazados ou ainda por ferros corridos ou treliças planas (Murfor) dispostas nas juntas de assentamento de blocos com furos na horizontal; neste último caso, o diâmetro das armaduras não deverá exceder a metade da espessura da junta e, em qualquer caso, as armaduras deverão ser convenientemente cobertas para que não haja risco de corrosão.

Em enfraquecimentos promovidos pela abertura de vãos de janelas e de portas, principalmente quando houver grande proximidade entre os vãos, as alvenarias poderão ser reforçadas com a introdução de telas eletrossoldadas na argamassa de revestimento, nas duas laterais da parede, como ilustrado na Fig. 9.24.

Em quaisquer posições com enfraquecimentos localizados, como nas seções com introdução de tubulações (Fig. 9.25), a alvenaria poderá ser reforçada com a inserção de tela metálica na argamassa de revestimento, podendo-se ainda envolver o tubo com a mesma tela e efetuar o preenchimento com microconcreto ou argamassa.

Os cuidados com a execução das alvenarias deverão iniciar-se pelo controle de recepção e estocagem dos blocos ou tijolos, atentando-se principalmente para os seguintes detalhes:

- componentes com grandes variações dimensionais dificultarão a aparelhagem da parede, exigirão maior consumo de argamassa de revestimento, darão origem a juntas horizontais irregulares, gerando concentração de tensões em determinados blocos ou tijolos etc.;

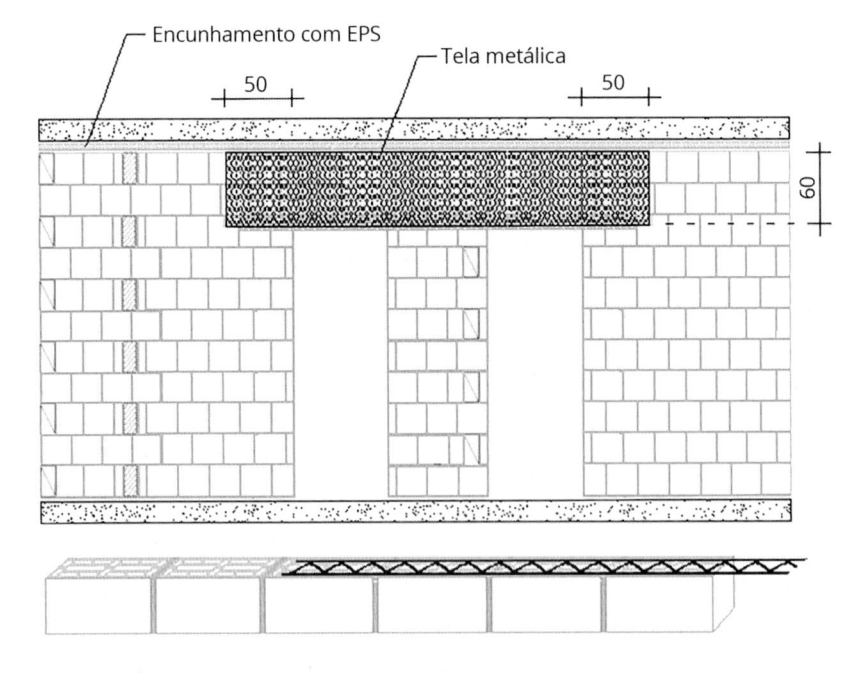

Fig. 9.24 *Reforço da alvenaria com talas constituídas pela argamassa de revestimento reforçada com telas eletrossoldadas com malha de 15 mm × 15 mm ou 25 mm × 25 mm, e reforço com a introdução de treliça metálica plana nas juntas de assentamento*

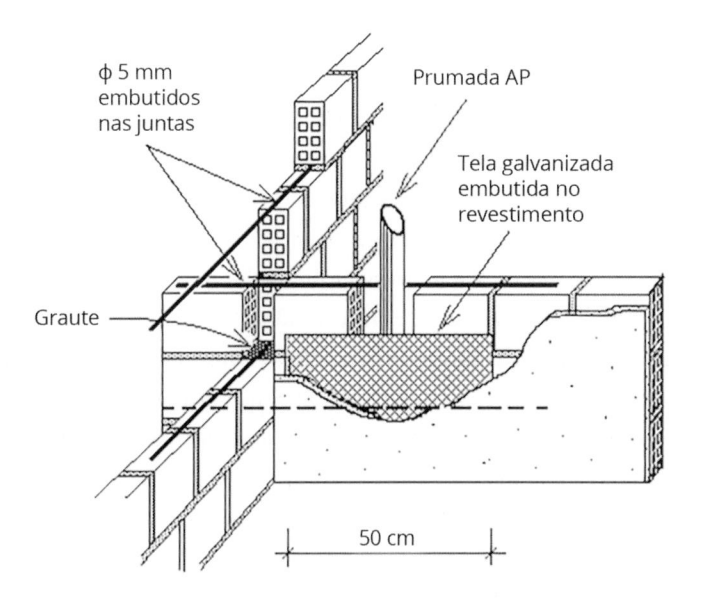

Fig. 9.25 *Reforço da alvenaria com tela metálica em seção enfraquecida pela presença de tubo*

- componentes mal curados apresentarão retração intensa na parede acabada;
- componentes não abrigados no canteiro absorverão água de chuva, contraindo-se subsequentemente na parede quando essa água evaporar-se.

O comportamento das alvenarias será condicionado à efetividade da ligação componente/argamassa. De acordo com Sabbatini (1984), o poder de sucção do bloco é de fundamental importância, pois dele dependem a aderência da argamassa e a resistência da junta contra a penetração de água de chuva nas alvenarias aparentes. Tal poder de sucção pode ser avaliado diretamente por ensaios de sucção inicial (norma ASTM C-67) ou indiretamente por ensaios de absorção de água.

Independentemente do tipo de material, os blocos deverão apresentar, portanto, poder de absorção dentro de uma determinada faixa. Se a absorção for muito pequena, não haverá boa penetração dos cristais hidratados do aglomerante nos poros do bloco, prejudicando a aderência mecânica; se, por outro lado, a absorção for muito grande, não haverá água suficiente para a hidratação do aglomerante, prejudicando mais uma vez a aderência. Entendido esse mecanismo, parece resolvida uma velha dúvida do canteiro de obras: molhar ou não molhar os blocos? A resposta seria: umedecê-los, sem encharcá-los, sempre que se apresentarem muito ressecados.

As faixas de absorção de água ou sucção inicial especificadas pelas diferentes normas variam muito. Para blocos cerâmicos, por exemplo, os italianos (UNI 5632) estipulam uma absorção de água compreendida entre 8% e 28%, enquanto os ingleses (BS 3921) não fazem nenhuma exigência. Para blocos de concreto, os belgas (NBN 538) exigem uma absorção de água não inferior a 12%, enquanto os brasileiros (EB-959/78) especificam uma absorção máxima de 10%. O National Building Research Institute (NBRI, 1978) recomenda, para blocos sílico-calcários, uma sucção inicial compreendida entre 14 g e 35 g de água por minuto por 30 polegadas quadradas (194 cm²) de área exposta.

Independentemente do formato ou do poder de sucção do bloco, todavia, a escolha do tipo de argamassa de assentamento é que influirá decisivamente no melhor ou no pior comportamento da alvenaria. Considerando o grande poder de acomodação às mais diferentes solicitações, conforme analisado no Cap. 7 (seção 7.2.3), e a importância relativa na resistência mecânica da parede às solicitações de compressão, como visto no Cap. 4 (seção 4.1), deverão sempre ser empregadas argamassas mistas, a não ser que se disponha de um cimento especial (*masonry cement*) de qualidade comprovada.

Assim sendo, praticamente todas as especificações técnicas recomendam argamassas proporcionadas com um volume de aglomerante (cimento e cal misturados) para três a quatro volumes de areia, relação essa que parece ser ideal para que os grãos de areia sejam totalmente recobertos pela pasta de aglomerante. Nos Estados Unidos, por exemplo, a norma ASTM C-91 recomenda as proporções apresentadas na Tab. 9.9.

Tab. 9.9 Argamassas recomendadas pela norma americana ASTM C-91 (proporções em volume)

Tipo de argamassa	Traço em volume			Resistência média aos 28 dias (MPa)
	Cimento	Cal hidratada*	Areia	
M	1	0,25	2,8 a 3,8	17,2
S	1	0,25 a 0,5	2,8 a 4,5	12,4
N	1	0,5 a 1,25	3,4 a 6,8	5,2
O	1	1,25 a 2,5	5,0 a 10,5	2,4
K	1	2,5 a 4,0	7,9 a 15,0	0,5

*Cal hidratada em pó ou pasta de cal virgem.
Fonte: ASTM International (2018).

Segundo Sabbatini (1984), nos Estados Unidos a escolha da argamassa fica condicionada às exigências dos códigos de construção locais. A norma ASTM C-270 (ASTM International, 2019), contudo, apresenta sugestões para a escolha da argamassa em função do tipo de construção, quais sejam:

- *paredes estruturais*: argamassa N (alternativamente S ou M);
- *paredes de vedação*: argamassa O (alternativamente K, N ou S);
- *fundações e muros de arrimo*: argamassa S (alternativamente M ou N).

Em condições muito especiais, onde se requeira por exemplo elevadíssima resistência à compressão ou onde haja grande risco de ataque por sulfatos, poderão ser empregadas argamassas sem cal hidratada. Nessa hipótese, entretanto, recomenda-se a adição à argamassa de agentes incorporadores de ar ou aditivos retentores de água (normalmente derivados da celulose).

Além dos cuidados referentes à escolha dos materiais, a qualidade da alvenaria também dependerá fundamentalmente da qualidade do serviço (nível, prumo, regularidade das juntas etc.). O adensamento da argamassa das juntas verticais e horizontais, conseguido mediante a pressão de um bloco contra o outro na operação de assentamento, e o não realinhamento do bloco assentado após o início de pega da argamassa são cuidados imprescindíveis para que se obtenham juntas estanques, requisito indispensável para as alvenarias aparentes localizadas nas fachadas da obra. Nessas alvenarias, é sempre recomendável o frisamento das juntas, tanto para melhorar a compacidade da argamassa quanto para propiciar o descolamento da lâmina de água de chuva escorrendo pela fachada; é possível frisar as juntas de diferentes maneiras, conforme representado na Fig. 9.26.

De acordo com Thomaz (1986, 1995, 2001), uma série de medidas poderá ser tomada para otimizar o desempenho final das alvenarias e racionalizar a sua execução, como a adoção de juntas totalmente preenchidas nas paredes de fachada (melhorando a isolação acústica), a introdução de juntas de controle, o emprego de vergas e contravergas pré-moldadas e contínuas, o assentamento sempre com juntas em amarração (com o uso de telas nos encontros entre paredes estruturais e paredes de vedação, para que não haja transmissão de tensões para a alvenaria de vedação) etc. As Figs. 9.27 e 9.28 ilustram algumas dessas recomendações.

9.5 Lajes de cobertura

As paredes do último pavimento de um edifício estão sujeitas a condições particularmente adversas, em razão principalmente da movimentação térmica da laje de cobertura. Deve-se frisar também que o maior efeito da dilatação térmica dos pilares acontecerá nesse último pavimento, já que eles só poderão expandir-se para cima.

No período pós-concretagem, as lajes de cobertura estarão, mais do que as outras, expostas a grandes intensidades de radiação solar. Portanto, caso não sofram

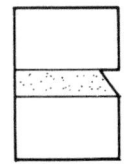

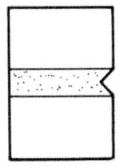

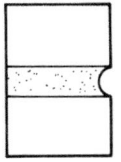

Fig. 9.26 *Frisamento de juntas em alvenarias aparentes de fachadas*

Fig. 9.27 (A) Junta de controle em alvenaria de blocos cerâmicos e (B) ligação com tela de metal expandido entre alvenaria estrutural e alvenaria de vedação

Fig. 9.28 (A) Vergas pré-moldadas em alvenaria de vedação e (B) verga composta por duas peças para fins ergonômicos (redução do peso)

um processo muito cuidadoso de cura, elas apresentarão grande retração de secagem, com efeitos diretos sobre as paredes do último pavimento.

Uma das primeiras soluções que se apresentam para o problema é a criação de juntas de movimentação na laje, que poderiam absorver tanto as movimentações resultantes da retração quanto as movimentações térmicas. Caso essa solução seja adotada, as juntas deverão ser convenientemente calculadas e tratadas com mata-juntas ou selantes flexíveis, conforme abordado por Picchi (1984).

Na impossibilidade de adoção de juntas de movimentação, no sentido de minimizar o efeito da retração de lajes muito extensas, Fintel (1974) recomenda a criação de juntas provisórias, com barras emendadas por transpasse ou ligeiramente arqueadas, como representado na Fig. 9.29. Tais juntas, com largura compreendida entre 60 cm e 90 cm, seriam posicionadas nas seções de menor momento fletor. Assim sendo, grande parte da retração do concreto (aproximadamente 50% do total, no primeiro mês) seria absorvida pelas juntas provisórias, que seriam concretadas 20 ou 30 dias após a execução da laje.

Como ilustrado na Fig. 9.30, do ponto de vista das movimentações térmicas, onde uma boa solução seria a adoção de juntas, podem ser consideradas algumas

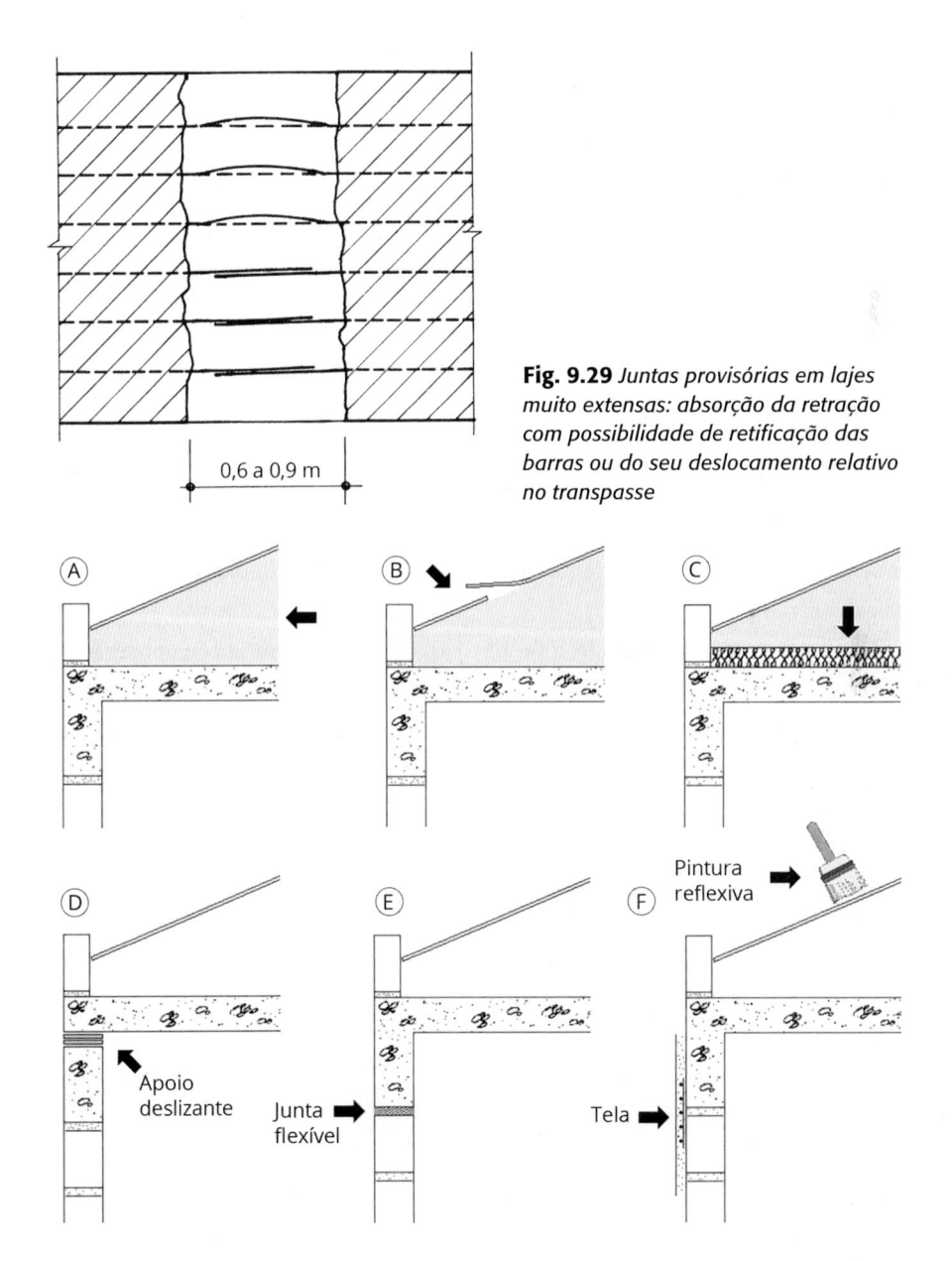

Fig. 9.29 *Juntas provisórias em lajes muito extensas: absorção da retração com possibilidade de retificação das barras ou do seu deslocamento relativo no transpasse*

Fig. 9.30 *Recursos visando evitar fissuras nas paredes do último pavimento dos edifícios: (A) sombreamento; (B) ventilação do ático; (C) camada de isolação térmica; (D) apoio deslizante; (E) junta flexível; (F) pintura reflexiva e reforço do revestimento com tela*

soluções combinadas, como o sombreamento da laje, o enrijecimento do cintamento e a adoção de camada de isolação térmica; com referência a essas soluções, contudo, devem ser feitas as seguintes observações:

- o sombreamento isolado não apresenta bons resultados, principalmente quando a cobertura é constituída por canaletes estruturais de fibrocimento (telhas com grande poder de reirradiação, áticos geralmente inexistentes ou mal ventilados);
- o reforço do cintamento, nos níveis necessários, é antieconômico;
- a isolação térmica da laje, desde que bem projetada e bem executada, pode apresentar bons resultados.

Diante desse quadro, uma solução que se afigura como bastante razoável é a dessolidarização entre as paredes do último pavimento e a laje ou o vigamento da cobertura. Nas estruturas reticuladas, tal desvinculação poderá ser feita nos moldes do que foi proposto para as paredes de vedação (seção 9.3, Fig. 9.13). Nas alvenarias estruturais, segundo diversos autores (Pfeffermann et al., 1967; Sahlin, 1971; Eichler, 1973; Fintel, 1974; Fisher, 1976), a dessolidarização deve ser obrigatoriamente adotada. Assim sendo, entre a alvenaria e a laje de cobertura deve ser criada uma junta deslizante, conforme mostrado nas Figs. 9.31 e 9.32, que pode ser constituída por neoprene, folhas duplas de cobre, chapas duplas de alumínio ou aço galvanizado.

Além da desvinculação do topo das paredes, outras precauções poderão ser tomadas, como a armação das alvenarias, a desvinculação das paredes nos encontros com os pilares, conforme foi visto na seção 9.3 (Fig. 9.18), e a adoção de juntas de movimentação nas paredes muito longas (subdividindo-as em seções menores, que absorvem com mais facilidade as deformações); neste último aspecto, podem ser adotadas portas com bandeira no último pavimento (Fig. 9.33), interrompendo-se as paredes com um detalhe arquitetônico.

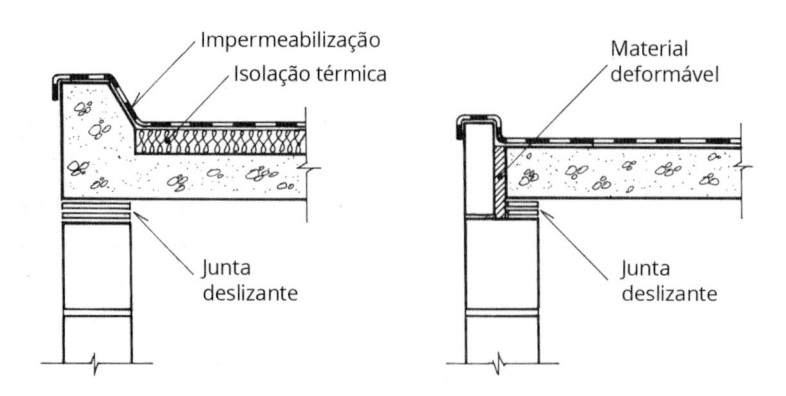

Fig. 9.31 *Junta deslizante entre laje de cobertura e alvenaria estrutural*

Fig. 9.32 *Tiras de chapas de alumínio para constituição da junta deslizante sob laje de cobertura*

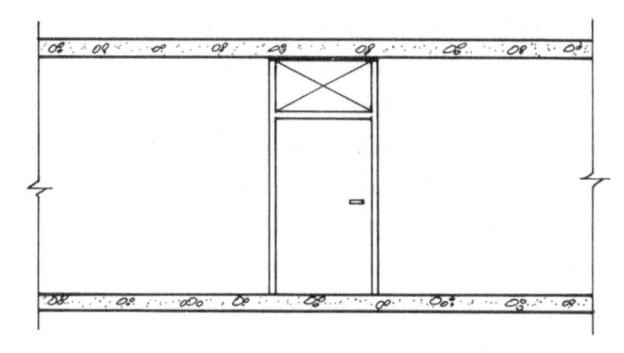

Fig. 9.33 *Seccionamento das paredes do último pavimento empregando-se portas com bandeira*

Nas lajes mistas, normalmente empregadas em edifícios de pequeno porte, os problemas são similares aos analisados para lajes maciças. Manifestam-se, todavia, em menor proporção, tanto porque as lajes são menores quanto porque as vigotas pré-fabricadas de concreto já desenvolveram parte de sua retração. As fissuras entre vigotas e componentes de laje (Fig. 1.27), geralmente causadas por movimentações térmicas diferenciadas, podem ser evitadas solidarizando-se os componentes uns aos outros com tela metálica embutida na capa de compressão executada *a posteriori*.

9.6 Revestimentos rígidos de paredes

As fissuras desenvolvidas em argamassas de revestimento, sem fissuração da base, manifestam-se por solicitações higrotérmicas e, sobretudo, por retração do material. De acordo com Joisel (1975), a incidência dessas fissuras será tanto maior quanto maior for o módulo de deformação da argamassa e menor for a sua resistência à tração. Portanto, a exemplo do que se concluiu para as argamassas de assentamento de alvenarias, as argamassas de revestimento deverão trazer em sua constituição teores consideráveis de cal, sendo comum o emprego dos traços 1:1:6, 1:2:9, 1:2,5:10 e 1:3:12 (cimento, cal e areia, em volume).

Cincotto (1975, 1983) destaca que as argamassas de revestimento devem apresentar módulos de deformação inferiores àqueles apresentados pelas alvenarias ou outras bases, podendo assim absorver relativamente bem pequenas movimentações ocorridas nas bases onde foram aplicadas. Cincotto observa ainda que, no caso de camadas múltiplas, o módulo de deformação da argamassa de cada camada deve ir diminuindo gradativamente de dentro para fora da parede (com o consumo de cimento, portanto, diminuindo no mesmo sentido).

Além do proporcionamento adequado, a qualidade dos materiais é preponderante para a obtenção de uma boa argamassa de revestimento; as areias com elevados teores de finos, impurezas orgânicas ou aglomerados argilosos favorecerão as fissuras de retração da argamassa, provocando ainda outras patologias. Cincotto (1983) salienta que a cal hidratada pode conter teores bastante elevados de material inerte adulterante, ou seja, finos inertes que induzirão retrações acentuadas em argamassas teoricamente bem dosadas.

Ocorrendo o endurecimento das argamassas que contêm cal pela penetração do anidrido carbônico na massa (reação de carbonatação), a espessura da camada não deverá ser muito fina, o que resultaria na "impermeabilização" da superfície do revestimento pela grande concentração de finos, nem muito grossa, o que dificultaria a penetração do anidrido carbônico através da argamassa. Como regra geral, a espessura da argamassa de revestimento deverá estar compreendida entre 1 cm e 2 cm; no caso da necessidade de espessuras superiores, a argamassa deverá ser aplicada em várias camadas.

Ainda quanto à aplicação, que deve ser efetuada em base suficientemente rústica (chapiscada, sempre que necessário), Cincotto (1983) observa que, se não houve tempo de secagem suficiente entre a aplicação de duas camadas sucessivas, a retração de secagem da camada inferior pode gerar a fissuração da camada mais externa.

Os revestimentos com pasta de gesso normalmente não apresentam problemas de fissuras de retração. Segundo Petrucci (1982), na reação de hidratação do gesso, em vez de retração, pode até acontecer uma ligeira expansão da massa. Contudo, em virtude da pequena espessura da camada aplicada (cerca de 2 mm a 5 mm), microfissuras ocorridas na base automaticamente se propagarão para o revestimento. O National Building Research Institute, citado por Cincotto (1983), adverte para o perigo da aplicação de gesso sobre argamassa de cimento ainda fresca, com a possibilidade de haver reação expansiva (conforme abordado no Cap. 8).

Nas fachadas principalmente, é essencial a total remoção do desmoldante das peças de concreto, seguindo-se a aplicação de chapisco industrializado com desempenadeira denteada, sendo a argamassa vigorosamente aplicada entre os cordões do chapisco. Também necessária é a introdução de telas metálicas reforçando a argamassa nos encontros das alvenarias com a estrutura (vigas e pilares), além de frisos ou juntas de controle regularmente espaçadas.

Os revestimentos de paredes com placas cerâmicas não devem ser muito extensos, já que movimentações relativamente acentuadas da parede não poderão ser absorvidas pelo corpo cerâmico e/ou pelo esmalte; a norma NBR 13754 (ABNT, 1996b) especifica a criação de juntas de movimentação sempre que a área do revestimento superar 32 m² (ou 24 m² no caso de ambientes sujeitos a calor ou umidade), limitando o distanciamento entre juntas a 8 m (6 m quando houver calor ou umidade). Para fachadas, a norma NBR 13755 (ABNT, 2017b) especifica que o distanciamento máximo entre juntas horizontais não deve ultrapassar 3 m, e o espaçamento entre juntas verticais não deve superar 6 m.

Há que se observar que os valores mencionados representam espaçamentos máximos, ou seja, aos projetistas compete especificar o posicionamento correto das juntas, levando em conta características das argamassas colantes e das placas cerâmicas (cor, coeficiente de dilatação térmica linear, expansão por umidade etc.) e de cada obra em particular (quinas, mudanças de altura, enfraquecimentos promovidos pelos vãos de portas ou janelas). Dessa forma, nem sempre os limites superiores indicados poderão ser adotados.

Quanto ao gretamento do esmalte das placas cerâmicas (Cap. 7), que pode ocorrer por falhas de fabricação, recomenda-se executar previamente ensaios de acordo com o Anexo F da norma NBR 13818 (ABNT, 1997), empregando-se no assentamento argamassas colantes adequadas (em atendimento à norma NBR 14081-1 – ABNT, 2012).

9.7 Pisos pétreos

Por uma série de motivos, os pisos cerâmicos ou em placas de rocha podem fissurar-se ou destacar-se da base: argamassas de assentamento muito rígidas, ausência de juntas entre as peças adjacentes, retração acentuada da base de assentamento, placas cerâmicas com elevada EPU etc. Como abordado nos Caps. 1 e 5, respectivamente, os problemas poderão também surgir por dilatações térmicas do piso e por flexão acentuada de lajes.

No sentido de prevenir a ocorrência de problemas com os pisos cerâmicos, a norma NBR 13753 (ABNT, 1996a) recomenda diversas medidas:

- tempo de cura das bases, espessura das lajes sobre o solo, prevenção de ascensão de umidade do solo etc.;
- emprego de argamassas não muito rígidas nas camadas de preparação (sugerindo-se os traços 1:4 a 1:6 – cimento e areia, em volume), forma de preparação e aplicação de argamassas colantes;

- assentamento com observação de folgas entre as peças, variando essas folgas de 1 mm a 5 mm em função do tamanho dos ladrilhos e da localização do piso (interno ou externo ao edifício);
- especificação de juntas de dessolidarização do piso cerâmico nos encontros com pilares e paredes laterais, conforme representado na Fig. 9.34.

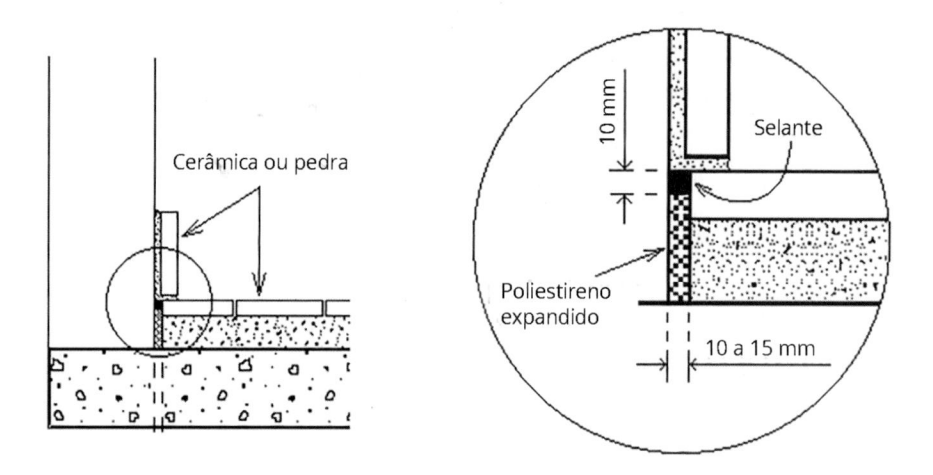

Fig. 9.34 *Junta de dessolidarização entre piso cerâmico e parede*

A junta de dessolidarização representada nessa figura é essencial no caso de pisos sobre lajes de cobertura, cuja dilatação sob insolação tende a provocar o deslocamento de platibandas, como ilustrado na Fig. 1.26.

No caso de pisos pétreos assentados sobre lajes muito flexíveis, onde a flexão da laje pode fazer com que o piso venha a trabalhar como capa de compressão, é recomendável a introdução de uma camada de separação entre o piso e a laje, que pode ser constituída por areia grossa estabilizada com cimento (pequeno teor), por folhas duplas de papel Kraft ou ainda por membrana de polietileno, conforme indicado na Fig. 9.35.

A membrana de polietileno tem a vantagem adicional de funcionar como camada impermeabilizante, impedindo que águas infiltradas no piso cerâmico venham a provocar corrosão das armaduras da laje e umedecimento do teto no pavimento inferior; ressalte-se que uma camada impermeabilizante executada com betume também funciona como camada de separação.

Para pisos com áreas muito grandes, a norma NBR 13753 especifica a adoção de juntas de movimentação longitudinais e/ou transversais, com distâncias idênticas àquelas estabelecidas para revestimentos cerâmicos para áreas internas, ou seja:
- em pisos internos com área igual ou maior que 32 m^2, ou sempre que a extensão do lado for maior que 8 m;

- em pisos externos com área igual ou maior que 20 m², ou sempre que a extensão do lado for maior que 4 m.

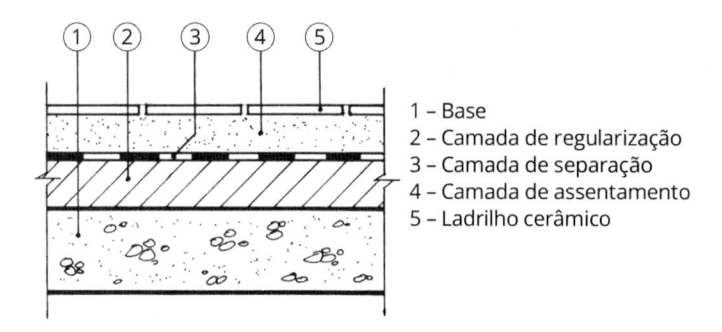

Fig. 9.35 *Camada de separação entre piso cerâmico e laje de concreto armado*

1 – Base
2 – Camada de regularização
3 – Camada de separação
4 – Camada de assentamento
5 – Ladrilho cerâmico

A largura das juntas de acomodação pode ser dimensionada de acordo com a fórmula seguinte (respeitado o limite mínimo de 10 mm para viabilizar seu arremate):

$$\ell = \left(\frac{100}{FAS} \cdot \Delta L\right) + \Delta \ell \geq 10 \text{ mm} \quad (9.3)$$

em que:

ℓ = largura da junta;

FAS = fator de acomodação do selante (em porcentagem, normalmente 25%);

ΔL = variação dimensional do piso sob ação do calor ou da umidade, sendo:

$\Delta L = L_0 \cdot \alpha_t \cdot \Delta T$ (para variação de temperatura);

$\Delta L = L_0 \cdot \Delta h$ (para variação de umidade).

α_t = coeficiente de dilatação térmica linear;

$\Delta \ell$ = tolerância/variação na largura da abertura da junta (normalmente ±2 mm a 3 mm).

Quando houver juntas de movimentação na estrutura, estas deverão ser previstas também no piso, existindo correspondência entre seu posicionamento e suas aberturas projetadas. Quanto à execução das juntas, poderão ser empregados perfis extrudados de PVC ou, alternativamente, material deformável (estiropor, aglomerado de fibras de madeira etc.) e selante flexível, conforme ilustrado na Fig. 9.36.

9.8 Forros de gesso

O gesso é um material que apresenta movimentações higroscópicas acentuadas e resistência à tração e ao cisalhamento relativamente baixa. Assim sendo, os forros constituídos por placas de gesso devem apresentar folgas em todo o seu contorno, capazes de absorver as

1 - Selante   2 - Material de enchimento   3 - Perfil extrudado de PVC

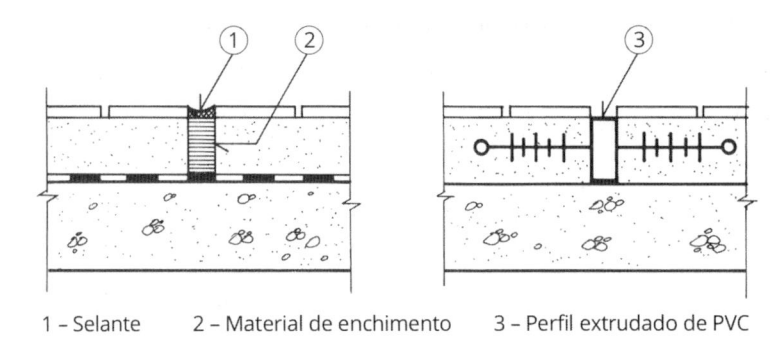

Fig. 9.36 *Juntas de movimentação em piso cerâmico*

movimentações do gesso ou da própria estrutura; como acabamento, podem ser empregadas cimalhas de gesso (Fig. 9.37) ou qualquer outro tipo de mata-juntas. Nos forros muito longos, situação típica de corredores, devem ser previstas juntas de movimentação intermediárias, espaçadas, no máximo, a cada 5 m ou 6 m, devidamente arrematadas por mata-juntas (normalmente perfil de alumínio, com formato de T).

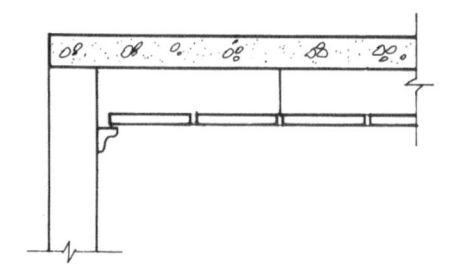

Fig. 9.37 *Folga entre forro de gesso e parede lateral*

Os forros de gesso ainda podem apresentar fissuras por movimentações da estrutura e/ou dos tirantes de sustentação, por vazamentos de água a partir do pavimento superior (caso típico de forros suspensos em banheiros e áreas de serviço) ou por outros motivos. Entre esses outros motivos, pode-se citar um caso de desabamento de forro causado pela ação de cupins de madeira seca (Fig. 9.38): não que eles tivessem comido o gesso, mas sim o sisal que estruturava as placas de gesso.

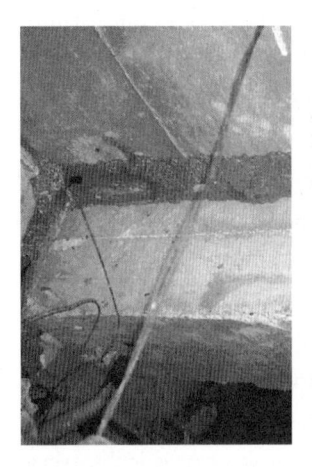

Fig. 9.38 *Ataque de cupins ao sisal de estruturação das placas de gesso e queda do forro*

9.9 Caixilhos e envidraçamentos

Como abordado no Cap. 1, as placas de vidro poderão fissurar-se ou romper-se em razão de solicitações térmicas extremamente adversas. Como medida preventiva mais importante, devem ser adotadas folgas suficientes entre as placas de vidro e sua estrutura de suporte (caixilhos ou até mesmo a própria estrutura de concreto armado), podendo as folgas ser projetadas, por exemplo, de acordo com as indicações da ABNT (2014b).

Deve-se lembrar ainda que a aplicação de pinturas ou filmes plásticos em placas de vidro comum já instaladas, com a finalidade de escurecer os ambientes, altera as propriedades ópticas do vidro, fazendo com que passe a absorver maior quantidade de calor. Em consequência disso, o vidro apresenta maior dilatação térmica e as folgas, inicialmente adequadas, podem tornar-se insuficientes para acomodar as movimentações da placa. O escurecimento artificial do vidro comum, portanto, deve ser evitado.

Independentemente das movimentações térmicas, as placas de vidro poderão sofrer fissuras ou rupturas quando solicitadas por movimentações da estrutura de concreto armado, conforme ilustrado na Fig. 9.39. Situação particularmente importante é aquela de fachadas envidraçadas suportadas por vigas em balanço, onde o sobrecarregamento das placas de vidro poderá ser evitado pela previsão de folgas acentuadamente maiores ou até mesmo pela adoção de caixilhos telescópicos. Outra solução bastante eficiente é o emprego de uma junta de movimentação entre a caixilharia e o componente estrutural superior, fazendo-se a ligação entre um e outro mediante ganchos chatos de metal, que funcionam como molas. Tais ganchos, chumbados no concreto e soldados em perfil de fechamento da caixilharia, são apresentados na Fig. 9.40.

Fig. 9.39 *Ruptura de placa de vidro solicitada por deformação da estrutura de concreto armado*

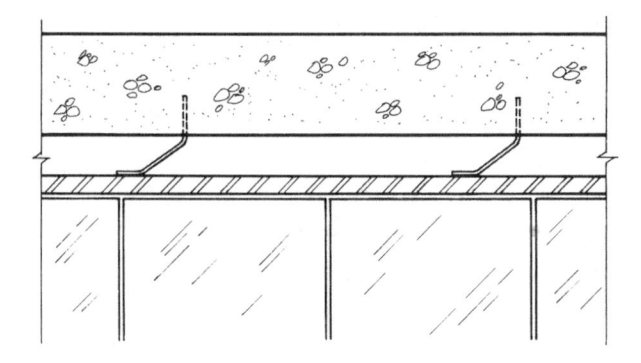

Fig. 9.40 *Junta de movimentação entre estrutura e caixilharia, com ganchos chatos de metal*

Inspeção de obras e diagnóstico das trincas 10

A exemplo de um médico que se defronta pela primeira vez com um determinado paciente, sem conhecer suas condições de gestação, crescimento, tipo de vida etc., o engenheiro ou o arquiteto é chamado para diagnosticar a causa de determinados problemas, por exemplo, os ilustrados nas Figs. 10.1 e 10.2.

Fig. 10.1 *Danos generalizados na base de uma parede de empena, composta por blocos de vedação, em edifício construído no sistema Outinord (parede longitudinal, à direita da foto, constituída por concreto armado)*

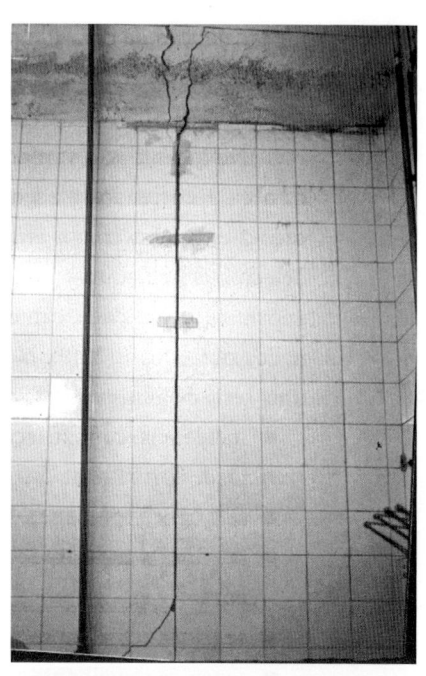

Fig. 10.2 *Trinca acentuada em parede transversal, aproximadamente a 90 cm da parede de fachada à direita da foto, propagando-se inclusive pela cinta de amarração em concreto armado (edifício industrial de um pavimento, constituído por alvenaria estrutural)*

Nem sempre é tarefa fácil diagnosticar a causa de uma trinca. Segundo Chand (1979), uma causa pode provocar diversas configurações de trincas e uma configuração pode ser representativa de diversas causas. Não raras vezes observam-se trincas originadas por uma somatória de causas, com configurações diferentes daquelas que aqui foram apresentadas. Em alguns casos, o diagnóstico correto só poderá ser elaborado a partir de consultas a especialistas, minuciosos ensaios de laboratório, revisão de projetos e mesmo instrumentação e acompanhamento da obra. Pode haver casos, contudo, em que as verdadeiras causas das trincas jamais serão determinadas com absoluta certeza.

De acordo com Lichtenstein (1985), a resolução de um problema patológico passa obrigatoriamente por três etapas:

- *levantamento de subsídios*: acumular e organizar as informações necessárias e suficientes para o entendimento dos fenômenos;
- *diagnóstico da situação*: entender os fenômenos, identificando as múltiplas relações de causa e efeito que normalmente caracterizam um problema patológico;
- *definição de conduta*: prescrever a solução do problema, especificando todos os insumos necessários, e prever e acompanhar a real eficiência da solução proposta.

No tocante ao levantamento de subsídios, é imprescindível o exame cuidadoso da obra, recorrendo-se à sensibilidade do técnico e, eventualmente, a algumas verificações expeditas com o emprego de instrumentos específicos – pacômetro, para a detecção de armaduras, indicador de umidade superficial, para a verificação de teores anormais de umidade, câmera termográfica e diversos outros equipamentos relacionados por Grossi (2019). No levantamento efetuado no local, o BRE (1978) aponta uma série de fatores que devem ser investigados, tais como:

- incidência, configuração, comprimento, abertura e localização da trinca;
- idade aproximada da trinca e do edifício e época do ano em que foi construído;
- se a trinca aprofunda-se por toda a espessura do componente trincado;
- se trinca semelhante aparece em componente paralelo ou perpendicular àquele em exame;
- se trinca semelhante aparece em pavimentos contíguos;
- se trinca semelhante aparece em edifício vizinho;
- se o aparecimento da trinca é intermitente ou se sua abertura varia sazonalmente;
- se a trinca já foi reparada anteriormente;
- se ocorreu alguma modificação profunda nas cercanias da obra;
- se no entorno da trinca aparecem outras manifestações patológicas, como umidade, descolamentos, manchas de ferrugem e de bolor, eflorescências etc.;

- se nas proximidades da trinca existem tubulações ou eletrodutos embutidos;
- se existem na obra caixilhos comprimidos;
- se as trincas manifestam-se preferencialmente em alguma das fachadas da obra;
- se existem deslocamentos relativos (para fora ou para dentro) na superfície do componente trincado;
- se a abertura da trinca é constante ou se ocorre estreitamento numa dada direção;
- se a trinca é acompanhada por escamações indicativas de cisalhamento;
- se está ocorrendo condensação ou penetração de água de chuva para o interior do edifício;
- se o edifício está sendo corretamente utilizado.

Um aspecto importante para o diagnóstico é conseguir imaginar o movimento que deu origem à trinca, já que a grande maioria delas está associada a movimentações das mais distintas naturezas. Uma boa técnica exploratória, principalmente para que não sejam esquecidos ou descartados aspectos importantes, é aquela que se baseia em eliminações subsequentes, tentando-se considerar todo o universo de causas hipotéticas ou agentes patológicos, muitos deles apresentados nos capítulos precedentes.

No caso de não se conseguir chegar, através dos levantamentos mencionados, a um diagnóstico seguro, medidas mais trabalhosas deverão ser tomadas, como a revisão de cálculos estruturais, a análise dos perfis de sondagem, a tentativa de estimar recalques etc. Medidas mais sofisticadas poderão ainda ser consideradas, como a instrumentação da obra com inclinômetros, defletômetros e extensômetros mecânicos ou elétricos, o acompanhamento de recalques com base em referencial profundo instalado fora da zona de influência das fundações etc.

Também poderão ser adotadas medidas mais simples, para entendimento qualitativo do problema e acompanhamento de sua eventual evolução. Nesse sentido, as fissuras poderão ser providas de testemunhas ("gravatas") constituídas por material rígido (normalmente gesso nas partes internas da construção e argamassa de cimento e areia nas partes externas), que, ao fissurar, indicará a continuidade do movimento. Reygaerts (1980) sugere ainda a utilização de testemunhas em metal ou vidro, com traços de referência, coladas alternadamente nos dois lados do componente adjacentes à fissura. Essas testemunhas, conforme mostrado na Fig. 10.3, poderão dar uma ideia quantitativa dos deslocamentos ocorridos.

A abertura das fissuras também poderá ser determinada com instrumentos ópticos (lupa com nônio e iluminação interna, como se fosse um microscópio portátil) e por comparação com réguas gabaritadas ("fissurômetros"), conforme ilustrado na Fig. 10.4.

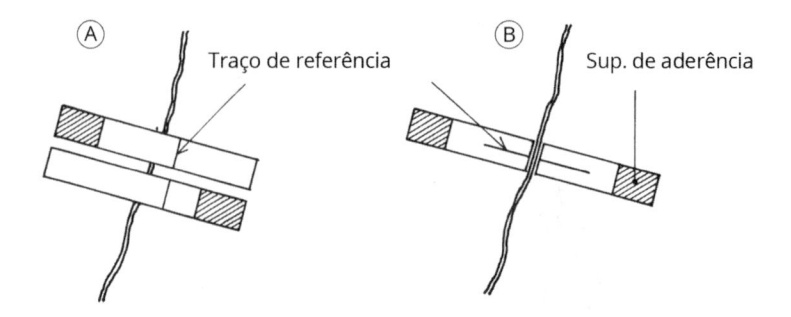

Fig. 10.3 *Testemunhas com traços de referência: (A) indicando deslocamentos na horizontal e (B) indicando deslocamentos na vertical*

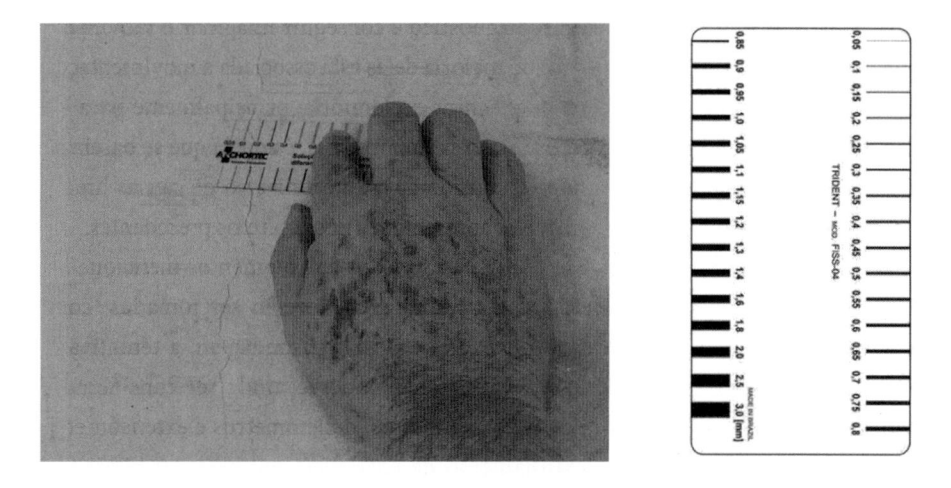

Fig. 10.4 *Avaliação quantitativa da abertura da fissura com auxílio de fissurômetro transparente*

A verificação da movimentação relativa entre trechos da parede seccionada por uma fissura poderá ser feita com precisão mediante instrumentação da fissura com bases de aço e leitura, com extensômetro mecânico, das movimentações relativas entre essas bases; instrumenta-se, por exemplo, uma fissura com três bases constituindo um triângulo equilátero, nas condições da Fig. 10.5.

Geometricamente, o deslocamento horizontal n e o deslocamento vertical relativo t seriam expressos por:

$$n = \sqrt{(a+\Delta a)^2 - x^2} - \sqrt{a^2 - \frac{c^2}{4}} \qquad (10.1)$$

$$t = x - \frac{c}{2} \qquad (10.2)$$

$$x = \frac{1}{2c}\left[(a+\Delta a)^2 - (b+\Delta b)^2 + c^2\right]$$ (10.3)

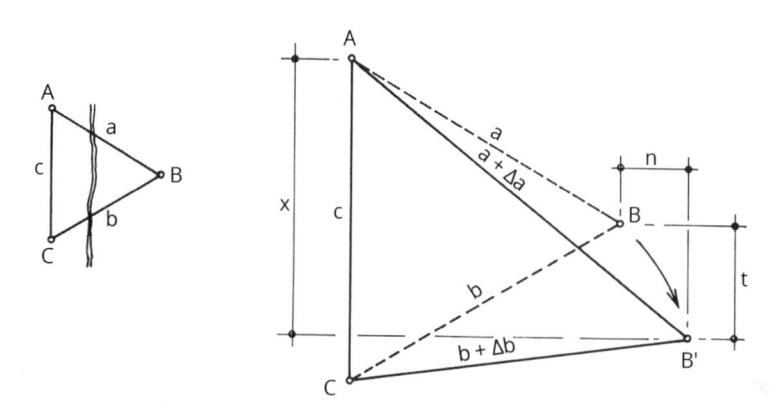

Fig. 10.5 *Fissura instrumentada com bases de aço para leitura dos deslocamentos relativos*

Com base nas observações e levantamentos efetuados no local da obra, entretanto, na maioria das vezes o técnico já poderá chegar ao diagnóstico do problema. Deve-se alertar, contudo, que juízos precipitados e ideias preconcebidas geralmente conduzem a diagnósticos incorretos; uma fissura que aparece num apartamento de cobertura pode ter sido originada num recalque diferenciado das fundações, enquanto uma presente num apartamento do andar térreo pode ter sido causada por vazamento de água captada na cobertura do edifício.

A similaridade de situações, algumas vezes muito forte, pode induzir a erro o técnico menos avisado ou menos cuidadoso. A fissura ilustrada na Fig. 10.6, por exemplo, poderia ser precipitadamente atribuída a um recalque da fundação, no canto esquerdo do prédio; se todas as condições de contorno fossem cuidadosamente analisadas (inexistência de fissura semelhante no pavimento superior, inexistência de fissuras inclinadas na parede de empena etc.), seria possível concluir, entretanto, que a fissuração da alvenaria foi provocada por excessiva flexibilidade da estrutura (flecha que se desenvolveu na extremidade do balanço da viga de fundação, sob a parede de empena).

Antes de estabelecer grandes elucubrações teóricas sobre o problema em análise, o técnico deve também inspecionar, com "olhos de lince", tudo o que lhe for possível. A fissura e o componente fissurado devem ser examinados de longe, de perto, por cima, por baixo, de frente, de lado etc., recorrendo-se, quando necessário, a pequenas escavações ou demolições. Nos casos ilustrados nas Figs. 10.1 e 10.2, a inspeção cuidadosa da obra teria levado, por exemplo, às seguintes conclusões:

- no edifício construído no sistema Outinord, os danos foram provocados por recalque da estaca posicionada no canto da obra, em razão de vazamento de esgoto que vinha ocorrendo ao longo dos anos (Fig. 10.7);
- no edifício industrial, a fissuração vertical da parede foi provocada pelo seccionamento indevido da cinta de amarração existente acima dela (Fig. 10.8), para "possibilitar" a instalação de caixa-d'água suplementar numa das reformas ocorridas no edifício.

Fig. 10.6 *Fissuração da alvenaria devida à flexibilidade da estrutura de concreto armado, aparentando ter sido provocada por recalque de fundação*

Fig. 10.7 *Instalações de esgoto totalmente danificadas, provocando saturação do solo e consequente recalque da fundação*

Nas inspeções de obras com problemas, há que se atiçar a curiosidade, não se deixando passar desapercebidos quaisquer detalhes, por mais tolos que possam parecer. Nos trabalhos de recuperação de fachadas de uma obra, por exemplo, havia sinais de corrosão de armaduras de pilares em pavimentos quase no topo do prédio, sendo que esses pilares não se encontravam aparentes no térreo (envolvidos por alvenaria, com finalidade arquitetônica). Como a obra já tinha idade superior aos

20 anos, ocorreu aos técnicos abrir algumas janelas de inspeção nas alvenarias, o que fez com que se deparassem com problemas relativamente graves de corrosão de armaduras, conforme ilustrado na Fig. 10.9.

Além das inspeções cuidadosas, a obtenção de dados históricos sobre a obra e/ou seu local de implantação às vezes pode conduzir a pistas muito seguras para o esclarecimento do problema. Assim sendo, a recuperação do "diário de obra", de fotografias obtidas durante sua execução e de registros sobre eventuais anomalias que tenham ocorrido na fase de construção ou de ocupação do edifício pode, em alguns casos, ser tão ou mais importante que os próprios levantamentos anteriormente mencionados. Em certas circunstâncias (Figs. 10.10 e 10.11), para nossa surpresa, pode-se constatar que as trincas precederam até mesmo o estudo básico de arquitetura, já tendo sido "projetadas" no próprio estudo de implantação das edificações.

Fig. 10.8 *Seccionamento da cinta de concreto armado que amarrava a parede transversal à parede de fachada da obra*

Fig. 10.9 *Importante corrosão de armaduras de pilar envolto por alvenaria, chegando até ao seccionamento de estribos*

Trincas em edifícios

Fig. 10.10 *Projeto de implantação em local sujeito a enchentes induziu fissuras por movimentações higroscópicas*

Fig. 10.11 *Projetos de implantação e terraplenagem foram indutores de erosão do terreno e fissuras por movimentação das fundações*

11 RECUPERAÇÃO DE COMPONENTES FISSURADOS

A recuperação de componentes fissurados só deverá ser realizada em função de um diagnóstico seguramente firmado e somente após ter-se pleno conhecimento da implicação das trincas no comportamento do edifício como um todo. Conforme o BRE (1977b), antes da reparação de uma parede trincada, por exemplo, deve-se ter certeza de que não ocorreram danos às instalações, essa trinca não prejudicou o contraventamento da obra, não foram reduzidas perigosamente as áreas de apoio de lajes ou tesouras da cobertura, não ocorreram desaprumos muito acentuados etc.

Entendido que a fissuração do componente não compromete a segurança da estrutura, diversas outras questões deverão ser analisadas antes de estabelecer-se o processo de recuperação, tais como: implicações da fissura em termos de desempenho global do componente ou de componentes vizinhos (isolação termoacústica, estanqueidade à água, durabilidade); sazonalidade ou estágio de avanço do movimento que deu origem à trinca; possibilidade de adoção de um reparo definitivo ou provisório; época mais apropriada para a execução do reparo etc.

Os reparos definitivos deverão sempre ser projetados tendo-se em mente as causas que deram origem ao problema: todos os esforços devem ser direcionados no sentido de suprimi-las ou minimizá-las. Assim sendo, as medidas de recuperação deverão basear-se sempre nas medidas preventivas, algumas delas apresentadas no Cap. 9; quanto maior for a aproximação entre a medida preventiva recomendada e a solução corretiva adotada, maior será a eficiência do reparo.

Em alguns casos, a recuperação em si do componente trincado é a parte menos importante na resolução do problema. No tocante a recalques de fundação, por exemplo, Pfeffermann et al. (1967) citam que "se os estudos demonstram que há possibilidade de continuação do movimento, nenhum método de reparo do componente será eficiente". Além do mais, caso se consiga um método aparentemente eficiente, com o emprego de selantes flexíveis, por exemplo, este poderá constituir-se numa simples maquiagem, encobrindo evoluções perigosas para a segurança do edifício.

Na ocorrência de recalques da fundação, portanto, a recuperação do componente só deverá ser efetuada quando o movimento estabilizar-se ou quando houver certeza sobre a estabilidade da obra. Em caso contrário, deve-se combater inicialmente a causa dos recalques, empregando-se técnicas de consolidação do terreno (compactação, injeção de nata de cimento etc.) ou de reforço da fundação (cachimbos, estacas laterais, estacas mega, estacas raiz, estacas *hollow auger* e outras). Medidas complementares podem ser tomadas, como a impermeabilização superficial do terreno ao redor da obra, a drenagem superficial de águas que possam eventualmente empoçar nas proximidades da fundação e o corte de árvores, que absorvem muita água do solo.

11.1 Recuperação ou reforço de componentes de concreto armado

Um problema bastante típico de fissuração de componentes estruturais é o proveniente de corrosão de armaduras. Nesse caso, e desde que não tenha ocorrido acentuada perda na área resistente das armaduras, a recuperação pode ser executada da seguinte maneira:

- remoção do concreto solto, desagregado ou lascado nos trechos das barras corroídas e se estendendo 15 cm ou 20 cm além do problema visível;
- remoção do produto de corrosão, mediante lixamento ou jateamento com areia e água, até que se atinja o metal são;
- remoção da poeira aderente às barras e à cavidade do concreto com jato de ar ou escova;
- proteção das barras de aço com pintura anticorrosiva (zarcão, *wash-primer* etc.);
- estando bem seco o fundo anticorrosivo, aplicação de adesivo epóxi tanto nas barras de aço quanto na cavidade do concreto;
- dentro do período de cura da resina, aplicação de argamassa de cimento e areia (1:2 ou 1:3), bem seca (consistência de "terra úmida"), energicamente socada contra as armaduras e a cavidade do concreto;
- cura úmida da argamassa (sacos de estopa umedecidos etc.).

A recomposição indicada poderá também ser executada com graute industrializado não retrátil, autoadensável, e a complementação de armaduras deverá ser executada sempre que a redução na seção da barra de aço, pela corrosão, ultrapassar 10% ou 15% da seção original.

Fissuras de retração em vigas ou pilares de concreto armado geralmente não representam perigo de corrosão para as armaduras (Joisel, 1975). Em situações muito particulares, como no caso de vigas de cobertura aparentes com elevado nível de fissuração, recomenda-se a proteção da peça com pinturas flexíveis (borracha clorada, epóxi-alcatrão etc.), incorporando-se à pintura, sempre que possível, tela de náilon, de vidro ou de polipropileno.

Em vigas com fissuras cujas aberturas excedam os limites determinados pela norma NBR 6118 (ABNT, 2014a) (ver Tab. 3.1 deste livro), onde há perigo de corrosão da armadura ou em componentes de concreto armado onde a estanqueidade é requerida (reservatórios, estações de tratamento etc.), as fissuras poderão ser reparadas com injeção de resina epóxi, acrílica, poliéster ou poliuretano. Esse reparo deverá ser preferivelmente executado quando a abertura da fissura for a maior possível, ou seja, quando a estrutura apresentar-se contraída pela ação de temperaturas baixas. Almeida (1980) recomenda a adoção dos seguintes procedimentos para a injeção da resina epóxi:

- abertura de um sulco com formato de V, com aproximadamente 10 mm de profundidade e largura de 30 mm, em toda a extensão da fissura;
- broqueamento do concreto no eixo da trinca, com profundidade de aproximadamente 5 cm, para inserção dos tubos de injeção com diâmetro de aproximadamente 10 mm; o distanciamento entre os furos pode variar de 15 cm a 80 cm, em função da abertura da fissura e da espessura da peça;
- limpeza do sulco, dos furos broqueados e das paredes seccionadas da peça com jato de ar;
- fixação dos tubos de injeção e obturação superficial da fissura com massa epoxídica;
- teste com ar comprimido, para verificar se é perfeita a comunicação entre os tubos de injeção, 12 h a 36 h após a fixação desses tubos;
- sendo perfeita a comunicação, início da injeção de resina pelo furo mais inferior, empregando-se equipamento apropriado; quando a resina começar a aflorar pelo tubo superior adjacente, transfere-se a bomba de injeção para este tubo, obtura-se o tubo inferior, e assim sucessivamente;
- 48 h após a injeção, os tubos plásticos são retirados mediante corte e broqueamento; os furos resultantes são preenchidos, então, com massa epoxídica ou com mistura de areia, cimento e resina epóxi.

O tipo de resina e a respectiva viscosidade irão depender do estado de umidade da peça, da extensão da fissura e de sua abertura. Há no mercado resinas com viscosidade desde 10 mPa · s (gel de acrílico) até 350 mPa · s, lembrando que a viscosidade da água a 25 °C é 1 mPa · s (1 centipoise). As injeções são realizadas normalmente com pressões que podem variar de 0,5 MPa (fissuras mais largas) a 3 MPa (fissuras mais estreitas), empregando-se atualmente bicos de injeção com válvulas unidirecionais (semelhantes às válvulas dos pneumáticos), podendo ser os bicos colados no interior dos furos ou mesmo na superfície das peças, conforme ilustrado nas Figs. 11.1 a 11.4.

Fig. 11.1 *Limpeza da fissura, broqueamento para instalação de bicos e colmatação com massa epóxi ou poliéster*
Fonte: *Marcelo Scandaroli.*

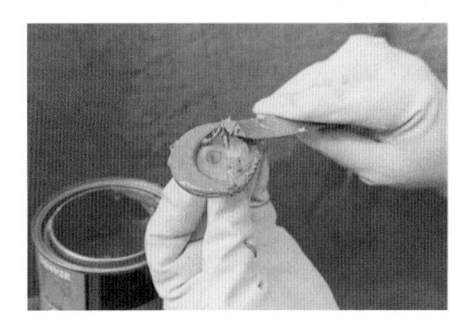

Fig. 11.2 *Colagem de bicos para injeção da resina epóxi ou outra*
Fonte: *Marcelo Scandaroli.*

A injeção de resina, conforme exposto, não visa restabelecer ou aumentar a resistência da viga fissurada, já que, sob carregamento, as fissuras provavelmente viriam a manifestar-se em seções contíguas àquelas recuperadas. O reforço de vigas propriamente dito pode ser feito mediante a colagem, com resina epóxi, de chapas de aço ou mantas de carbono à viga, corretamente dimensionadas e posicionadas. Se houver problema de resistência ao cisalhamento, as chapas serão colocadas nas laterais da viga, nas seções mais solicitadas pelas forças cortantes; se o problema advir de momentos fletores, as chapas ou cantoneiras de aço serão coladas na base da viga, como ilustrado na Fig. 11.5.

De acordo com Souza (2009), o reforço de componentes estruturais de concreto armado com chapas metálicas deve ser efetuado com as seguintes precauções:

11 # Recuperação de componentes fissurados

Fig. 11.3 *Distanciamento pequeno entre bicos de injeção (fissura com abertura em torno de 0,2 mm) e detalhes do equipamento de pressurização da resina*
Fonte: *Marcelo Scandaroli.*

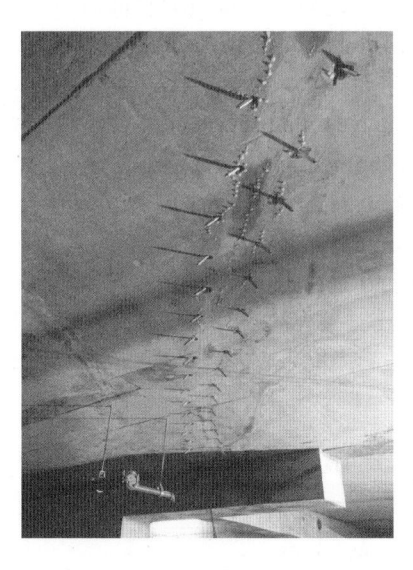

Fig. 11.4 *Injeção de resina presente na base de laje com emprego de bicos de perfuração*

- a superfície do concreto deve ser apicoada e a poeira resultante, totalmente removida; a superfície da chapa de aço deve ser jateada com areia + água,

adquirindo assim uma certa rugosidade, e limpa com solventes com alto poder de evaporação (tricloroetileno, xilol etc.) (Fig. 11.5A);
- a resina epoxídica é aplicada em excesso, tanto no concreto quanto na chapa metálica (Fig. 11.5B);
- a chapa ou a cantoneira é fortemente pressionada contra a superfície da peça de concreto, ocorrendo assim refluxo do adesivo em excesso; a pressão, obtida com pontaletes ou outros acessórios, é mantida no mínimo por 24 h (Fig. 11.5C).

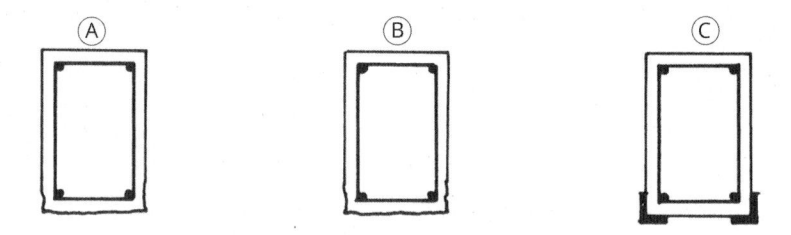

Fig. 11.5 *Reforço de viga mediante colagem de cantoneira de aço*

O processo apresentado permite que o reforço entre em ação somente após a colocação de novas cargas. No caso de desejar-se que o reforço entre imediatamente em serviço, deve-se macaquear a estrutura alguns milímetros, como indicado na Fig. 11.6, retirando-se a pressão dos macacos depois de quatro a cinco dias de iniciada a cura da resina.

O reforço de vigas pode ser obtido ainda com o próprio emprego de concreto, adotando-se armaduras suplementares e aumentando-se a altura útil da viga (Fig. 11.7). Nessa hipótese, antes de iniciarem-se as operações de reforço da viga, a estrutura deverá ser convenientemente escorada.

Após isolamento das áreas e conveniente escoramento da estrutura, conforme a sequência apresentada na figura, as operações de reforço da viga são as seguintes:
- o concreto presente na base da viga é removido com martelete portátil, ponteiro metálico ou outra ferramenta (Fig. 11.7A);

Fig. 11.6 *Reforço de viga com colagem de chapa e aplicação de carga de baixo para cima, de forma que, ao retirar a carga, a viga reforçada entra imediatamente em serviço*

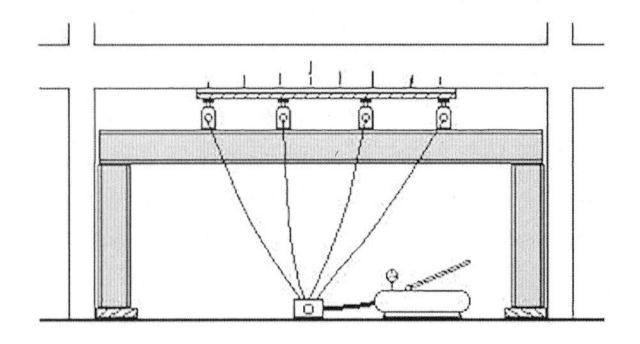

11 # Recuperação de componentes fissurados

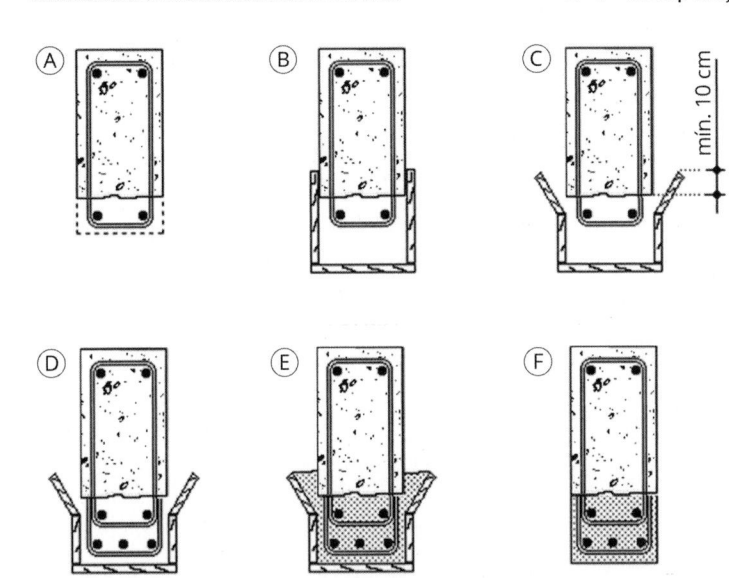

Fig. 11.7 *Reforço de viga com concreto e armaduras suplementares: (A) escarificação; (B) ajuste da fôrma; (C) ajuste dos cachimbos; (D) armadura complementar; (E) concretagem/ grauteamento; (F) escarificação dos excessos*

- a fôrma e seu respectivo cimbramento são ajustados (Fig. 11.7B);
- a fôrma apresenta uma sobrelargura, de modo que o concreto possa ser lançado por uma lateral, refluindo pela outra; além disso, cachimbos laterais são inseridos na fôrma para que o material de recuperação mantenha total contato com a base escarificada da viga (Fig. 11.7C);
- a armadura suplementar é posicionada, sendo amarrada com arame recozido na armadura existente (Fig. 11.7D);
- a superfície de corte do concreto e as armaduras são limpas com escova ou jato de ar; em seguida, a superfície de corte e, opcionalmente, as barras são pintadas com resina epoxídica; depois, a fôrma é recolocada e bem travada ao cimbramento; o material de reparo (graute autoadensável ou microconcreto) é lançado, sendo, no caso do microconcreto, vigorosamente vibrado, injetando--se a agulha do vibrador pelas duas laterais da viga (Fig. 11.7E);
- após a cura inicial do concreto (24 h a 48 h), as laterais das fôrmas são removidas; o concreto em excesso é cortado com ponteiro e talhadeira, sendo dado o acabamento final com lixadeira quando se tratar de concreto aparente (Fig. 11.7F).

No caso de pilares, bastante comum é o reforço com chapas de aço, coladas ao pilar e soldadas entre si, envolvendo toda a seção do pilar, ou também com a colagem de mantas compostas por fibras de carbono. Caso se opte em reforçar o pilar com o próprio emprego de concreto, poderá haver alguma dificuldade no lançamento e no

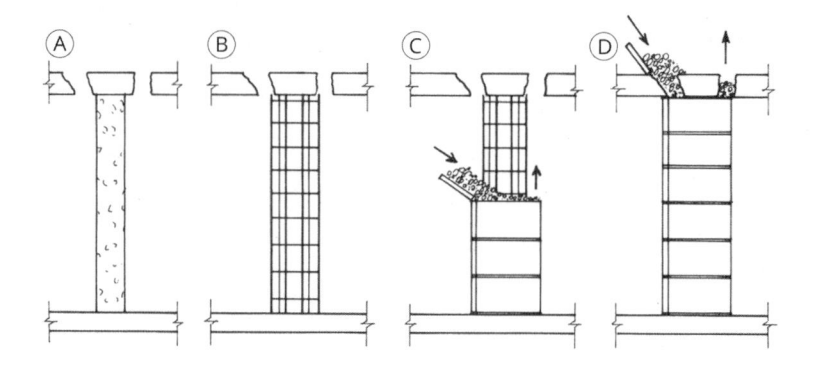

Fig. 11.8 *Reforço de pilar com concreto e armaduras complementares*

adensamento do concreto na região contígua à cabeça do pilar. Nessa circunstância, Noronha (1980) sugere a solução ilustrada nas Figs. 11.8 e 11.9.

As etapas a serem adotadas no reforço do pilar seriam, portanto, as seguintes:
- são executadas duas aberturas (janelas) na laje, próximas à cabeça do pilar, uma para lançamento do concreto e outra para refluxo da massa; o concreto existente é apicoado com ponteiro e a poeira é removida com escova ou jato de ar (Fig. 11.8A);
- a armadura suplementar é posicionada e a resina epóxi é aspergida contra a superfície do pilar (Fig. 11.8B);
- as fôrmas, previamente preparadas, vão sendo colocadas em etapas, assim como se vai procedendo ao lançamento e ao adensamento do concreto (Fig. 11.8C);
- a última aduela de fôrma é posicionada; o concreto é lançado e vibrado por uma das janelas inicialmente abertas, refluindo pela outra (Fig. 11.8D).

No caso da impossibilidade de abertura das janelas, por exemplo pela presença de vigas, o concreto deve ser lançado até a máxima altura possível; o enchimento do último segmento, com poucos centímetros de altura, é então executado com argamassa de cimento

Fig. 11.9 *Reforço de pilar com fôrma composta por aduelas pré-ajustadas e com cachimbo*

e areia (1:2 ou 1:3) com consistência de "terra úmida", energicamente apiloada contra a superfície do pilar e a superfície da viga ou laje superior.

Em vez do emprego da fôrma em seções, pode-se executá-la tomando todo o tramo do pilar em recuperação, havendo nesse caso a necessidade de abertura de janelas. No caso do aumento da capacidade de carga do pilar, o reforço deve ser executado desde a fundação, como mostrado na Fig. 11.10.

A recuperação ou o reforço de vigas, pilares e lajes pode ser ainda efetuado com

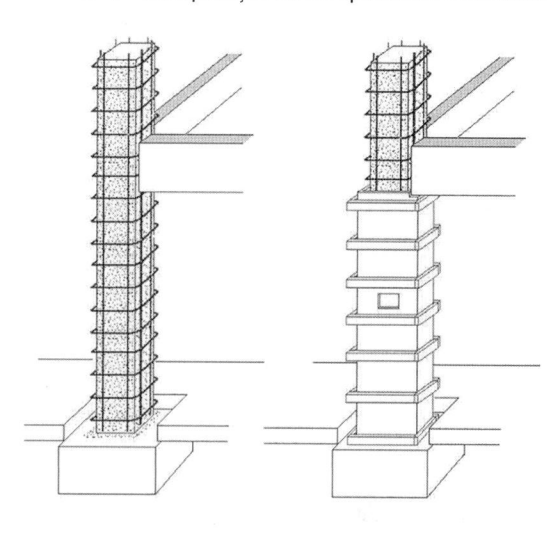

Fig. 11.10 *Reforço de pilar com fôrma contínua, aprofundado até o topo do bloco de coroamento*

a aplicação de concreto projetado. O reforço de laje de concreto armado não é muito comum; quando tal necessidade for constatada, provavelmente será mais econômico destruir o concreto, reforçar a armadura e reconcretar a laje. Pode-se, contudo, proceder à colagem de fibras de carbono ou chapas de aço sob a laje, ou tentar a utilização de uma armadura suplementar amarrada à existente, recobrindo-se em seguida a armadura suplementar com concreto projetado, como indicado na Fig. 11.11; este último procedimento pode ser adotado também quando desejar-se simplesmente proteger contra a corrosão armaduras expostas de lajes.

Fig. 11.11 *Reforço de laje com armadura complementar e concreto projetado*

A recuperação ou o reforço das estruturas de concreto armado exige estudos aprofundados, sendo que aqui foram indicadas apenas formas gerais de intervenção. Existem processos bem mais complexos de recuperação, incluindo proteção catódica, extração de cloretos, barreiras ou densificadores de superfície, realcalinização e outros. Há que se tomar cuidado com processos de recuperação sem um diagnóstico completo dos problemas existentes e dos problemas que podem vir a ser causados: por exemplo, a recuperação localizada de um trecho com ninho de concretagem ou corrosão de armadura, originalmente uma região anódica (onde se desenvolve a corrosão), pode ficar muito bem protegida, convertendo-se numa região catódica e tornando todo o resto da estrutura uma região anódica. Ou seja, elimina-se um problema localizado e pode-se estar criando um problema generalizado.

Com vistas a entender melhor os processos de degradação do concreto armado e seus respectivos remédios, existem diversas teses de doutorado, dissertações de mestrado, artigos e livros, entre os quais podem ser citados os autores Helene (1992), Figueiredo e Rocha (2011), Takagi e Almeida Júnior (2002), Timerman (2011) e Tula e Oliveira (2003).

11.2 Recuperação ou reforço de paredes em alvenaria

Nunca é demais repetir que as alvenarias são os componentes da obra mais suscetíveis à fissuração, além do que as fissuras em paredes são as que mais realçam aos olhos dos usuários dos edifícios. Assim sendo, por aspectos estéticos, psicológicos e mesmo de desempenho, as recuperações de alvenarias são as que mais frequentemente se verificam nas obras. A seguir serão analisados alguns procedimentos de reparo, realçando-se que a escolha do processo mais adequado será condicionada pela intensidade prevista para a movimentação da trinca.

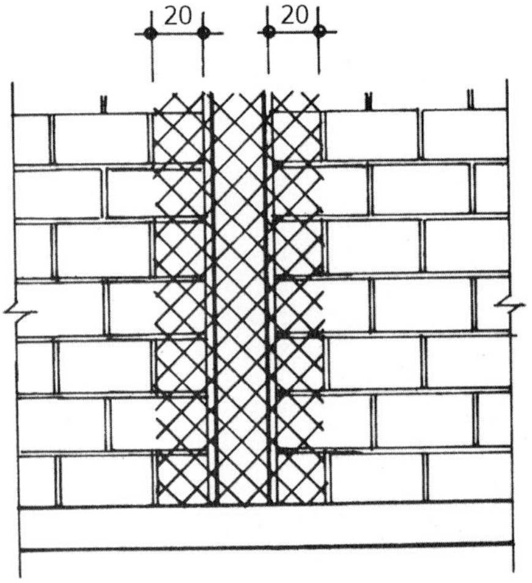

Os destacamentos entre pilares e paredes podem ser recuperados da maneira analisada na seção 9.3 (Fig. 9.16), ou seja, mediante a inserção de material flexível no encontro parede/pilar. Nas paredes revestidas, no caso de destacamentos provocados por retração da alvenaria, pode ser empregada uma tela metálica galvanizada, como por exemplo tela eletrossoldada com malha de 25 mm e fios com bitola de 1,25 mm, inserida na nova argamassa a ser aplicada e transpassando o pilar aproximadamente 20 cm para cada lado, conforme indicado na Fig. 11.12.

Fig. 11.12 *Recuperação de destacamento pilar/parede com tela metálica*

11 # Recuperação de componentes fissurados

Nesse tipo de recuperação, a tela pode ser fixada na alvenaria com o emprego de pregos ou cravos de metal e deverá estar medianamente distendida; a alvenaria e o pilar deverão ser chapiscados após a colocação da tela, e a argamassa de recuperação deverá ter baixo módulo de deformação (traço 1:2:9, cimento, cal hidratada e areia média, em volume). Nos encontros alvenaria/pilar, deve ser introduzida bandagem de dessolidarização, providência também a ser tomada nos encontros entre alvenarias de fachada e vigas superiores, como ilustrado na Fig. 11.13.

Nas paredes longas com fissuras intermediárias, recomenda-se a criação de juntas de movimentação nos locais de ocorrência das fissuras, podendo-se também recorrer ao artifício de transformar as portas simples em portas com bandeira, conforme foi aventado na seção 9.5 (Fig. 9.33). No caso de fissuras provocadas por movimentações iniciais acentuadas, cuja variação na abertura passa a ser vinculada

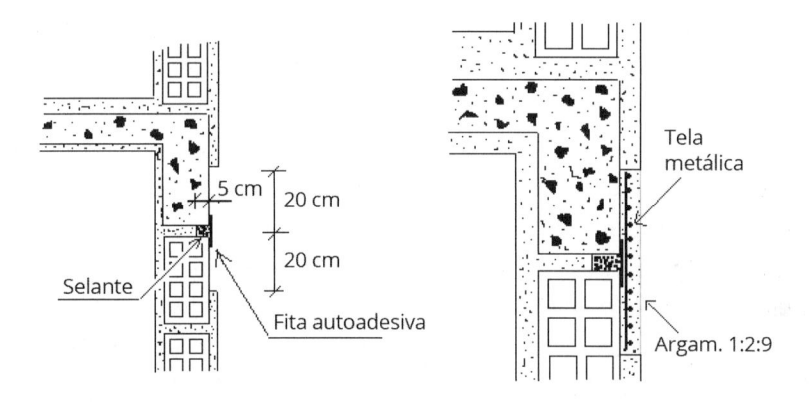

Fig. 11.13 *Recuperação de destacamento em fachada com emprego de selante, bandagem de dessolidarização e argamassa reforçada com tela metálica*

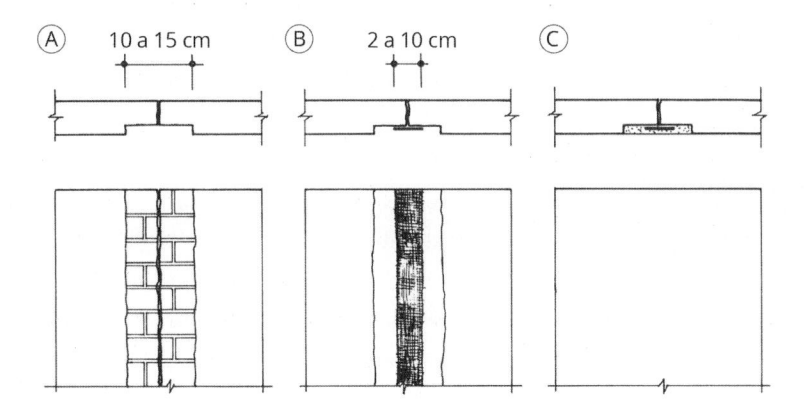

Fig. 11.14 *Recuperação de fissura em alvenaria com emprego de bandagem de dessolidarização parede/revestimento*

unicamente a movimentações higrotérmicas da própria parede, diversos autores (Latta, 1976; Chand, 1979; etc.) sugerem a utilização de tela metálica (Fig. 11.12) ou a interseção de uma bandagem que propicie a dessolidarização entre o revestimento e a parede na região da fissura, de acordo com o mostrado na Fig. 11.14.

Conforme a sequência apresentada nessa figura, as etapas de recuperação da fissura com bandagem seriam as seguintes:

- remoção do revestimento da parede, numa faixa com largura de aproximadamente 15 cm a 20 cm (Fig. 11.14A);
- aplicação da bandagem com distribuição regular para ambos os lados da fissura; as opiniões divergem quanto à largura dessa faixa, ficando compreendida entre 2 cm e 10 cm (Fig. 11.14B);
- aplicação de chapisco externamente à bandagem e recomposição do revestimento com argamassa de baixo módulo de deformação (traço 1:2:9 em volume) (Fig. 11.14C).

Existem diversas indicações sobre o tipo de material constituinte da bandagem, tais como saco de estopa, esparadrapo, fita crepe, fita de polipropileno autoadesiva, fita aluminizada etc. No mercado brasileiro já existem bandagens pré-fabricadas com largura de 20 mm ou 50 mm, com tela lateral autoadesiva ("Tela-Fix").

Em todos os casos, o princípio de funcionamento da recuperação com bandagem é a absorção da movimentação da fissura por uma faixa de revestimento relativamente larga, não aderente à base; dessa forma, quanto melhor for a dessolidarização promovida pela bandagem e quanto maior for sua largura, menores serão as tensões introduzidas no revestimento pela variação na abertura da fissura e, portanto, menor será a probabilidade de a fissura voltar a pronunciar-se no revestimento. No exemplo a seguir, pode-se observar melhor a filosofia do reparo:

- alongamento admissível à tração de uma argamassa 1:2:9: 0,01%;
- alongamento admissível da mesma argamassa 1:2:9 preparada com PVA: 0,08%;
- alongamento admissível da mesma argamassa preparada com PVA e reforçada com tela #25 mm: 0,25%;
- fissura existente com abertura de 0,2 mm;
- movimentações térmicas reversíveis esperadas de 0,1 mm;
- variação percentual esperada para a abertura da fissura: $\varepsilon = 0,1/0,2 = 50\%$ (>> 0,01% ou 0,25%);
- inserção de uma bandagem de dessolidarização com largura de 50 mm;
- variação percentual esperada para a abertura da fissura: $\varepsilon = 0,1/50 = 0,2\%$ (< 0,25%).

11 # Recuperação de componentes fissurados

A recuperação de fissuras ativas, desde que os movimentos não sejam muito pronunciados, poderá também ser tentada com o próprio sistema de pintura da parede. Nesse caso, a pintura deve ser reforçada com uma finíssima tela de náilon ou polipropileno, ou ainda véu de poliéster não tecido, com aproximadamente 10 cm de largura, requerendo-se a aplicação de seis a oito demãos de tinta elástica, à base de resina acrílica, poliuretânica etc. No caso do véu de poliéster (VP 20 – 20 g/m²), este poderá ser previamente embebido na resina e, após escorrimento, ser colado na parede.

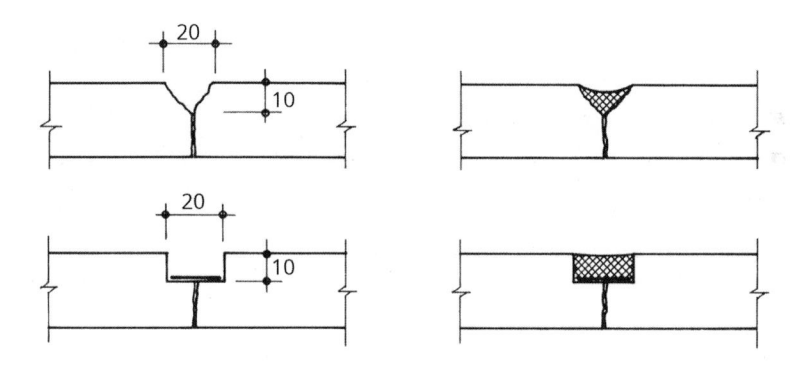

Fig. 11.15 *Recuperação de fissuras ativas com selante flexível*

Sempre que possível, a recuperação de trincas ativas deve ser efetuada com selantes flexíveis (poliuretano, acrílico, silicone, polissulfetos), abrindo-se na região da trinca um sulco com formato de V com aproximadamente 20 mm de largura e 10 mm de profundidade (Fig. 11.15).

A aplicação do selante deverá ser precedida de uma limpeza eficiente da poeira aderente à parede, devendo esta encontrar-se bem seca quando da aplicação. O selante deverá ser tixotrópico e bem consistente, não apresentando retração acentuada pela evaporação de seus constituintes voláteis. Antes da obturação da cavidade, deve-se aplicar líquido selador da mesma natureza do selante nas paredes do sulco.

No caso de movimentações muito intensas da trinca, recomenda-se a abertura de cavidade retangular, com aproximadamente 20 mm de largura e 10 mm de profundidade, intercalando-se entre o selante e a parede uma membrana de separação (fita autoadesiva de polipropileno, por exemplo); essa solução, também representada na Fig. 11.15, propicia ao selante condições de trabalho muito mais eficientes.

Os reparos com materiais flexíveis podem considerar a combinação de selantes, bandagens de separação, telas ou véus embebidos em resinas flexíveis, ganhando

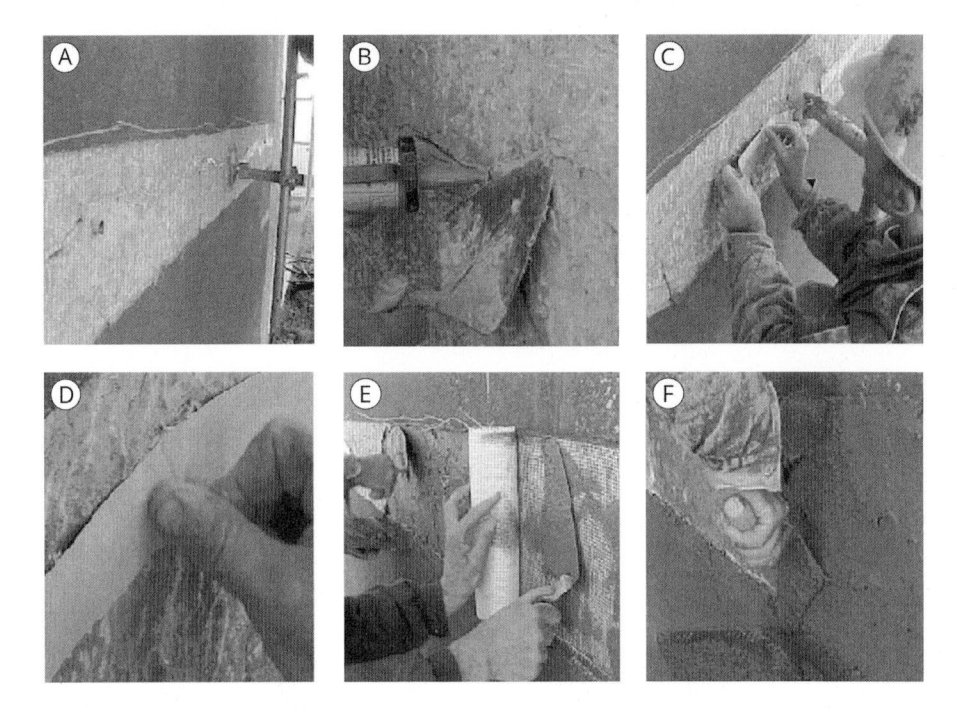

Fig. 11.16 *Recuperação de fissura combinando selante flexível, bandagem e tela*
Fonte: *Abrantes e Silva (2007).*

cada vez mais poder de acomodação. Tomando o devido cuidado para que os reparos flexíveis não venham a mascarar a evolução perigosa de problemas estruturais, Vieira et al. (2016) e Abrantes e Silva (2007) recomendam o reparo de fissuras com bandagens e argamassas flexíveis conforme ilustrado na Fig. 11.16.

De acordo com a sequência apresentada nessa figura, as etapas de recuperação da fissura com selante, bandagem e tela seriam as seguintes:

- remoção do revestimento (argamassa decorativa, no caso), escarificação e limpeza de sulco no emboço da base (Fig. 11.16A);
- imprimação com *primer* PU e aplicação de selante base PU (Fig. 11.16B);
- aplicação de bandagem de dessolidarização (Fig. 11.16C,D);
- aplicação de tela de poliéster como reforço da camada de acabamento (Fig. 11.16E);
- acabamento (Fig. 11.16F).

As fissuras provocadas por enfraquecimento localizado da parede, seja pela presença de aberturas de portas e janelas, seja pela inserção de tubulações, poderão ser recuperadas superficialmente através da introdução de bandagem no revestimento ou de tela de náilon na pintura. O comportamento monolítico da parede poderá ser restabelecido mediante a introdução de armaduras no trecho fissurado da

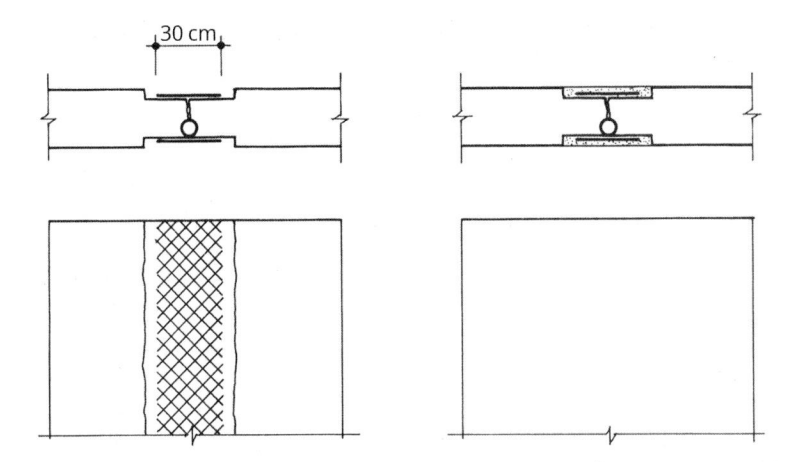

Fig. 11.17 *Recuperação de parede em seção enfraquecida com emprego de tela metálica*

parede ou até mesmo por meio de telas metálicas inseridas no revestimento; nessa segunda alternativa, ilustrada na Fig. 11.17, o comprimento de transpasse da tela, para cada um dos lados da trinca, deve ser de aproximadamente 15 cm.

Propondo diferentes sistemas de reparos flexíveis de fissuras, Sahade (2005) realizou aplicação experimental em fachadas de edifícios na cidade de São Paulo e posterior monitoramento do desempenho desses sistemas por prazos relativamente longos (seis meses a 40 meses), constatando na prática a efetividade de selantes, telas e resinas analisadas. Aponta no seu trabalho facilidades e dificuldades na execução de cada sistema de reparo, como tempo requerido para a execução dos reparos, necessidade e tempo de aluguel de balancins, dificuldade de escarificar argamassa com frisador (ferramenta tipo "bico de papagaio", com ponta de vídia), recomendando nesse caso o emprego de serra elétrica etc. Nesse último aspecto, vale lembrar que existem no mercado equipamentos com discos de corte duplos, como o mostrado na Fig. 11.18.

Nas alvenarias aparentes, onde é impossível a utilização de telas ou bandagens, o BRE (1977b) sugere alternativas de recuperação para três situações distintas, ou seja:

- *nas trincas pronunciadamente ativas*: criação de juntas de movimentação;
- *em caso de movimentações consolidadas*: simples substituição dos blocos fissurados, raspagem da

Fig. 11.18 *Equipamento com discos de corte duplos, para preparação de cavidades/reparo de fissuras*

argamassa das juntas horizontais e verticais até uma profundidade de aproximadamente 15 mm, limpeza, umedecimento e posterior obturação da junta com argamassa de traço 1:1:6 ou 1:2:9;

- *em paredes sujeitas a variações dimensionais limitadas*: substituição dos blocos fissurados, introdução de armadura vertical e grauteamento dos furos, constituindo-se assim um pilarete armado na seção originalmente fissurada;
- alternativamente à hipótese anterior apresentada, o BRE sugere ainda a raspagem das juntas horizontais de assentamento até uma profundidade de aproximadamente 15 mm, seguindo-se o chumbamento, com argamassa 1:1:6 bem seca, de ferros com diâmetro de 4 mm ou 5 mm. Esses ferros, com transpasse de aproximadamente 25 cm para cada lado da fissura, deverão ser chumbados em juntas alternadas, numa e noutra face da parede, conforme esquematizado na Fig. 11.19.

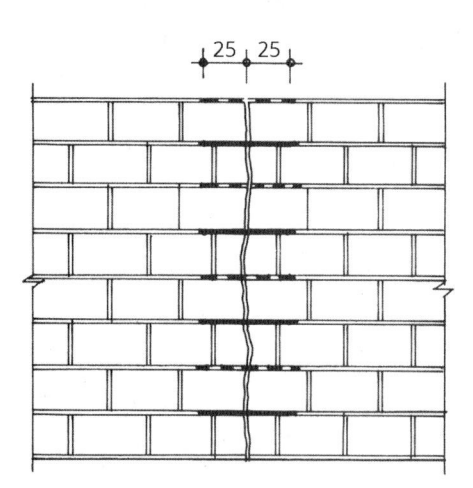

Fig. 11.19 *Recuperação de fissura em alvenaria aparente com emprego de armaduras defasadas*

A recuperação com o sistema de costura apontado, caso continue atuando o agente da patologia (movimentações térmicas, retração de secagem etc.), pode eliminar a fissura na seção onde originalmente aconteceu, mas pode dar origem a nova fissura lateralmente ao reparo. No caso de execução com argamassa muito retrátil e/ou com barras de aço muito curtas, o problema pode reaparecer, como ilustrado na Fig. 11.20.

Nas ocorrências de destacamentos entre componentes de alvenaria e argamassa de assentamento, particularmente quando propiciam a infiltração de água de chuva pelas fachadas, a raspagem das juntas e o posterior preenchimento com selante ou argamassa, nas condições mencionadas na segunda alínea da lista precedente, são soluções bastante plausíveis. Entretanto, quando os destacamentos forem generalizados ou quando a raspagem

Fig. 11.20 *Retorno de fissura que havia sido reparada mediante costura com ferros introduzidos nas juntas de assentamento*

11 # Recuperação de componentes fissurados

das juntas for impraticável pela dureza da argamassa de assentamento empregada, somente soluções globais, como o revestimento da fachada com argamassa ou a adoção de pintura elástica com tela incorporada, é que poderão resolver o problema definitivamente.

Nas paredes de vedação fissuradas por movimentações térmicas de lajes de cobertura ou pelo sobrecarregamento oriundo da flexão de componentes estrutu-

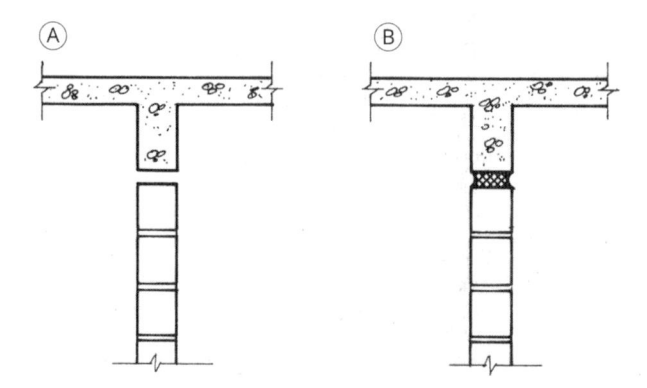

Fig. 11.21 *Desvinculação entre a parede fissurada e o componente estrutural superior: (A) corte efetuado no topo da parede e (B) preenchimento com material deformável*

rais, qualquer uma das soluções anteriormente apontadas pode ser empregada na recuperação da parede trincada; todavia, o mais importante nesses casos será a tomada de providências indicadas na seção 9.5 (sombreamento, isolação térmica etc.) ou a desvinculação entre o topo da parede e o componente estrutural, como representado na Fig. 11.21.

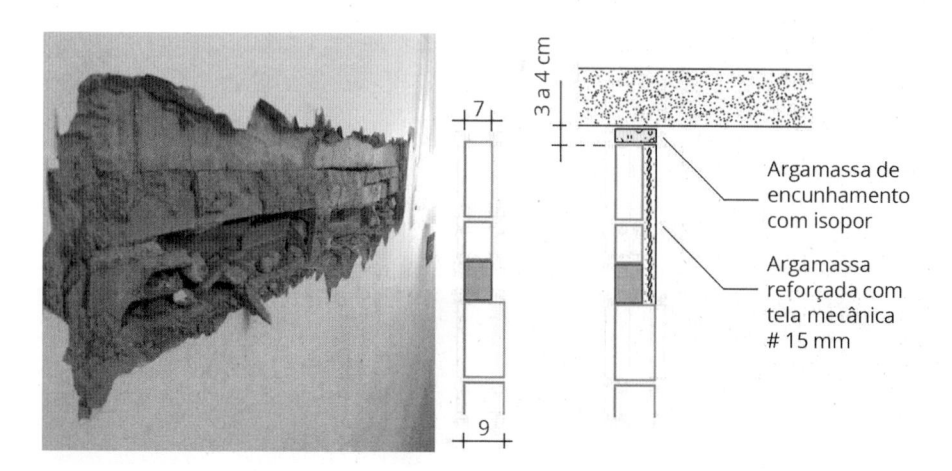

Fig. 11.22 *Reparo no topo de parede carregada por deformação da estrutura, com emprego de bloco uma largura menor e argamassa reforçada com tela metálica*

No caso de deslocamentos importantes da estrutura, com ruptura localizada de blocos conforme ilustrado na Fig. 11.22, além da desvinculação, o trecho prejudicado da alvenaria poderá ser recomposto com argamassa armada, utilizando-se no caso argamassa de traço 1:1:6 (cimento, cal hidratada e areia média, em volume) e tela eletrossoldada com malha de 15 mm e fios com bitola de 1,25 mm.

Nas lajes de cobertura apoiadas em alvenaria portante, além da solução óbvia de melhorar a isolação térmica da cobertura, pode-se tentar o escoramento da laje, a remoção da última junta de assentamento e a introdução, nessa junta, de material deformável (neoprene, chapas de alumínio etc.). Quando o escoramento da laje for impossível, uma solução razoavelmente eficiente é a raspagem da junta até uma profundidade de aproximadamente 10 mm e o posterior preenchimento com selante flexível.

Ainda para as alvenarias estruturais, as fissuras provenientes da concentração de tensões só serão eficientemente recuperadas caso se consiga uma melhor distribuição das tensões no trecho de parede carregado (Pfeffermann et al., 1967); assim sendo, para o caso de cargas concentradas transmitidas por vigas, é necessário escorar a viga e construir abaixo dela um coxim de distribuição convenientemente dimensionado. Na região de abertura de porta ou janela, o comprimento dos apoios da verga deverá ser aumentado, podendo-se introduzir entre a verga e a alvenaria, por exemplo, chapas de aço; alternativamente existe a possibilidade de sobrepor à verga existente uma outra, de maior comprimento.

A recuperação das fissuras em alvenaria estrutural de blocos vazados pode ser obtida com a abertura de furos perpendiculares à parede, por exemplo com o emprego

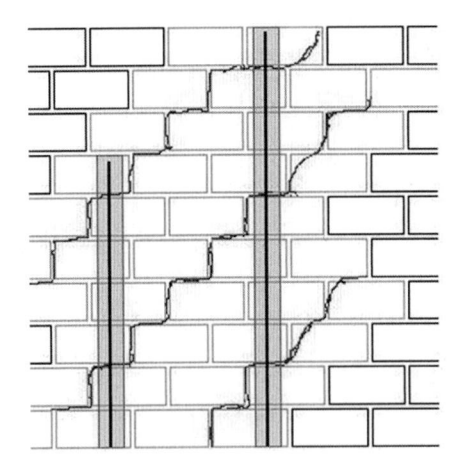

Fig. 11.23 *Recuperação de fissuras em alvenaria estrutural mediante abertura de furos regularmente espaçados, introdução de armaduras e grauteamento*

de serra tipo copo, a introdução de armaduras e o grauteamento dos furos dos blocos, efetuando-se assim uma costura interna conforme exemplificado na Fig. 11.23.

A recuperação das paredes trincadas e o reforço das alvenarias estruturais poderão ser conseguidos com introdução de armaduras nas paredes, chumbadas com argamassa rica em cimento (por exemplo, 1:0,25:3,5, cimento, cal hidratada e areia média) e posicionadas perpendicularmente à direção das fissuras, introdução de telas eletrossoldadas nas duas laterais da parede, conectadas entre si e recobertas por microconcreto projetado, escoramento da obra e introdução de vigas e pilares de concreto armado, como ilustrado na Fig. 11.24.

No caso de fissuramento muito pronunciado, resultante por exemplo de recalques intensos da fundação, após conveniente escoramento da obra pode-se recorrer ao atirantamento da alvenaria, como representado na Fig. 11.25.

Fig. 11.24 *Reforço de alvenaria estrutural com escoramento da obra e introdução de pilares de concreto armado*

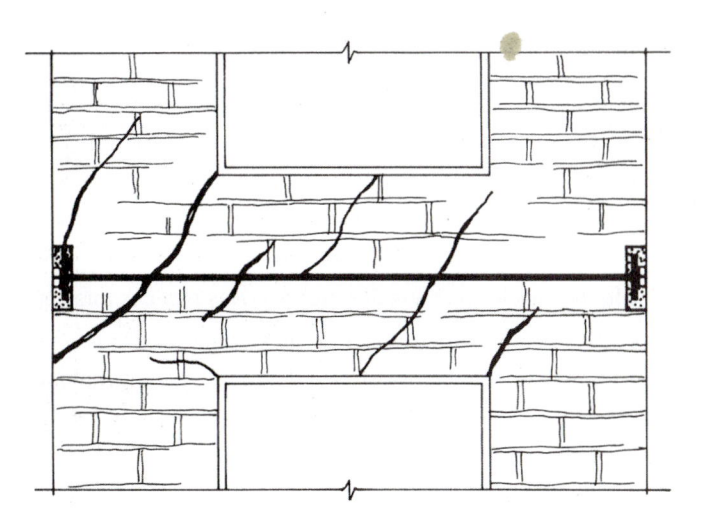

Fig. 11.25 *Reforço de alvenaria portante com tirante de aço*

Nessa hipótese, o esforço produzido pelo tirante deve ser transmitido à alvenaria por meio de placas de aço apoiadas em superfície regularizada com argamassa de cimento e areia, sendo posteriormente o corpo e as extremidades rosqueadas do tirante, as placas de apoio e as porcas de fixação protegidas com argamassa aditivada de agente impermeabilizante; esse tipo de reforço será mais eficiente se, na operação de aperto das porcas, o tirante estiver aquecido, produzindo com seu resfriamento e consequente contração a compressão da alvenaria.

11.3 Recuperação de revestimentos rígidos

Na recuperação de revestimentos de paredes ou de pisos constituídos por placas cerâmicas, muito pouco há por fazer, a não ser a criação de juntas no revestimento e a substituição das peças danificadas. A dificuldade começa em encontrar no mercado componentes cerâmicos parecidos com aqueles assentados, já que componentes iguais somente serão conseguidos se foi prevista uma boa sobra quando da execução da obra.

Também no tocante a argamassas de revestimento, não há muita opção. Cincotto (1983), por exemplo, recomenda a simples substituição do reboco e/ou do emboço nos casos em que apresentem grande incidência de fissuras de retração, descolamentos, pulverulências etc. A renovação do revestimento, contudo, deverá ser antecedida da eliminação da causa do problema, muito frequentemente infiltração de umidade na parede.

No caso de fissuras provocadas por expansão retardada de óxidos presentes na argamassa de assentamento de alvenarias, Pfeffermann et al. (1967) recomendam que se deixe completar a reação, o que pode levar cerca de três anos ou mais, para só então providenciar a substituição do revestimento. No caso de fissuras provocadas por ataque de sulfatos (formação de etringita), Chand (1979) recomenda remoção do revestimento, eliminação do acesso da umidade à parede, secagem ao máximo da superfície e aplicação de novo revestimento constituído por cimento resistente a sulfatos, cal e areia.

Nos casos de fissuras de retração da argamassa de revestimento de fachadas, pode-se tentar a utilização de pintura elástica encorpada, com aplicação de três ou quatro demãos de tinta à base de resina acrílica, empregando-se ainda reforço com tela de náilon ou véu de poliéster nos locais mais danificados. Nas paredes internas, alternativamente à simples substituição da argamassa de revestimento, causará menos transtornos e poderá ser economicamente competitiva a aplicação, por exemplo, de "papel de parede" sobre o revestimento fissurado. Vale lembrar que existem hoje no mercado nacional ótimos "papéis de parede" que na realidade são películas de PVC reforçadas com fibras têxteis, com grande elasticidade.

11 # Recuperação de componentes fissurados

Reparos com telas eletrossoldadas ou telas de estuque (metal *deployé*) em fissuras que ainda apresentam movimentações importantes não produzem bons resultados, assim como telas de polipropileno ou PVC, conforme ilustrado na Fig. 11.26. A rigor, telas plásticas só produzem bons resultados nas primeiras idades do revestimento, combatendo fissuras de retração, quando o módulo de deformação da argamassa fresca é muito menor que o módulo do plástico.

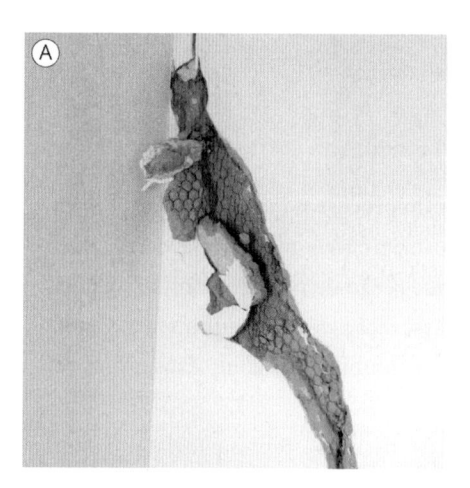

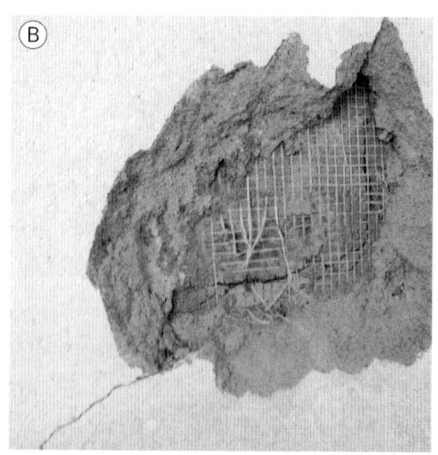

Fig. 11.26 *Reincidência de fissuras tratadas com (A) telas deployé e (B) telas de polipropileno*

Recuperações em revestimentos argamassados poderão ser executadas com argamassas preparadas com resinas flexíveis (PVA, acrílico etc.), constituindo boa opção o reforço com fibras de polipropileno. Para reparo de fissuras em paredes revestidas com gesso, constitui boa opção a introdução de bandagem de dessolidarização e o reforço do gesso com tela de fibra de vidro, como indicado na Fig. 11.27.

Fig. 11.27 *Reparo de fissura em revestimento de gesso com bandagem de dessolidarização e reforço do gesso com tela de fibra de vidro*

12 Considerações finais

As trincas manifestam-se nos edifícios segundo processos que podem parecer totalmente aleatórios, mas que na realidade são originados na maioria das vezes por fenômenos físicos, químicos ou mecânicos que já são de perfeito domínio técnico; a certa aleatoriedade peculiar aos estados de fissuração deve-se muito mais à enorme gama de variáveis envolvidas no processo, com combinações complexas que às vezes são de difícil entendimento.

A construção de edifícios "à prova de fissuras" representaria uma tarefa técnica difícil e um ônus financeiro insustentável; por outro lado, deixar ao arbítrio da natureza a criação de juntas numa obra e às expensas do usuário os encargos advindos da sua continuada restauração não parece nem técnico, nem econômico, nem justo.

Voltando ao que foi dito no começo deste trabalho, muito poderia ser feito para minimizar o problema, pelo simples reconhecimento de que os solos, os materiais e os componentes das edificações movimentam-se; desconsiderando-se essa verdade irrefutável, muitas fissuras são projetadas conjuntamente com a obra, para surpresa dos projetistas e desespero dos empreendedores. A falta de harmonia entre os diversos projetos e o não reconhecimento da necessidade de controlar a qualidade dos materiais e dos serviços, comuns ainda hoje em muitas obras nacionais, colaboram também em grande escala para que fissuras não projetadas sejam assim mesmo construídas.

A previsão de recalques, por mais aproximada que fosse, e a estimativa de flechas em vigas e lajes para além do regime elástico/Estádio I, ao contrário do procedimento muito simplificado que alguns ainda adotam, poderiam evidenciar situações potencialmente favoráveis à fissuração da obra, tomando-se a tempo as medidas cabíveis nos dimensionamentos e/ou nos detalhes construtivos que aliviariam as tensões. Isso pressupõe uma interação eficiente dos profissionais responsáveis pelos diversos projetos e pela construção do edifício, o que muitas vezes não se verifica.

Parece também necessário o desenvolvimento de normas brasileiras voltadas para o projeto e a execução dos diversos elementos da construção (paredes de vedação, pisos rígidos, envidraçamentos etc.), estabelecendo-se em cada caso as deformações admissíveis e/ou os detalhes construtivos que minimizassem a formação de fissuras. Seria recomendável, ademais, que a normalização brasileira que trata das fundações dos edifícios e das estruturas de concreto armado, particularmente as normas NBR 6122 e NBR 6118, fosse enriquecida com orientações mais precisas sobre previsão de recalques e de flechas, respectivamente.

É importante notar que as construções têm passado por transformações muito importantes nesses últimos anos, com edifícios cada vez mais altos (a realçar a necessidade de ensaios em túneis de vento e maiores cuidados com as fundações e as estruturas), mudanças profundas nas concepções arquitetônicas e estruturais (estruturas pilar-laje, por exemplo), substituição das tradicionais alvenarias pesadas por divisórias *drywall* (perdendo-se o efeito contraventante das paredes), adoção de juntas secas nas alvenarias, "lajes zero" e assim por diante. Tudo isso exige maiores cuidados nos projetos e na execução das obras, buscando-se prevenir a ocorrência de patologias e desperdícios de recursos.

Ocorreram mudanças importantes também relativamente à tecnologia dos cimentos e dos concretos, redundando em maiores problemas de retração autógena, antevendo-se nos concretos de alto consumo de cimento a necessidade do emprego de aditivos compensadores de retração. Boa solução seria retornar um pouco aos concretos tradicionais, cujo consumo moderado de cimento e de adições (escória de alto-forno, por exemplo) favoreceria muito as exigências de sustentabilidade, cada vez maiores.

O conhecimento do comportamento dos materiais de construção, de suas deficiências e de suas incompatibilidades é imprescindível para que as fissuras e as patologias em geral sejam reduzidas a níveis aceitáveis. Pfeffermann et al. (1967) citam que muitos dos problemas verificados em obra devem-se ao emprego de novos materiais segundo as mesmas práticas construtivas verificadas para os materiais tradicionais. Nesse ponto, seria importante a implementação de programas de homologação de novos materiais, componentes ou sistemas construtivos, assim como importante seria o estabelecimento, já com algum atraso, de programas de certificação de conformidade para materiais e componentes tradicionais.

Também relevante para o equacionamento do problema seria a introdução, nos currículos dos cursos de Engenharia e de Arquitetura, de conceitos mais aprofundados sobre a patologia das construções, a exemplo do que já se vem tentando implementar em algumas escolas. Um dos males de nossas escolas de Engenharia e faculdades de Arquitetura é que, em geral, nos ensinam o que deve ser feito, mas não o que deve ser evitado.

Como já foi aqui afirmado, e até como se pode depreender pelas medidas de recuperação sugeridas no capítulo anterior, as obras de reparo geralmente são difíceis, dispendiosas, demoradas e incômodas, quando não inócuas ou ineficientes. Assim sendo, parece prudente que os profissionais ligados à construção atuem diretamente sobre as causas do problema, recorrendo a todos os seus conhecimentos e bem cumprindo os compromissos assumidos com a sociedade. Caso não consigamos prevenir as fissuras, restaria ainda como consolo uma última solução para o problema, "idealizada" por Pfeffermann et al. (1967) e esquematizada na Fig. 12.1.

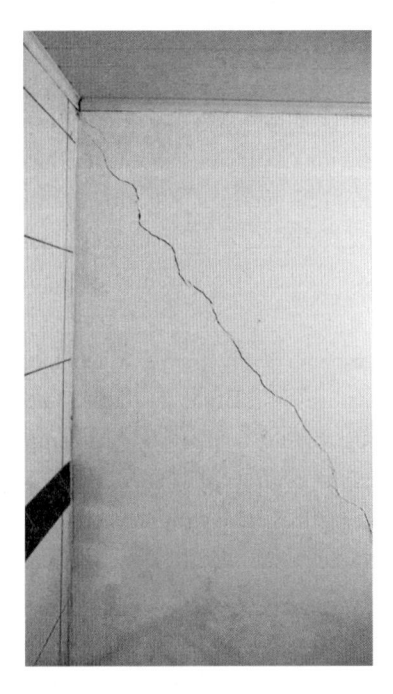

Fig. 12.1 *Eliminação de fissura com cama de casal, bonito quadro e calendário sempre atualizado*

Referências bibliográficas

ABNT – ASSOCIAÇÃO BRASILEIRA DE NORMAS TÉCNICAS. *NBR 6118*: projeto de estruturas de concreto. Rio de Janeiro, 2014a.

ABNT – ASSOCIAÇÃO BRASILEIRA DE NORMAS TÉCNICAS. *NBR 6122*: projeto e execução de fundações. Rio de Janeiro, 2019.

ABNT – ASSOCIAÇÃO BRASILEIRA DE NORMAS TÉCNICAS. *NBR 9062*: projeto e execução de estruturas de concreto pré-moldado. Rio de Janeiro, 2017a.

ABNT – ASSOCIAÇÃO BRASILEIRA DE NORMAS TÉCNICAS. *NBR 13753*: revestimento de piso interno ou externo com placas cerâmicas e com utilização de argamassa colante. Rio de Janeiro, 1996a.

ABNT – ASSOCIAÇÃO BRASILEIRA DE NORMAS TÉCNICAS. *NBR 13754*: revestimento de paredes internas com placas cerâmicas e com utilização de argamassa colante. Rio de Janeiro, 1996b.

ABNT – ASSOCIAÇÃO BRASILEIRA DE NORMAS TÉCNICAS. *NBR 13755*: revestimentos cerâmicos de fachadas e paredes externas com utilização de argamassa colante – projeto, execução, inspeção e aceitação. Rio de Janeiro, 2017b.

ABNT – ASSOCIAÇÃO BRASILEIRA DE NORMAS TÉCNICAS. *NBR 13818*: placas cerâmicas para revestimento – especificação e métodos de ensaio. Rio de Janeiro, 1997.

ABNT – ASSOCIAÇÃO BRASILEIRA DE NORMAS TÉCNICAS. *NBR 14081-1*: argamassa colante industrializada para assentamento de placas cerâmicas – parte 1: requisitos. Rio de Janeiro, 2012.

ABNT – ASSOCIAÇÃO BRASILEIRA DE NORMAS TÉCNICAS. *NBR 14931*: execução de estruturas de concreto – procedimento. Rio de Janeiro, 2004.

ABNT – ASSOCIAÇÃO BRASILEIRA DE NORMAS TÉCNICAS. *NBR 15575*: edificações habitacionais – parte 1: desempenho. Rio de Janeiro, 2013.

ABNT – ASSOCIAÇÃO BRASILEIRA DE NORMAS TÉCNICAS. *NBR 16259*: sistemas de envidraçamento de sacadas – requisitos e métodos de ensaio. Rio de Janeiro, 2014b.

ABNT – ASSOCIAÇÃO BRASILEIRA DE NORMAS TÉCNICAS. *Projeto de Norma NBR 16868-1*: alvenaria estrutural – parte 1: projeto. Rio de Janeiro, 2020.

ABRANTES, V.; SILVA, J. A. R. M. *Experimental Research on Wall Cracking*. Portugal: Universidade do Porto, 2007.

ACI – AMERICAN CONCRETE INSTITUTE. *ACI 318-14*: Building Code Requirements for Structural Concrete. Farmington Hills, MI, 2014.

ACI – AMERICAN CONCRETE INSTITUTE. *Prediction of Creep, Shrinkage and Temperature Effects in Concrete Structures*. 1971. (SP 27-3).

ALMEIDA, D. F. *Recuperação de estruturas*. São Paulo, 1980. Apostila do curso Patologia das Construções de Concreto, FDTE/Epusp/IPT.

ALONSO, U. R. *Previsão e controle das fundações*. São Paulo: Edgard Blücher, 1991.

ASTM INTERNATIONAL. *ASTM C91/C91M-18*: Standard Specification for Masonry Cement. West Conshohocken, PA, 2018.

ASTM INTERNATIONAL. *ASTM C270-19ae1*: Standard Specification for Mortar for Unit Masonry. West Conshohocken, PA, 2019.

AUSTRALIAN STANDARDS. *AS 3600*: Concrete Structures. 2009.

BAKER, M. C. The Recognition of Joints in the System. In: SEMINAR ON CRACKS, MOVEMENTS AND JOINT IN BUILDINGS, Ottawa, 1970. *Proceedings...* Ottawa: National Research Council of Canada, 1976. (NRCC-15.477).

BENTO, J. J. J. *Patologias em revestimentos cerâmicos colados em paredes interiores de edifícios*. Dissertação (Mestrado) – Faculdade de Engenharia da Universidade do Porto, 2010.

BJERRUM, L. European Conference on Soil Mechanics and Foundation Engineering, Wiesbaden, 1967. *Proceedings...* v. 2, p. 135-137.

BORGES, A. C. *Prática das pequenas construções*. 6. ed. São Paulo: Edgard Blücher, 1972.

BORGES, J. F. *Cracking and Deformability of Reinforced Concrete Beams*. Lisboa: Laboratório Nacional de Engenharia Civil, 1965.

BOWLES, J. E. *Foundation*: Analysis and Design. 3. ed. Tokyo: McGraw-Hill Kogakusha, 1982.

BRANSON, D. E. *Deformation of Concrete Structures*. New York: McGraw-Hill, 1977.

BRE – BUILDING RESEARCH ESTABLISHMENT. *Cracking in Buildings*. Garston, 1977a. (Digest 75).

BRE – BUILDING RESEARCH ESTABLISHMENT. *Estimation of Thermal and Moisture Movements and Stresses*. Garston, 1979a. (Digest 227, Part 1).

BRE – BUILDING RESEARCH ESTABLISHMENT. *Estimation of Thermal and Moisture Movements and Stress*. Garston, 1979b. (Digest 228, Part 2).

BRE – BUILDING RESEARCH ESTABLISHMENT. *Repairing Brickwork*. Garston, 1977b. (Digest 200).

BRE – BUILDING RESEARCH ESTABLISHMENT. *Soils and Foundations*. Garston, 1977c. (Digest 63, Part 1).

BRE – BUILDING RESEARCH ESTABLISHMENT. *Strength of Brickwork and Blockwork Walls*: Design for Vertical Load. Garston, 1981. (Digest 246).

BRE – BUILDING RESEARCH ESTABLISHMENT. *Sulphate Attack on Brickwork*. Garston, 1975. (Digest 89).

BRE – BUILDING RESEARCH ESTABLISHMENT. *Wall Cladding Defects and their Diagnosis*. Garston, 1978. (Digest 217).

BRS – BUILDING RESEARCH STATION. *Environmental Changes, Temperature, Creep and Shrinkage in Concrete Structures*. Garston, 1970. (Current Paper 7/70).

BSI – BRITISH STANDARDS INSTITUTION. *Design of Joints and Jointing in Building Construction*. London, 1981. (BS 6093/81).

CALAVERA RUIZ, J. *Manual de detalles constructivos en obras de hormigón armado*: edificacion, obras publicas. Vizcaya: Grafman S.A., 1993.

CALAVERA RUIZ, J.; GARCIA DUTARI, L. *Cálculo de flechas en estructuras de hormigón armado*: forjados, losas, vigas de canto, vigas planas. Torreangulo Arte Grafico, 1992.

CÁNOVAS, M. F. *Patologia e terapia do concreto armado*. São Paulo: Pini, 1988.

CEB – COMITÉ EURO-INTERNATIONAL DU BÉTON. *Autoclaved Aerated Concrete*: CEB Manual of Design and Technology. Lancaster: The Construction Press Ltd., 1978.

CEB – COMITÉ EURO-INTERNATIONAL DU BÉTON. *Durability of Concrete Structures*. Paris, 1982. (Bulletin d'Information 148).

CEB – COMITÉ EURO-INTERNATIONAL DU BÉTON. *Manuel de calcul*: fissuration et deformations. Paris, 1981. (Bulletin d'Information 143).

CEB – COMITÉ EURO-INTERNATIONAL DU BÉTON. *Thermal Effects in Concrete Structures*. Lausanne, 1985. (Bulletin d'Information 167).

CEB – COMITÉ EURO-INTERNATIONAL DU BÉTON; FIP – FÉDÉRATION INTERNATIONALE DE LA PRÉCONTRAINTE. *Code-modele CEB-FIP pour les structures en beton*. 3. ed. Paris, 1978.

CEN – EUROPEAN COMMITTEE FOR STANDARDIZATION. *Eurocode 6*: Design of Masonry Structures – Part 2: Design Consideration, Selection of Materials and Execution of Masonry (EN 1996-2). Brussels, Belgium, 2006.

CHAND, S. Cracks in Building and Their Remedial Measures. *Indian Concrete Journal*, New Delhi, Oct. 1979.

CIB – INTERNATIONAL COUNCIL FOR RESEARH AND INNOVATION IN BUILDING AND CONSTRUCTION. *Defects in Masonry Walls Guidance on Cracking*: Identification, Prevention and Repair. Rotterdam, Nov. 2014.

CINCOTTO, M. A. *Danos de revestimento decorrentes da qualidade da cal hidratada*. São Paulo: Associação Brasileira de Produtores de Cal, 1975. (Boletim 7).

CINCOTTO, M. A. *Patologia das argamassas de revestimento*: análise e recomendações. São Paulo: IPT, 1983. (Série Monografias 8).

CORRÊA, M. R. S.; RAMALHO, M. A. Fissuras em paredes de alvenaria estrutural sob lajes de cobertura de edifícios. *Cadernos de Engenharia de Estruturas*, v. 14, n. 62, p. 71-80, 2012.

CORRÊA, M. R. S.; RAMALHO, M. A. *Projeto de edifícios de alvenaria estrutural*. São Paulo: Pini, 2003.

COSTA, E. C. *Conforto térmico nas edificações*. São Paulo: Eternit S.A., 1978. (Boletim Técnico 100).

CRAWFORD, C. B. Deformations due to Foundation Movements. In: SEMINAR ON CRACKS, MOVEMENTS AND JOINT IN BUILDINGS, Ottawa, 1970. *Proceedings*... Ottawa: National Research Council of Canada, 1976. (NRCC-15.477).

CRUZ, R. C. D. et al. Expansão por umidade (EPU) em blocos cerâmicos. Programa de Apoio ao Polo de Inovação Tecnológica do Vale do Rio Caí. Secretaria do Desenvolvimento Econômico, Ciência e Tecnologia do Rio Grande do Sul. *Boletim da Universidade de Caxias do Sul*, 2013.

CSA – CANADIAN STANDARD ASSOCIATION. *Masonry Design and Construction for Buildings*. Ottawa, 1977. (S-304/77).

CSIRO – COMMONWEALTH SCIENTIFIC AND INDUSTRIAL RESEARCH ORGANIZATION. *Failures of Wall and Floor Tiling*: Their Causes and Prevention. Melbourne, 1958. (Report 5).

CSTC – CENTRE SCIENTIFIQUE ET TECHNIQUE DE LA CONSTRUCTION. *Deformations admissibles dans le bâtiment*. Bruxelles, 1980. (Note d'Information Technique 132).

CSTC – CENTRE SCIENTIFIQUE ET TECHNIQUE DE LA CONSTRUCTION. *Fondations de maisons*: guide pratique pour la conception et l'exécution des fondations de constructions petites et moyennes. Bruxelles, 1983. (Note d'information Technique 147).

CSTC – CENTRE SCIENTIFIQUE ET TECHNIQUE DE LA CONSTRUCTION. *Joints d'étanchéité en mastic entre éléments de façade*: conception et exécution. Bruxelles, 1979a. (Note d'Information Technique 124).

CSTC – CENTRE SCIENTIFIQUE ET TECHNIQUE DE LA CONSTRUCTION. Pathologie du bâtiment: humidité, décollement, fissuration et corrosion. *CSTC Revue*, Bruxelles, n. 1, 1979b.

EICHLER, F. *Patología de la construcción*: detalles constructivos. Versão espanhola da 2ª edição alemã, por Adrian Margarit e José Fabregat. Barcelona: Editorial Blume; Editorial Labor, 1973.

FABIANI, B. *Lesões nas edificações*. São Paulo, 1975. Apostila da disciplina Técnicas da Construção de Edifícios, da Escola Politécnica da Universidade de São Paulo, Departamento de Engenharia Urbana e de Construções Civis.

FIGUEIREDO, E. J. P.; ROCHA, G. M. Corrosão das armaduras das estruturas de concreto. In: ISAIA, G. C. *Concreto*: ciência e tecnologia. 1. ed. São Paulo: Ibracon, 2011. v. 1.

FIGUEIREDO, E. P.; MEIRA, G. *Corrosão das armaduras das estruturas de concreto*. Mérida: Asociación Latinoamericana de Control de Calidad, Patología y Recuperación de la Construcción (Alconpat), 2013. (Boletim Técnico 6).

FINTEL, M. Joints in Buildings. In: FINTEL, M. *Handbook of concrete engineering*. New York: Van Nostrand Reinhold Company, 1974.

FISHER, R. *Paredes*. Versão espanhola da 1ª edição inglesa, por Luis M. J. Cisneros. Barcelona: Editorial Blume, 1976.

FLAUZINO, W. D. *Durabilidade de materiais e componentes das edificações*: metodologias e suas aplicações no caso de pinturas externas e chapas onduladas de plástico. Dissertação (Mestrado) – Escola Politécnica da Universidade de São Paulo, São Paulo, 1983.

FRANÇA, R. L. S. Como evitar falhas de projeto e execução em estruturas de concreto. In: SEMINÁRIO PATOLOGIA E RISCOS JUDICIAIS, Belo Horizonte, 2015.

FRANÇA, R. L. S.; FREITAS, A. P. Interface das alvenarias (blocos e revestimentos) com a estrutura de concreto. In: SEMINÁRIO ABECE/ACERVIR, São Paulo, nov. 2019.

FRANZ, G. *Tratado del hormigón armado*. 2. ed. Konstruktionslehre des Stahlbetons. Trad.: Enrique Zwecker. Barcelona: Editorial Gustavo Gili, 1970.

GILBERT, R. I. Shrinkage, Cracking and Deflection: the Serviceability of Concrete Structures. *Electronic Journal of Structural Engineering*, v. 1, n. 1, 2001.

GOMES, E. A. O.; OLIVEIRA, R. A. Recuperação estrutural de blocos de fundações diagnosticados como afetados pela RAA. *Anais do 5º Congresso Internacional sobre Patologia e Reabilitação de Estruturas – Cinpar*, Curitiba, jun. 2009.

GOMES, N. S. *A resistência das paredes de alvenaria*. Dissertação (Mestrado) – Escola Politécnica da Universidade de São Paulo, São Paulo, 1983.

GROSSI, M. V. F. *Diretrizes para inspeção e recebimento de edificações habitacionais recém-construídas*. Dissertação (Mestrado em Habitação: Planejamento e Tecnologia) – Instituto de Pesquisas Tecnológicas do Estado de São Paulo, São Paulo, 2019.

HACHICH, W. et al. *Fundações*: teoria e prática. 3. ed. São Paulo: Oficina de Textos, 2019.

HASPARYK, N. P. *Investigação de concretos afetados pela reação álcali-agregado e caracterização avançada do gel exsudado*. Tese (Doutorado) – Universidade Federal do Rio Grande do Sul, Porto Alegre, 2005.

HEDSTROM, R. O. et al. Influence of Mortar and Block Properties on Shrinkage Cracking of Masonry Walls. *Journal of the Portland Cement Association Research and Development Laboratories*, Illinois, Jan. 1968.

HELENE, P. R. L. Corrosión de las armaduras en el hormigón armado. *Revista Cemento Hormigón*, Barcelona, n. 592, 1983.

HELENE, P. R. L. *Manual para reparo, reforço e proteção de estruturas de concreto*. Projeto de difusão Fosroc. São Paulo, 1992.

ICBO – INTERNATIONAL CONFERENCE OF BUILDING OFFICIALS. *Uniform Building Code*. California, 1979. Chap. 24, "Masonry".

INSTITUTO EDUARDO TORROJA. *Prescripciones del Instituto Eduardo Torroja, P.I.E.T. 70*. Madrid, 1971. Cap. "Obras de Fábrica".

IPT – INSTITUTO DE PESQUISAS TECNOLÓGICAS DO ESTADO DE SÃO PAULO. *Estudo de propriedades físicas e mecânicas de blocos vazados de solo-cimento visando o seu emprego em alvenarias portantes*. São Paulo, 1980. (Relatório 13.852).

IPT – INSTITUTO DE PESQUISAS TECNOLÓGICAS DO ESTADO DE SÃO PAULO. *Patologia na construção*: programa de coleta de informações. São Paulo, 1981. (Relatório 14.754).

IPT – INSTITUTO DE PESQUISAS TECNOLÓGICAS DO ESTADO DE SÃO PAULO. *Prova de carga do miniprotótipo Cebrace e ensaios estruturais de seus elementos componentes*. São Paulo, 1979. (Relatório 12.035).

IPT – INSTITUTO DE PESQUISAS TECNOLÓGICAS; USP – UNIVERSIDADE DE SÃO PAULO. *Código de práticas nº 01*: alvenaria de vedação em blocos cerâmicos. São Paulo, 2009.

JOHNSON, S. M. *Deterioration, Maintenance, and Repair of Structures*. New York: McGraw-Hill, 1965.

JOISEL, A. *Fisuras y grietas en morteros y hormigones*: sus causas y remedios. 4. ed. Barcelona: Editores Técnicos Associados, 1975.

JOPPERT Jr., I. O. *Patologias em fundações e contenções de edifícios*: qualidade total na gestão do projeto e execução. São Paulo: Pini, 2007.

LATTA, J. K. Dimensional Changes due to Temperature. In: SEMINAR ON CRACKS, MOVEMENTS AND JOINT IN BUILDINGS, Ottawa, 1970. *Proceedings...* Ottawa: National Research Council of Canada, 1976. (NRCC-15.477).

LICHTENSTEIN, N. B. *Patologia das construções*: procedimento para formulação do diagnóstico de falhas e definição de conduta adequada à recuperação de edificações. Dissertação (Mestrado) – Escola Politécnica da Universidade de São Paulo, São Paulo, 1985.

MacLEOD, I. A.; ABU-EL-MAGD, S. A. *The Behavior of Brick Walls under Conditions of Settlement*. London: Institution of Structural Engineers, 1980.

MANZIONE, L. *Projeto e execução de alvenaria estrutural*. São Paulo: O Nome da Rosa, 2004.

MARIN, J. *Mechanical Behavior of Engineering Materials*. New Jersey: Prentice Hall, 1962.

MARTIN, B. *Joints in Buildings*. New York: John Wiley and Sons, 1977.

McCAVILEY, J. American Roofer and Building Improvement. *Contractor*, v. 52, n. 10, Nov. 1962.

MELLO, V. F. B. Deformação como base fundamental de escolha da fundação. *Revista Geotecnia*, Lisboa, n. 12, 1975a.

MELLO, V. F. B. *Fundações e elementos estruturais enterrados*. São Paulo, 1975b. Apostila da Escola Politécnica da Universidade de São Paulo.

MELLO, V. F. B.; TEIXEIRA, A. H. *Fundações e obras de terra*. São Carlos: Escola de Engenharia de São Carlos da Universidade de São Paulo, 1971.

MESEGUER, A. G. *Comunicação verbal*. Instituto Eduardo Torroja, out. 1985.

MILITITSKY, J.; CONSOLI, N. C.; SCHNAID, F. *Patologia das fundações*. 2. ed. São Paulo: Oficina de Textos, 2015.

MONTOYA, P. J. *Hormigón armado*. 6. ed. Barcelona: Editorial Gustavo Gili, 1971.

NBRI – NATIONAL BUILDING RESEARCH INSTITUTE. *Bond Failure between Calcium Silicate Bricks and Mortar and Preventive Measures*. Pretoria, 1978. (NBRI – Information Sheet).

NCMA – NATIONAL CONCRETE MASONRY ASSOCIATION. *Specification for the Design and Construction of Load-bearing Concrete*. MacLean, Virginia, 1970. (TR-75B).

NORONHA, M. A. A. *Diagnóstico dos males e terapia das estruturas*. São Paulo, 1980. Apostila do curso Patologia das Construções de Concreto, FDTE/EPUSP/IPT.

PEREIRA DA SILVA, R. *Maçonnerie armée*: cas des maçonneries de produits creux sollicités parallèlement à leur plan. Tese (Doutorado) – École Nationale des Ponts et Chaussées, Paris, mai 1985.

PERLOFF, W. H. *Foundation Engineering Handbook*. New York: Van Nostrand Reinhold Company, 1975. Chap. 4, "Pressure distribution and settlement".

PETRUCCI, E. G. R. *Materiais de construção*. 6. ed. Porto Alegre: Globo, 1982.

PFEFFERMANN, O. Fissuration des cloisons en maçonnerie due a une deformation excessive du support: Parte 1. *CSTC Revue*, Bruxelles, n. 3, juin 1969.

PFEFFERMANN, O. Les fissures dans les constructions: conséquence de phénoménes physiques naturels. *Annales de L'Institut Technique du Bâtiment et des Travaux Publics*, Bruxelles, n. 250, oct. 1968.

PFEFFERMANN, O.; BATY P. La maçonnerie armée. *CSTC Revue*, Bruxelles, n. 1, mars 1978.

PFEFFERMANN, O.; PATIGNY, J. J. Fissuration des cloisons en maçonnerie due a une deformation excessive du support: Parte 2. *CSTC Revue*, Bruxelles, n. 4, déc. 1975.

PFEFFERMANN, O. et al. *Fissuration des maçonneries*. Bruxelles: Centre Scientifique et Technique de la Construction, 1967. (Note d'Information Technique 65).

PICCHI, F. A. *Impermeabilização de coberturas de concreto*: materiais, sistema, normalização. Dissertação (Mestrado) – Escola Politécnica da Universidade de São Paulo, São Paulo, 1984.

PILNY, F. Ermittlung der Ursachen von Rissen in Bawerken. *Die Bautechnik*, Berlin, n. 54, Juni 1977.

POULOS, H. G.; DAVIS, E. H. *Pile Foundation Analysis and Design*. New York: John Wiley and Sons, 1980.

REYGAERTS, J. Diagnostic des cas de pathologie du bâtiment. *CSTC Revue*, Bruxelles, n. 4, déc. 1980.

ROARK, R. J.; YOUNG, W. C. *Formulas for Stress and Strain*. 5. ed. Tokyo: McGraw-Hill Kogakusha, 1975.

ROMAN, H. R.; MUTI, C. N.; ARAÚJO, H. N. *Construindo em alvenaria estrutural*. Florianópolis: Editora da UFSC, 1999.

SABBATINI, F. H. *O processo construtivo de edifícios de alvenaria estrutural sílico-calcária*. Dissertação (Mestrado) – Escola Politécnica da Universidade de São Paulo, São Paulo, 1984.

SAHADE, R. F. *Avaliação de sistemas de recuperação de fissuras em alvenaria de vedação*. Dissertação (Mestrado Profissional) – Instituto de Pesquisas Tecnológicas do Estado de São Paulo, São Paulo, 2005.

SAHLIN, S. *Structural Masonry*. New Jersey: Prentice Hall, 1971.

SANTOS, M. D. F. Interface estrutura de concreto-alvenaria de vedação de blocos cerâmicos: medidas para evitar manifestações patológicas. In: SEMINÁRIO ABECE/ACERVIR, São Paulo, nov. 2019.

SANTOS, P. S. Por que azulejos e ladrilhos de piso se soltam. *Revista Engenharia*, n. 297, p. 34, mar. 1968.

SCPI – STRUCTURAL CLAY PRODUCTS INSTITUTE. *Recommended Building Code Requirements for Engineered Brick Masonry*. MacLean, 1969.

SERDALY, D. Erreurs de conception dans la construction et leur enseignement. *Journées d'études sur des problèmes intéressant les ingénieurs*, Société Suisse des Ingénieurs et des Architectes, Zurich, oct. 1971.

SOUZA, E. G. *Colapso de edifício por ruptura das estacas*: estudo das causas e da recuperação. Dissertação (Mestrado) – Universidade de São Paulo, São Carlos, 2003.

SOUZA, V. C. *Patologia, recuperação e reforço de estruturas de concreto*. 1. ed. São Paulo: Pini, 2009.

STUBBS, R.; PUTTERILL, K. E. *Expansion of Brickwork*. Pretoria: National Building Research Institute, 1972. (Report 259).

TAKAGI, E. M.; ALMEIDA JUNIOR, W. *Utilização de tecnologias de injeção para o aumento da durabilidade das estruturas de concreto armado*. Instituto Brasileiro do Concreto, 2002.

TEIXEIRA, A. H.; GODOY, N. S. D. Análise, projeto e execução de fundações rasas. In: HACHICH, W. et al. *Fundações*: teoria e prática. 2. ed. São Paulo: Pini, 1998. Cap. 7.

THOMAZ, E. Alvenarias para pequenas construções: dados para projeto e execução. *Revista A Construção São Paulo*, Pini, n. 2011 e n. 2013, 1986.

THOMAZ, E. Como construir alvenarias de vedação. *Revista Téchne*, Pini, n. 15 e n. 16, 1995.

THOMAZ, E. Execução, controle e desempenho das estruturas de concreto. In: Seção V – Propriedades do concreto endurecido. Instituto Brasileiro do Concreto, 2005.

THOMAZ, E. *Tecnologia, gerenciamento e qualidade na construção*. São Paulo: Pini, 2001.

THOMAZ, E. C. S. *Cimentos e concretos 1900 a 2008*. Rio de Janeiro, 2008. Apostila de aula do Instituto Militar de Engenharia.

THOMAZ, E. C. S. *Fissuração*: 168 casos reais. 2020a. Disponível em: <http://aquarius.ime.eb.br/~webde2/prof/ethomaz/fissuracao/Coletanea_Fissuracao_Eduardo_Thomaz.pdf>.

THOMAZ, E. C. S. *Concretos de alta resistência*: traços, linhas de tendência. 2020b. Disponível em: <http://aquarius.ime.eb.br/~webde2/prof/ethomaz/cimentos_concretos/traco.pdf>.

TIMERMAN, J. Reabilitação e reforço de estruturas de concreto. In: ISAIA, G. C. *Concreto*: ciência e tecnologia. 1. ed. São Paulo: Ibracon, 2011. v. 2.

TIMOSHENKO, S.; WOINOWSKY, K. S. *Theory of Plates and Shells*. 2. ed. Kogakusha: McGraw-Hill, 1959.

TMS – THE MASONRY SOCIETY; CMR – COUNCIL FOR MASONRY RESEARCH. *Masonry Designers' Guide*. Boulder, Colorado, 2005.

TULA, L.; OLIVEIRA, P. S. F. Grautes para reparo. *Revista Téchne*, Pini, n. 77, p. 16-24, ago. 2003.

UTKU, B. Stress Magnifications around Openings of Brick Walls. In: INTERNATIONAL SYMPOSIUM ON HOUSING PROBLEMS. Georgia, May 1976. Proceedings... v. 2.

VARGAS, M.; NÁPOLES, A. D. F. *Mecânica dos solos*: manual do engenheiro. Porto Alegre: Globo, 1976. v. 4, cap. 1.

VECCHIA, F. Cobertura verde leve (CVL): ensaio experimental. In: ENCONTRO NACIONAL DE CONFORTO NO AMBIENTE CONSTRUÍDO (ENCAC), 6., e ENCONTRO LATINO-AMERICANO SOBRE CONFORTO NO AMBIENTE CONSTRUÍDO (ELACAC), 4., Maceió. Anais... 2005. p. 2147-2155.

VELLOSO, D. A.; LOPES, D. R. *Fundações*. 2. ed. São Paulo: Oficina de Textos, 2011.

VIEIRA, M.; VICENTE, R.; VARUM, H.; SILVA, J. A. R. M. *Experimental Research on Wall Cracking*. Development of retrofitting solutions: "Bridge" repair cracking technique – Experimental campaign. Porto, 2016.